电 子 信 息 类 专 业 教 材

智能媒体通信

INTELLIGENT MEDIA COMMUNICATION

 金立标 李树锋 胡 峰 / 编著

中国传媒大学出版社
·北京·

目　录

1 绪论

1.1 引言

5G 时代,智能媒体通信领域前景光明,5G+AI 在各垂直行业大规模应用的时代已经来临,通过迅速发展的 5G 技术,传统的媒体也在迅速更迭,由通信技术带来的传输量提高、时延缩短、误码率降低等优势迅速在媒体技术中得到体现,各个媒体技术的应用场景同样迅速扩展。媒体通信的概念提出后,针对媒体技术的通信传输,如超高清音视频传输,大规模无线控制等得到了快速发展。各个媒体技术产业也会紧密跟随技术发展的趋势,通过新技术和新业务的引入提升自身的竞争力,比如,5G 实时传输丰富了直播手段,而 AI 技术在终端产品中的应用提升了用户互动效率。从整个媒体技术生态系统的组成来看,媒体通信起到了桥梁作用,将传统的媒体技术更多方位地展现在人们的眼前,并且终端媒体技术是系统中的重要部分,同样可以以媒体通信进行优化传输,能够高效引入并吸收新技术,引领产品持续创新与升级。

智能化交互:AI 技术近年来迅猛发展,在各个领域有了广泛的应用,为生活带来便利。例如最新推出的智能媒体终端配备了远场语音功能,采用自然流畅的人机互动方式解放双手,对用户的命令实时响应,从而实现自然顺畅的搜索与内容检索,并通过 AI 引擎的智能感知技术让设备理解用户的真实意图,在海量内容及服务中精准呈现用户所希望获取的信息及内容,提升用户体验与感受。通过 AI 技术,未来运营商可以围绕着智能媒体终端打造全屋语音组网控制的智能家庭,更好地服务用户。

沉浸式体验:画面的分辨率与帧频的增加能大幅改善用户的观看感受,带来沉浸式的体验。在全球范围内,4K 频道已经大规模开播,8K 直播目前也在大规模展开,高质量的媒体资源能够吸引更多对画质要求高的用户。目前推出的新款智能媒体终端配备了高性能多核处理器及最新的音视频接口,可以较好地支持超高清编码格式并支持环绕立体声,也极大地满足了人们对音视频的需求。

扩展化业务:智能媒体终端能够有效拓展运营商的业务范围。从硬件上智能媒体终端能够通过内置的 Wi-Fi、蓝牙、USB 接口进行扩展,增加与智能家居的互动功能,使娱乐中心升级为家庭的智能控制中心。智能媒体终端拥有开放的操作系统,能够集成多种流媒体业务,大大拓展了媒体业务范围。随着 5G 覆盖及承载能力的提高,许多运营商开拓了智能媒体终端并且融合 5G 模块灵活开展相关业务,不仅有助于运营商增强综合竞争力,也让人们感受到信息时代媒体技术的崛起。在技术飞速发展的 5G 时代,多媒体终端也面临着产品竞争的挑战和技术升级革新的良机。从传统的单向广播演进到双向式互动实现了第一次飞跃,用户从此拥有了点播及选择回看节目的自主权。因此,我们可以看到许多诸如此类的媒体技术在 5G 时代的飞速发展,在本书中我们将着重介绍媒体通信技术,兼顾 5G 无线通信技术。

1.2 智能媒体通信当前研究进展

1.2.1 神经网络

人工智能技术的崛起表现了多种核心技术与思想,其中机器学习的一大重点就是由无数节点组成的神经网络,发展至今囊括了人工神经网络、卷积神经网络、循环神经网络等多种神经网络。所谓神经网络,是在机器智能大背景下发展出来的,作为一种算法数学模型,它模仿动物神经网络行为特征,并进行分布式并行信息处理。它是以生物的神经网络为原型,寻求一种具有一定思维的由机器实现的算法结构,这种网络依靠系统的复杂程度,通过调整内部大量节点之间相互连接的关系,达到处理信息的目的。按结构划分,神经网络由多个神经元组成,每个神经元都有输入与输出,根据连接的拓扑结构,神经网络模型可以分为前向网络和反馈网络。最先出现与发展的网络也就是人工神经网络。

1.人工神经网络

作为人工智能分支的神经网络模型通常被称为人工神经网络(Artificial Neural Network, ANN)。人工神经网络教系统执行任务,而不是编程计算系统来完成确定的任务。人工神经网络由许多人工神经元组成,这些人工神经元按照明确的网络架构相互关联。神经网络的目标是将输入转化为重要的输出。模式可以是有监督的,也可以是无监督的,神经网络可以在存在噪声的情况下学习。人工神经网络的基本特征包括四部分:非线性、非常定性、非局限性、非凸性。ANN 将分类视为最具活力的研究和应用领域之一。使用 ANN 的主要难点是找到最合适的训练、学习和传递函数分组,用于对特征和分类集数量不断增加的数据集进行分类。现有研究使用不同人工神经网络作为分类器并检验其效果,针对各种数据集分析了这些函数的正确性。这些数据集的分类和聚类非常重要。数据集分为训练集和测试集,结果是在这些数据集的帮助下产生的,并用于测试。这是通过对这些数据集的测试所达到的准确性进行评估来实现的。反向传播神经网络(Back Propagation Neural Network, BPNN)可用作数据集分类的成功工具,具有训练、学习和传递函数的适当组合。最大似然法与反向传播神经网络法相比,后者比前者更准确。具有稳定且功能良好的 BPNN 可具备高预测能力。在通信领域,人工神经网络可以用于数据压缩、图像处理、矢量编码、差错控制(纠错和检错编码)、自适应信号处理、自适应均衡、信号检测、模式识别、ATM 流量控制、路由选择、通信网优化和智能网管理等。

2.卷积神经网络

卷积神经网络(Convolutional Neural Networks, CNN)是一类包含卷积计算且具有深度结构的前馈神经网络,是深度学习(Deep Learning)的代表算法之一[1]。近几年卷积神经网络在多个方向持续发力,在语音识别、人脸识别、通用物体识别、运动分析、自然语言处理甚至脑电波分析方面均有突破[2]。神经网络作为生物神经元模型的数学函数被称为人工神元。卷积神经网络的实现是除了使用深度神经网络之外的方法。与深度神经网络相比，CNN 表现出了更高的效率[3]。因此，CNN 改善了深度神经网络中出现的限制，在这种情况下，如果网络规模足够大，它需要大的网络规模和大量的训练样本。此外，深度神经网络导致输入拓扑被忽略。由于输入以固定顺序表示，因此发生了这种情况，网络的性能不受影响。用于建模的 CNN 的局部相关性为其他领域提供了优势，其中语音的频谱就表示出高度相关性。CNN 的层在顶部是完全连接的，它可能包含一个或多个卷积层。深度卷积神经网络现已在计算机视觉和图像识别领域取得了先进的成果。CNN 之所以如此成功，是因为隐藏层没有完全连接到前一层，并且在卷积和池化（下采样层）之间进行多次连续计算。CNN 由于反向传播而易于训练，因为它们在每一层都具有非常稀疏的连接性。线性滤波器用于卷积目的，卷积神经网络因数学运算卷积而得名，这意味着一起使用两个或多个数学运算，它能成功降低错误率。此后 CNN 成为使用最多的神经网络，不仅用于对象识别，还用于对象跟踪、姿势估计、文本识别等。

3. 循环神经网络

循环神经网络（Recurrent Neural Network，RNN）是一类以序列数据为输入，在序列的演进方向进行递归且所有节点（循环单元）按链式连接的递归神经网络。循环神经网络在自然语言处理（例如语音识别、语言建模、机器翻译等）领域应用广泛。循环神经网络已被证明比纯前馈神经网络更强大。一类递归神经网络（具有固定权重）表现出自适应行为，即它们能够通过感知的输入识别环境变化，并根据感知的变化调整行为。其实在传统的神经网络基础模型里，节点包含在每个不同的输入层、隐含层和输出层之间，这样分布于不同层之间的节点彼此没有较大的关联性，也就是说整个网络的神经元不同层之间相关性较低，因此这种传统的神经网络在解决一些复杂的问题时效果较差。例如，在预测一句话中的一个词语时，不可能无记忆性地进行预测，一般需要结合整句话前面用过的词语，词语之间并不是完全独立的。循环神经网络最早出现在 20 世纪后期，并依靠自身优势迅速发展为深度学习算法之一[4]，其中长短期记忆网络与双向循环神经网络是如今较为常见的循环神经网络[5]，在前文基础上循环神经网络的特点也得以展现，当前神经元的输出也与前面层的神经元有一定关系，通过将隐藏层的神经元进行一定的连接，每一个隐藏层神经元的输出既与输入层的输出有关又与上一时刻隐藏层的输出有关。如今，卷积神经网络被应用于各种领域，包括自然语言处理类的语音识别、语言建模、语言实时翻译等。

4. 联邦学习

目前人工智能技术发展迅速，各类机器学习方法也是层出不穷，但是这些算法的成功都来源于一个基础，那就是大量的数据，并且越优质、越大量数据才能构造出更好的算法。而且，由于目前数据受到保护和监管，除部分巨头公司以外，很多公司或企业无法获得大量的优质数据，数据孤岛这一现象也开始出现，于是为了解决这一问题[6]，联邦学习（Federated Machine Learning，FML）出现了。从本质上讲，联邦学习是一种分布式机器学习技术，也可称为机器学习框架。联邦学习的目标建立在保证数据隐私安全及合法合规的基础上，进一步实现共同建模，使得 AI 模型的效果得以提升。它最早在 2016 年由谷歌提出，原本计划将联邦学习用于解决安卓手机终端用户在本地更新模型时可能遇到的相关问题。联邦学习定义了机器学习框架,它在机器学习框架下对虚拟模型进行设计与使用,使得其有能力让不同数据拥有方在不交换数据的前提下进行协作。其中虚拟模型是汇集各拥有方数据的最优模型,各自区域依据模型服务于本地目标。联邦学习利用虚拟模型,满足对建模结果无限接近传统模式的要求,即将多个数据拥有方的数据汇聚到一处进行建模[7]。在联邦机制下,各参与者拥有相同的地位与身份,可运用数据共享策略。这时的数据将不会发生转移,从而用户隐私不被泄露,数据规范也将不受影响。联邦学习由三大要素构成:数据源、联邦学习系统、用户。三者间的关系如图 1.1 所示,在联邦学习系统下,各个数据源方进行数据预处理,共同建立其学习模型,并将输出结果反馈给用户。

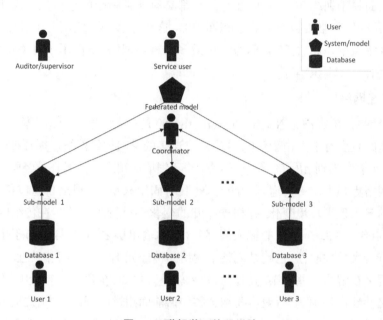

图 1.1　联邦学习关系系统

标准的机器学习方法涉及在数据中心集中训练数据,集中机器学习算法可用于数据分析和推理。然而,由于无线网络中的隐私限制和有限的通信资源,设备将数据传输到参数服务器通常是不可取的或不切实际的。解决这些问题的一种方法是 FML,它使设备能够在没有数据共享和传输的情况下训练通用机器学习模型。FML 有些常见的类型:联邦强化学习、联邦监督学习、用于生成对抗网络的 FML(无监督学习)和用于对比学习的 FML(自监督学习)。FSL 技术通过迭代更新基站和无线设备之间的信息来构建统一的学习模型,其中本地私有数据被完全标记。在 FSL 中,设备可以通过局部学习模型参数记住它们所学的内容,而局部学习模型是在其他设备的帮助下通过全局模型聚合构建的。FSL 方案每次迭代包含三个过程:无线设备的本地计算、每个无线设备的本地 FSL 模型参数传输,以及基站的全局模型生成和广播。同时,根据参与各方数据源分布的情况不同,联邦学习可以被分为三类:横向联邦学习、纵向联邦学习、联邦迁移学习。横向学习也就是将数据集按照用户的维度进行划分,并且利用用户的不完全相同的部分数据进行训练。如果数据集具有用户重叠较多而用户特征重叠较少的特点时,我们以特征维度对其进行划分,也就是纵向学习。所以在联邦学习的范畴内,我们可以针对不同的情况设计不同的训练方法。

1.2.2　调制方式

近年来,移动通信信号的调制识别技术在各个领域被广泛应用,自适应调制编码技术也同样得到快速发展,国内外研究人员对这两大技术密切关注,同时随着对人工智能的研究日益深入,新鲜血液被注入传统的通信研究,这时将人工智能与通信研究结合,便提高了系统的频谱效率,同时误码率也大大降低,这种结合得到的结果进一步满足了如今各种通信业务吞吐量日益增长的需求,最终大大提高了系统性能,并使其趋于理想最优化成为可能。

在近几年的研究过程中,两种调制识别技术较为常用。以贝叶斯理论为核心算法的基于似然函数的决策论方法中最为常用的有广义似然比检验(Generalized Likelihood Ratio Test, GLRT)、平均似然比检验(Average Likelihood Ratio Test, ALRT)以及混合似然比检验(Hierarchical Likelihood Ratio Test, HLRT)。近期基于特征的统计模式识别方法得到了学者们更多的重视。与决策论方法相比,统计模式识别在实时系统中复杂度更低、鲁棒性也更好。该方法首先对信号进行预处理,提取特征,最后基于特征提取结果进行分类识别,此流程中特征提取为核心部分,同时如何选择更为合适的分类器也是一个关键部分,这一过程与机器学习紧密结合。

在特征提取过程中,需要考虑包括循环谱特征、高阶累积量特征、信号瞬时特征以及小波变换特征在内的各类特征。文献[8]中,Rahul Gupta 等人在对部分信号进行调制识别时,采用了循环累计量的特征提取,此方法鲁棒性较好。文献[9]中,Mohamed Bouchou 等人在利用两个瞬时特征与六个高阶累积量特征的基础上,提出了基于堆叠稀疏自动编码器(Stacked Sparse Auto-Encoder, SSAE)的常见数字调制信号的分类算法。文献[10]中,王海滨等人以基于决策论的瞬时特征为前提,提出了一种十分易于工程实现的信号识别算法。文献[11]中,杨婧等人基于瞬时特征参数,在对四种信号进行调制识别的过程中,采用了决策树方法。

随着机器学习的发展,越来越多性能更好的分类器应运而生,最为常见的有决策树、支持向量机、神经网络、字典学习、K 近邻、聚类算法等。文献[12]中,Yongrong Zhang 等人在对从原始信号集{OFDM, BPSK, QPSK, GFSK, 16QAM, 64QAM}中提取的高阶累积量特征进行分类的过程中,采用了决策树分类器。文献[13]中,Wenwu Xie 等人通过考虑五种调制信号的高阶累积量(Higher-Order Cumulants, HOCs),考虑了新的特征,分类方法采用深度神经网络。文献[14]中,Afan Ali 等人采用主成分分析法对所获得的特征进行优化处理,同时分类器采用 K 近邻与支持向量机,结果显示在低信噪比环境下两种分类器的性能相似,而在高信噪比环境下 K 近邻的性能更好。

随着移动通信环境的变化,自适应调制编码(Adaptive Modulation and Coding, AMC)技术有能力根据不同的业务需求,结合终端反馈的信道状态,在发射端动态调整下一时刻数字通信系统的码率及调制,通过这一过程,通信传输质量得以保证。可对此调制编码的基本思想作如下描述:接收端获取信道状态信息(Channel State Information, CSI),通信系统以此信息为依据,在发射端实时调整编码速率及调制方式,将系统传输质量控制在合理范围之内,具体来说就是将较好的信道状态与高码率、高阶调制相匹配,反之将不理想的信道状态与相应低阶码率等匹配。这项技术能实现更高的数据吞吐量和频谱效率,同时保证了系统通信传输质量,所以研究价值较高。

机器学习算法在处理非线性映射问题上表现卓越,它有能力在系统的输入输出之间建立模型,并将复杂的非线性映射关系在模型内部体现出来。基于这一特点,越来越多的学者在自适应调制领域运用机器学习的方法。文献[15]提出了一种基于带有监督学习的 ANN 辅助信噪比估计的自适应调制编码方案,该方案利用人工神经网络,通过接收信号的功率谱密度值来估计信噪比。与现有的基于误差向量大小的链路自适应方案相比,仿真表明了该方案几乎不受多普勒偏移的影响,即使在高迁移率的环境下,也可以保持信噪比的估计精度。研究也证实了该方案能保证吞吐量方面的有效性,很容易实现高精度和低计算复杂度。文献[16]应用一个多层前馈神经网络来进行信噪比估计,计算一个通用指数调制链路的可达速率。不仅如此,文献还具体分析了神经网络各个参数的影响。根据仿真实验现实,容量估计中的均方误差为原来的 1/100 卡尔近似,计算复杂度也降为原来的 1/50。文献[17]提出一种基于深度学习的方案,在 AMC 系统中选择最佳调制和编码方案(Modulation and Coding Scheme, MCS),深度神经网络通过监督学习训练,建立信道条件和给定集合中的 MCS 之间的映射。研究结果表明,自适应系统的吞吐量能够接近其最大值,以及通过对神经网络输出应用增加补偿来降低中断概率。

AMC 技术基于机器学习,是如今较先进的研究方向,随着人工智能技术在我国飞速发展,越来越多的学者对 AMC 技术产生了极大兴趣,同时做出了基于各类机器学习算法且较为详细的 AMC 方案,并在使用中对这些方案进行分析与对比。与传统通信技术相比较,基于机器学习的 AMC 在误码性能和频谱效率上都表现得更为卓越。

1.2.3 信道估计

毫米波大规模多输入多输出系统(Multiple Input Multiple Output, MIMO)是一项 5G 关键技术,其特点有高速率和高效率等,也因此在提升移动通信系统性能方面被广泛应用。此项技术在收发端均对大量天线进行部署,同时信道矩阵尺寸的变化也使得系统的通信质量得以改变,所以针对毫米波大规模 MIMO 系统信道估计的研究具有重要意义。

信道估计也就是估计信道传输过程的模型,是信道对输入信号的总的一个数学表示。一个良好的信道估计是使某种估计误差最小化的估计算法。在过去的研究中,大多数信道估计算法都是以导频为基础的,但是在信号中插入过多导频会使频谱资源的利用率降低,反之,过少的导频数据就会使得算法的估计准确度降低,影响接收端的恢复。于是,当前学者面临的主要问题是如何在信道估计准确性不被降低的基础上,提高频谱资源利用率,同时将信道估计算法复杂度大大降低。

近几年来,研究人员对信道估计进行了较为深入的研究。最小二乘法(Least Squares, LS)和最小均方误差(Least Minimum Mean Square Error, LMMSE)这两种传统估计方法已在各种条件下得到利用和优化,且 LS 和 LMMSE 算法是 OFDM 非常有效的信道估计方法。因此,许多文章都基于这两种方法对 OFDM 系统进行研究,提出了各种新的改进的 LS 信道估计方法,来提高信道估计精度。但在无线系统中噪声问题一直是不可避免的,基于理想化的白噪声系统在实际中却是不可能存在的。

随着人工智能和无线通信技术的发展,计算机硬件性能也在飞速发展,梯度传播算法逐渐完善,基于深度学习的智能无线通信系统已成为当前的研究焦点,于是在分析无线通信领域的问题后,有较多深度学习的方法非常符合其研究方式,于是机器学习与通信系统相结合也成了目前的一大研究趋势。

深度学习是一类机器学习算法的统称,也是一项新兴技术,它是当前机器学习领域最有前途的分支之一。深度学习的原理是建立一个神经网络,通过一系列模拟过程使其有能力分析人类的大脑,并进一步对人类大脑进行学习。深度学习的本质是在获得观测数据后,对数据进行分层特征表示,具体来说是提取低层特征,将其抽象为高层特征再表示,这一过程依靠神经网络来执行。

深度学习方法在进行信道估计时,通过图像处理,将信道矩阵视作二维图像,这也是其与传统信道估计算法的不同点之一。文献[18]中对信道矩阵图像进行去噪处理时,引入了降噪卷积神经网络(Denoising Convolutional Neural Networks, DnCNN),结果显示在性能方面,该网络优于基于压缩感知的算法。DnCNN 有能力处理具有未知噪声水平的盲高斯去噪,然后通过相减操作获得信道估计的图像,而非直接从含有噪声的信道图像中学习信道图像,如此不仅减少训练时间,也提高了信道估计的准确性。文献[19]对深层复杂卷积网络进行开发,得到正交频分复用接收器,与现有的由全连接层进行非线性激活的深层神经元网络接收器相比,设计的深层复杂卷积网络不仅学习将带正交幅度调制的 OFDM 波形转换为在噪声和瑞利信道下的比特,而且在具有较少的先验信道知识的情况下,它也比基于 LMMSE 信道估计算法的 OFDM 接收器性能要好。文献[20]为了解决毫米波大规模多输入和多输出系统中的信道估计问题,利用基于压缩图像恢复准则,提出基于学习去噪的近似消息传递网络(Learned Denoising-Based Approximate Message Passing, LDAMP),该神经网络可以从大量训练数据中学习,它结合了 DnCNN 和迭代稀疏信号恢复算法,可以从大量的训练数据中学习信道结构并估计信道。该神经网络将信道矩阵视作二维图像并将其作为输入,并将降噪的卷积神经网络融合到迭代信号重建算法进行信道估计。研究证明,即使在接收机配备的射频链数目很少的情况下,LDAMP 神经网络也能表现出显著优于最先进的压缩感知算法的性能。然而,DnCNN 是根据特定的噪音水平量身定制的,它只对训练范围内的噪声水平起作用。这一问题导致 DnCNN 去噪器在实际信道估计中受到灵活性和效率的限制。因此,将信道矩阵视为自然图像进行训练,采用深度学习训练模型估计方法,可适用于多种信号噪声级别及空间相关噪声,并可以提升训练速度。为了克服 DnCNN 的弱点,文献[21]利用了一种新的快速灵活去噪卷积神经网络,可以将一幅图像分为多个子图像,通过诱导一个噪声水平图作为输入,使用相同的神经网络来处理不同的噪声水平,以减少训练和测试的延迟。研究也证明了基于 FFDNet 的信道估计器在很大范围的噪声水平上优于现有的基于 DnCNN 的方法,但是存在一个可接受的归一化均方误差损失。文献[22]提出了一种基于复域反向传播(Complex Back-Propagation, CBP)算法的新型信道估计器,理论分析和仿真结果表明,基于 CBP 网络的信道估计器的性能优于传统信道估计器。文献[23]提出了一种新颖的基于神经网络的信道均衡器架构,仅需要 20—40 个训练数据即可使该神经网络收敛到最优解,并且具有较低的算法复杂度。文献[24]训练了一个新型的径向基函数网络来进行 OFDM 通信系统的信道估计,仿真结果表明,基于 RBF 网络的信道均衡器比迫零均衡器性能更佳。

除此之外,还可以从最小均方差算法的角度出发。传统的基于 MMSE 信道估计算法需要基于信道的统计特性和先验信息,计算复杂度高。为了降低信道估计的复杂度,文献[25]提出一种基于 MMSE 架构的 CNN 的信道估计方案,该方案估计的信道是一种有条件的正常信道模型,信道服从给定的一组参数的正态分布,这些参数也被建模为随机变量。如果信道协方差矩阵具有托普利茨特性结构并且有一个移位不变性结构,MMSE 估计器的复杂性可以被降低。研究结果表明,该方案能够在显著降低信道估计复杂度的同时,保证信道估计的准确性。文献[26]为了补偿 MIMO-OFDM 系统中的高功率放大器引起的非线性误差,训练了一个 BP 神经网络,仿真结果表明,增加神经网络的层数和神经元数量可以改善估计性能,证明了在所有情况下,采用 SNR 约为 15dB 的训练数据库的神经网络的信道估计性能最佳。

如今有关机器学习的理论与技术逐渐完备,其被广泛应用于信道估计问题上。对相关机器学习加以合理利用,可以使得系统不再被噪声等干扰影响,从而对通信信道状态进行更准确的描述,同时可以提高通信系统性能。将机器学习相关理论与无线通信系统进行结合,使得无线通信系统更加高效、智能,有更强的适应性,成了通信系统的未来发展趋势。相比于传统信道估计方法,机器学习方法优势十分显著,目前,多种机器学习方法已在全球范围内被应用于信道估计中且获得的成果显著,其中包括支持向量机、神经网络、深度学习等。深度学习是人工智能领域内主要的研究方法,其构建的网络模型有能力对海量样本数据进行分析与识别,用深度学习的方法处理通信系统信道估计问题会有较好的鲁棒性,为通信领域研究提供了新方向。

1.2.4 译码算法

文献[27]提出了一种基于深度学习的球形解码算法,解码超球面的半径在解码前由 DNN 学习得到。DNN 网络将一系列衰落信道矩阵元素和在其输入层接收到的信号映射为输出层的学习半径。在广泛的信噪比(Signal to Noise Ratio,SNR)范围内提出的算法实现的性能非常接近最优最大似然解码,而与现有的球形解码算法相比,计算复杂度显著降低。训练阶段使用 16-QAM 和 64-QAM 的 10×10 空间多路复用 MIMO 系统,DNN 网络具有三层隐藏层。在解码阶段,首先将接收到的向量和衰落通道矩阵发送到经过训练的 DNN 产生半径向量;然后,传输的信号向量由算法解码,解码过程需要递归调用 DNN 输出的半径参数,如果球形解码未能找到解决方案,则进行次优检测。仿真证明了所提方案在使用高阶调制的高维 MIMO 通信系统的误码率 BER 和计算复杂度方面的有效性。虽然文中解决的整数最小二乘问题是针对 MIMO 通信系统制定的,但对于遇到整数 LS 问题的其他情况,如多用户通信、中继通信、全球定位系统等,它仍是一种很有前途的解决方案。

文献[28]将机器学习概念与误码解码方法相结合,引入了两种新方法来改进加权置信传播解码算法。作者首次引入了主动学习的概念,主动学习是一种监督学习方法,它能够从大量未标记数据中主动选择样本来提供模型,这个方法的两个关键是"为什么要使用主动学习"和"如何批量查询"。文中介绍了两种主动学习的办法:基于汉明距离采样以及基于可靠性参数选择性采样。第一种算法在每个时步中,当前神经模型会确定模型更新的下一个查询批次并从训练中移除成功解码的信息以及受干扰影响非常严重的信息。第二种方法利用给定信息的可靠性,首先为几个具有不同迭代次数的未经训练的 BP 解码器计算分布并通过设置先验来查询每个批次。先验即具有期望值和协方差矩阵在信息上的正态分布,这些分布可以通过向标准 BP 解码器添加迭代来进行解码,而加权置信传播解码算法可以通过训练来补偿这些额外的迭代。

Minhoe 等人在文献[29]中提出了一种 D-SCMA 模型,将编码部分和解码部分分别视作一个黑盒子,使用 DNN 直接进行数据到码本的映射和接收信号的解码。经过训练,D-SCMA 中的解码可以一次完成,而传统的 SCMA 解码器需要使用循环置信传播进行多次迭代,因此,D-SCMA 解码器的计算复杂度低于传统的 SCMA 解码器。DNN 解码器基于接收器处的叠加信号 y 来重构原始信号 r,鉴于多个数据流在多个资源上进行多路复用,文中将全连接网络用于解码器,以便将可能分布在所有资源上的所有信息结合起来,隐藏层网络层数设置为 4,每个隐藏层有 512 个隐藏层节点。文献中提出的解码器适用于任意数量的信号流或资源,并可以以自适应方式自主构建,这与之前的 SCMA 方案中必须根据系统规范以手工制作的方式重新设计特定的编码器和解码器不同。仿真结果表明,基于 D-SCMA 的方案明显优于传统的基于 SCMA 码本的方案,对于高信噪比来说尤其如此。基于 DNN 的解码器具备了远低于 MPA 解码器的计算复杂度,但实现了与 MPA 解码器几乎相同的误码性能。与文献[29]不同,文献[30]将 SCMA 解码问题视为多输出分类问题。对于具有 J 个用户和 K 个资源元素的 SCMA 系统,文中的深度学习解码器产生 J 个用户特定的输出,每个输出预测相应用户的符号。文中提出了两种不同的配置,即 DLD-A 和 DLD-R。DLD-A 用于 AWGN 信道,DLD-R 用于下行链路瑞利衰落信道,这两种配置具有相同的神经网络架构。它们在隐藏节点的数量和输入的维度上有所不同。两种配置共有六个隐藏层,对于 DLD-A 和 DLD-R,隐藏节点的数量分别为 {64, 64, 32, 16, 16, 8} 和 {512, 512, 256, 128, 128, 64}。与其他先前研究的深度学习解决方案相比,文献提出的解决方案在保持较低计算复杂度的同时实现了更好的 BER 性能。

在文献[31]中,Zhang 等人提出了一种基于深度学习的 Reed-Solomon 码迭代软判决解码算法。该算法利用了深度神经网络和基于随机移位的迭代解码(SSID),通过为 Tanner 图中的每条边分配权重来实现更好的解码性能。在传统算法的每个内部迭代中,一个 SPA 步骤后跟一个移位操作。而文献提出的新型神经网络解码器定义了一个内部迭代块,由 2 个连接的 SPA 层和 1 个随机移位层组成。优点是可以允许权重进入解码过程,从而产生优于传统方法的编码增益。神经网络分别训练每个外部迭代的向量权重,并在训练后按顺序连接每个外部模型,每个内层的权重初始值都可以在方程式中计算,解码性能随着奇偶校验矩阵的选择而变化。仿真结果表明,这一解码器确实比具有相同数量 SPA 步骤的传统算法性能更好。

1.2.5 视频通信

物联网(Internet of Things,IoT)系统中的视频传输必须在资源有限的情况下保证视频质量,降低丢包率和时延,以满足多媒体业务的需求。文献[32]提出了一种基于强化学习的节能物联网视频传输方案,可以有效防止干扰。该方案通过基站控制物联网设备的传输性能,包括编码速率、调制和编码方案以及发射功率。应用强化学习算法,可以在不了解发射机和接收机的传输信道模型的情况下根据观察到的状态(缓冲区的队列长度、信道增益、先前的误码率和先前的丢包率)选择传输方案。文献还提出了一种基于深度强化学习的节能物联网视频传输方案,该方案使用深度神经网络逼近 Q 值(传输动作,即每个可行传输动作的 Q 值,根据贪婪探索和 DNN 的输出进行选择后被发送到物联网设备),以进一步加速选择最佳传输方案的学习过程并提高视频传输性能。该方案将观察状态输入一个三层连接的 DNN 中以获得当前状态下的 Q 值。仿真结果表明,与基准方案相比,提出的方案可以提高峰值信噪比,降低丢包率、延迟和能耗。

广泛用于视频捕获、处理和传输的无人机必须通过动态拓扑和有限的能量来应对干扰攻击。在实际场景中,直接获取最优视频传输策略是不可行的,因为很多必要的信息如信道状态、传输和攻击模型、干扰功率等都是未知或不完全已知的。此外,传输环境不断变化,参数和条件也随时间变化,很难使用动态规划或博弈论方法来解决这个问题,而强化学习技术不需要知道这些信息。因此,文献[33]提出了一种基于强化学习的无人机抗干扰视频传输方案,用于选择视频压缩量化参数、信道编码率、调制和功率控制策略来对抗干扰攻击。更具体地说,该方案应用强化学习根据观察到的视频任务优先级、无人机控制器信道状态和接收到的干扰功率来最大化 Q 函数,选择无人机视频压缩和传输策略。其中的 Q 函数是对在当前状态下采取行动的累积奖励的期望。基于迁移学习技术,Q 函数可以通过先前的经验进行初始化,包括给定状态下的动作、产生的效用和新状态,以及通过预训练获得的类似抗干扰视频传输场景中的 Q 值。因此可以采用以前的经验代替全零值来减少学习过程的初始随机搜索。该方案使无人机能够在不依赖干扰模型或视频服务模型的情况下保证视频体验质量并降低能耗。文章进一步提出了一种基于强化学习的安全方法,该方法使用深度学习来加速无人机学习过程并降低视频传输中断概率。仿真结果表明,与现有方案相比,文章所提出的方案显著提高了视频质量,降低了无人机的传输延迟和能耗。

文献[34]提出了一种新颖的视频压缩方法,该方法将基于深度学习的帧插值方法结合到当前的视频压缩标准 HEVC 中,详细步骤为:给定一个输入视频,首先使用 HEVC 对其进行压缩,对于编码配置,使用随机访问 GOP8,将压缩视频称为 Video1。接着从输入视频的奇数帧创建一个新视频,这个新视频的压缩方式与 Video1 相同。压缩后使用基于深度学习的帧插值算法对原始视频的偶数帧进行插值,将此进程创建的视频称为 Video2。为了获得更好的性能,该方法进一步利用残差图像来提高插值帧的质量。从原始帧的像素值中减去预测帧的像素值并创建残差帧。最后将压缩后的残差图像添加到预测帧中,并创建一个新视频 Video3。新的压缩方法在预测偶数帧方面表现良好,并且这种方法在某些序列中优于 HEVC。此外,通过使用残差帧,发现这种方法变得更加稳定。即使使用像 BasketballDrill 这样的快速运动序列,新的压缩方法也可以与 HEVC 相媲美。

在之前的研究中,深度学习和自动编码器多被应用于视频通信系统的数据检测,文献[35]将深度神经网络和监督学习应用于下行视频通信系统中的正交频分复用(Orthogonal Frequency Division Multiplexing, OFDM)子载波分配和非正交多址(Non-Orthogonal Multiple Access, NOMA)用户分组问题,提出了使用基于 DNN 的用户分组/子载波分配的深度学习 OFDM/NOMA 视频传输系统的跨层资源分配。上述过程只使用 DNN 替换最复杂的构建块,即跨层用户分组/子载波分配。OFDM 子载波分配和 NOMA 用户分组任务被视为对多标签分类问题进行处理。这类问题已在其他领域得到解决,例如智能电表、多扬声器角度估计、移动边缘计算的卸载和图像识别[36-38]。在测试阶段,输出层应用了一种新的转换算法,将 DNN 输出层的 Sigmoid 激活函数的结果映射到 0 或 1,以保证所提出的基于 DNN 的资源分配算法的两个硬约束得到满足,由于在 DNN 的测试阶段使用了非迭代方法,PSNR 性能非常接近,但复杂度较低。

参考文献

［1］GOODFELLOW I,BENGIO Y,COURVILLE A.Deep learning(Vol. 1)［M］.Cambridge：MIT Press,2016.

［2］LIN M,CHEN Q,YAN S. Network in network［C］//Proceedings of the International Conference on Learning Representations(ICLR).Baff National Park：Ithaca,2014.

［3］周飞燕,金林鹏,董军.卷积神经网络研究综述［J］.计算机学报,2017,40(6):23.

［4］LIANG M, HU X. Recurrent convolutional neural network for object recognition［C］// Proceedings of the IEEE Conference on Computer Vision and Pattern Recognition. Los Alamitos, CA：IEEE Computer Society, 2015:3367-3375.

［5］NG A, KIAN K, YOUNES B. Sequence Models. Deep learning. Coursera and deep learning ai.此视频的网址为：coursera.org/specializations/deep-learning.

［6］吴墨翰,马丽萌,杨爱东,等.联邦学习在移动通信网络智能化的应用［J］.移动通信,2022,46(1):27-33.

［7］周传鑫,孙奕,汪德刚,等.联邦学习研究综述［J］.网络与信息安全学报,2021,7(5):77-92.

［8］MAJHI S,GUPTA R,XIANG W. Novel blind modulation classification of circular and linearly modulated signals using cyclic cumulants［C］//2017 IEEE 28th Annual International Symposium on Personal, Indoor, and Mobile Radio Communications(PIMRC). New York：IEEE Communications Society, 2017:1-5.

［9］BOUCHOU M,WANG H,HADI LAKHDARI M EL. Automatic digital modulation recognition based on stacked sparse autoencoder［C］//2017 IEEE 17th International Conference on Communication Technology(ICCT). Piscataway, NJ：IEEE, 2017:28-32.

［10］王海滨,周正,李炳荣,等.基于数字通信信号瞬时特性的调制方式识别方法［J］.现代电子技术,2019,42(16):22-25.

［11］杨婧,王霞,程乃平.基于特征参数提取的信号调制识别算法研究［J］.软件,2018,39(4):180-184.

［12］ZHANG Y R, WU G, WANG J, et al. Wireless signal classification based on high-order cumulants and machine learning［C］//2018 IEEE International Conference of Safety Produce Informatization(IICSPI) IEEE. Piscataway, NJ：IEEE, 2017:559-564.

［13］XIE W W, HU S, YU C, et al. Deep learning in digital modulation recognition using high order cumulants［J］.IEEE access,2019,7:63760-63766.

［14］ALI A,YANGYU F. Automatic modulation classification using principle composition analysis based features selection[C]//2017 Computing Conference. Piscataway, NJ: IEEE, 2017: 294-296.

[15]KOJIMA S, MARUTA K, AHN C. Adaptive modulation and coding using neural network based SNR estimation[J]. IEEE access, 2019, 7: 183545-183553.

[16]TATO A, MOSQUERA C, HENAREJOS P, et al. Neural network aided computation of mutual information for adaptation of spatial modulation[J]. IEEE transactions on communications, 2020, 68(5): 2809-2822.

[17]TATO A, MOSQUERA C. Spatial modulation link adaptation: a deep learning approach [C]//2019 53rd Asilomar Conference on Signals, Systems, and Computers. Pacific Grove, CA: IEEE, 2019: 1801-1805.

[18]HANGK, ZUO W, CHEN Y, et al. Beyond a gaussian denoiser: residual learning of deep CNN for image denoising[J]. IEEE transactions on image processing, 2017, 26(7): 3142-3155.

[19]ZHAO Z, VURAN M C, GUO F, et al. Deep-waveform: a learned OFDM receiver based on deep complex-valued convolutional networks[J]. IEEE journal on selected areas in communications, 2021, 39(8): 2407-2420.

[20]HE H, WEN C, JIN S, et al. Deep learning-based channel estimation for beamspace mmwave massive MIMO systems [J]. IEEE wireless communications letters, 2018, 7(5): 852-855.

[21]JIN Y, ZHANG J, JIN S, AI B. Channel estimation for cell-free mmwave massive MIMO through deep learning [J]. IEEE transactions on vehicular technology, 2019, 68(10): 10325-10329.

[22]CHEN E, TAO R, ZHAO X. Channel equalization for OFDM system based on the BP neural network[C]//2006 8th International Conference on Signal Processing. Piscataway, NJ: IEEE, 2006: 3.

[23]KUMAR R, JALALI S. Super fast and efficient channel equalizer architecture based on neural network[J]. 2012 IEEE aerospace conference, 2012: 1-11.

[24]CHARALABOPOULOS G, STAVROULAKIS P, AGHVAMI A H. A frequency-domain neural network equalizer for OFDM[C]//GLOBECOM'03. IEEE Global Telecommunications Conference(IEEE Cat. No.03CH37489). Piscataway, NJ: IEEE, 2003(2): 571-575.

[25]NEUMANN D, WIESE T, UTSCHICK W. Learning the MMSE channel estimator[J]. IEEE transactions on signal processing, 2018, 66(11): 2905-2917.

[26] CHERIF DAKHLI M, ZAYANI R, BOUALLEGUE R. Compensation in frequency domain for HPA nonlinearity in MIMO OFDM systems using MMSE receiver[C]//2012 IEEE 11th International Conference on Signal Processing. Piscataway, NJ: IEEE, 2012(2): 1273-1278.

[27]MOHAMMADKARIMI M, MEHRABI M, ARDAKANI M, et al. Deep learning-based sphere decoding[J]. IEEE transactions on wireless communications, 2019, 18(9): 4368-4378.

［28］BE ERY I,RAVIV N,RAVIV T,et al. Active deep decoding of linear codes［J］. IEEE transactions on communications, 2020, 68(2):728-736.

［29］KIM M,KIM N I,LEE W,et al. Deep learning-aided SCMA［J］. IEEE communications letters, 2018, 22(4):720-723.

［30］WEI C P, YANG H, LI C P, et al. SCMA decoding via deep learning［J］. IEEE wireless communications letters,2021, 10(4):878-881.

［31］ZHANG W,ZOU S,LIU Y. Iterative soft decoding of reed-solomon codes based on deep learning［J］. IEEE communications letters, 2020, 24(9):1991-1994.

［32］XIAO Y, NIU G, XIAO L, et al. Reinforcement learning based energy-efficient Internet-of-things video transmission［J］. Intelligent and converged networks, 2020, 1(3): 258-270.

［33］XIAO L, DING Y, HUANG J, et al. UAV anti-jamming video transmissions with QoE guarantee: a reinforcement learning-based approach［J］. IEEE transactions on communications, 2021, 69(9):5933-5947.

［34］SHIMIZU J, CHENG Z, SUN H, et al. HEVC video coding with deep learning based frame interpolation［C］//2020 IEEE 9th Global Conference on Consumer Electronics (GCCE). Piscataway, NJ: IEEE, 2020:433-434.

［35］TSENG S, CHEN Y, TSAI C,et al. Deep-learning-aided cross-layer resource allocation of OFDMA/NOMA video communication systems［J］. IEEE access, 2019, 7: 157730-157740.

［36］SINGHAL V, MAGGU J, MAJUMDAR A. Simultaneous detection of multiple appliances from smart-meter measurements via multi-label consistent deep dictionary learning and deep transform learning［J］. IEEE transactions on smart grid, 2019, 10(3):2969-2978.

［37］CHAKRABARTY S, HHABETS E A P. Multi-speaker DOA estimation using deep convolutional networks trained with noise signals［J］. IEEE journal of selected topics signal processing, 2019, 13(1):8-21.

［38］YU S,WANG X,LANGAR R. Computation offloading for mobile edge computing: a deep learning approach［C］//Proceedings of IEEE 28th Annual International Symposium on Personal, Indoor and Mobile Radio Communications (PIMRC). New York: IEEE Communications Society, 2017:1-6.

2 智能媒体技术

2.1 引言

近年来,随着宽带通信和移动互联网的快速发展,网络用户的数量已经达到了前所未有的规模,在智能化的浪潮下,中国手机用户早已远超 PC 端用户,移动终端的内容传输需求也大大增加,诸如超高清视频、沉浸式音效等层出不穷。越来越多的用户希望能够通过移动终端随时随地地获取网络中更直观、更多样化的应用业务。其中,迎合人们需求的以流媒体业务为核心的音视频等服务获得了广阔的发展空间,调查结果显示,未来全球的移动互联网流量中 2/3 以上将是视频流量,并且包含视频内容在内的数据流量将超过 90%。

智能媒体技术的范围较为广泛,它是在人工智能技术基础上将信息生产传播以及整个流程进行技术提升,它的技术基础包括虚拟现实、无线通信、大数据、虚拟现实等,这些技术构成一个新的生态系统。具体而言,智能媒体技术可以分解为智能媒体、智慧媒体和智库媒体三个部分。通过将人工智能的某些技术具有适应性地应用到媒体当中,对基础的媒体技术进行加强和改进,包括一些超高清视、音频技术,将人们的感官体验提升到极致,一些无线通信技术使得人们可以随时随地体验媒体洪流,尽管许多诸如互动、营销等环节有待提升。这些都包含在智能媒体当中。而智慧媒体则是引入了主观的干预,我们利用正确的、正能量的、积极向上的价值观对我们的技术进行原则性的指导,也就是说我们为智能媒体技术设置了准向标和灵魂。这样做的原因就是人为对媒体技术进行监督,弘扬主旋律。智库媒体是以媒体技术为基础,将媒体技术和人进行连接,为政府、企业、社会民众提供智力支持。这些媒体技术的综合应用和发展促进形成一种完整的媒体技术环境。

2.1.1 媒体技术的概念

如今通信技术与计算机技术飞速发展,人们获取信息的途径越来越多,获取信息越来越便捷,信息的形式也日益丰富。日常生活中,人们普遍认为媒体有两个主要含义:一个是信息载体,例如文字、声音以及动画;另一个是信息的存储实体,例如硬盘、光盘等。一般来说,人们提到的媒体技术都是指第一种含义的技术。本书对信息的理解如下:信息是对人有用的数据,这些数据将可能影响人们的行为与决策,信息处理的目的是获得有用的信息。数据与信息的区别在于数据是客观存在的事实,也是概念的一种,是可供加工处理的特殊表达形式,信息强调的则是对人有影响的数据。

媒体的基本概念就是信息的表示和传播,媒体将原始的信息进行表示,通过特定的途径进行存储和传播。也就是说,媒体是表示、展现、分发信息的方法和工具。国际电信联盟

（International Telecommunication Union，ITU）电信标准部对多媒体进行了定义,将日常生活中媒体的第一个含义定义为感觉媒体,第二个含义定义为存储媒体[1],在建议中,把媒体分为以下五大类:

（1）感觉媒体（Perception Medium）指对人的各类感官进行直接刺激,从而使人产生直观感觉的各种媒体。换句话说,所有能刺激人类感觉器官的媒体都是感觉媒体。比如,人耳能够听到的音乐、噪声、语音等各种声音,人眼能够看到的图片、颜色、文字等各种实体。感觉媒体包罗万象,存在于人类感觉到的整个世界。

（2）显示媒体（Representation Medium）指在感觉媒体与电磁信号之间进行转换的媒体。显示媒体可分为两部分,分别是输入显示媒体和输出显示媒体。前者主要负责将感觉媒体转换成电磁信号,例如键盘、话筒、扫描仪以及各种传感器等;输出显示媒体的任务则与输入显示媒体相反,即将电磁信号转换为感觉媒体,例如打印机、投影仪、显示器、音响等。

（3）表示媒体（Presentation Medium）是对感觉媒体进行抽象描述得到的,例如图像、声音编码等。这类媒体对人类的感觉进行转换,使其成为能被计算机处理、保存、传输的信息载体。由于这一特点,对表示媒体的研究成了多媒体技术的重要内容。

（4）存储媒体（Storage Medium）指的是将媒体表示的信息进行存储的设备,例如硬盘、U盘等。

（5）传输媒体（Transmission Medium）作为一种介质,可以传输媒体表示信息的各种形式,例如光缆、电磁波、光波等。

“多媒体”一词来自英文单词 multimedia,是对 multiple 与 media 进行复合得到的,这一来源也显示出多媒体是两种以上媒体相互融合的人机交互式信息交流与传播媒体,总而言之,通过交互的方式,在包括多类信息形式在内的复杂的多媒体信息之间建立逻辑关系,形成一个系统,此系统具有交互式的特点。多媒体往往指的是多类感觉媒体形成的组合,其中感觉媒体包括声音、图像、文字、动画等组合,多媒体技术的原理是通过计算机对多种媒体进行显示、表示、存储和传输,其中对多媒体的显示、表示简而言之就是处理和加工多媒体,因此,多媒体技术可被描述为三种主要技术,分别是多媒体信息处理技术、多媒体存储技术和多媒体通信技术[2]。

以人工智能技术为依托,智能媒体技术的发展在近些年突飞猛进,其中的媒体技术又包括诸多技术,如计算机视觉技术、机器学习、自然语言处理、机器人技术、生物识别技术、无线智能通信技术、物联网技术等,具体内容如下所示:

（1）计算机视觉技术对于媒体信息的传输与表达至关重要,因为是直接作用于人体视觉系统,它是一门研究如何使机器“看”的科学。计算机视觉领域是人工智能的一个分支,重点是创建一个功能类似人脑的人工可理解系统。该领域更侧重计算机如何从文本、图片和视频的系统输入中自动获得高级理解,用于图像分类、运动检测、3D 建模和定位等各种任务。机器学习方法最重要的任务之一是对操作进行分类。大多数分类都是针对图像的,因为大多数系统的输入数据都是以这种形式输入的。图像分类是一种机器学习过程,该过程可以根据图像的特征和视觉特征将图像分为不同的类别。为了获得更高的准确性和解决分类问题,已经引入了方法和算法的变体,最终导致了深度学习方法和人工神经网络的出现和引入。深度学习是一种用于解决机器学习在图像分类和学习能力方面的问题的方法。深度学习,也称为深度神经网络,由许多隐藏层组成,这些隐藏层可以自动学习和提取特征,甚至是从未标记的数据中自动学习和提取特征。它在图像分类、分割和对象检测等各种应用中显示出高性能和令人信服的效率。更进一步地说,就是指用摄像设备和电脑代替人眼对目标进行识别、跟踪和测量等,并进一步做图形处理,使电脑将其处理为更适合人眼观察或传送给仪器检测的图像。计算机视觉研究相关的理论和技术[3]试图建立能够从图像或者多维数据中获取"信息"的人工智能系统。在其最易于理解和最简单的定义中,计算机视觉通常意味着赋予计算机或机器识别能力的科学。计算机的视觉不仅仅是记录,主要目的是存储和提取所见信息和特征,而记忆、识别、评估和估计等组件是该过程的实用和功能要素。计算机视觉的目标是使机器能够通过处理数字信号来理解世界——通常称为图像感知。这种对机器的掌握是通过从数字信号中提取重要信息和特征并执行复杂的指令来完成的。过去的研究观察到,计算机视觉在评估图像的每个部分(例如人类运动)的基础上,在记录和识别运动方面取得了很大的进步。在经过了许多困难和研究之后,计算机视觉在人脸识别、物体检测、图像分类等各种应用中取得了重大进展。由于其独特的结构和应用方法,每一个应用都基于一套独立的基本原理和专门的计算过程。

(2)机器学习作为人工智能的核心,是使计算机具有智能的根本途径。上面所介绍的计算机视觉技术很大部分与机器学习相互交叉,它同样也是一门多领域交叉学科,涉及概率论、统计学、逼近论、凸分析、算法复杂度理论等多门学科。它利用计算机进行神经元构造,实现模拟人类的学习行为,以大量的数据为基础进行学习推断,获取新的知识或技能。简单来说,机器学习就是利用一些算法将大量数据进行迭代,生成一种可以判断数据的系统的过程,也就是机器的学习。每个机器学习的分类任务由两类数据集完成:训练数据集和测试数据集。训练数据集用于训练分类算法,测试数据集用于评估和确定分类精度。准确性评估是所有分类的重要组成部分之一。它将分类数据与被视为正确标记数据的测试数据集进行比较。这个标准程序制作一个平方误差矩阵,行和列表示算法性能的可视化。数据分类通常使用多种技术完成,分为监督和非监督方法。监督方法是一种具有技术监督的分类技术,在有监督的方法中,分类是通过使用给定信息(例如标记的输入数据、路线图、特征模式)训练算法来完成的。无监督方法是一种使用既未分类也未标记的信息来训练算法的技术,因此该算法在没有指导的情况下对信息进行操作。无监督学习算法可以执行比监督学习系统更复杂的处理任务。如前所述,为了数据分类的目的提出了几种涉及复杂算法的技术。这些技术分为三大类,此处以图像分类为讲解对象。支持向量机(SVM):这是一种有监督的机器学习方法,它使用分类算法来区分两个类别之间的图像。该技术是通过定义类别并标记图像训练模型来完成的。在训练步骤之后,模型可以对未标记的样本进行分类,SVM 的效率随着超平面参数的变化而变化。人工神经网络:人工神经网络或联结系统是模拟类似人类大脑功能的计算系统。每个人工神经网络,即所谓的 ANN,都由若干层组成。每一个都由许多神经元组成,这些神经元连接到前一层的所有神经元。该系统通过确定系统功能的输入进行训练。这个网络的效率可以根据架构、参数和输入来提高或降低。决策树:该算法属于监督算法家族,试图通过将数据缩小为更小的子集来分类和解决问题,从而以图形方式绘制所需的决策。在机器学习的进一步发展中,出现了许多更深层次的学习方法,深度学习是一种人工智能功能,它使用多个层从原始输入阶段提取更高级别的特征。例如,在将图像输入插入深度神经网络时,在第一层识别边缘,提取最明显的特征,然后较高层识别更深的特征[4]。深度学习是目前最重要和最实用的机器学习技术之一,在图像分析、语音识别和文本识别等许多应用中都非常成功。该技术着重于如何通过两种策略从输入图像中提取特征来检测和分类对象:具有独特架构特征的监督和无监督。深度学习的历史可以追溯到1943年,当时Walter Pitz和Warren McCulloch发明了基于人脑神经网络的计算机模型。他们使用称为"阈值逻辑"的算法和数学的组合来模仿人类的思维过程,但是由于各种原因(包括缺乏先进的硬件和软件等),这种模型直到最近几年才被认为是有用的。深度学习于2006年重返该领域,从此成为研究人员的热门话题。深度学习在图像分类、目标检测、视频处理、自然语言处理、语音识别等各个领域都表现出很高的效率。每个应用程序都有其算法和处理方法,因此在过去几年中引入了各种深度学习模型和算法[5]。

(3)自然语言处理(NLP)是计算机科学领域与人工智能领域中的一个重要方向。它研究能实现人与计算机之间用自然语言进行有效通信的各种理论和方法。自然语言处理是一门融语言学、计算机科学、数学于一体的科学。在过去几年中,机器学习的使用使得自然语言处理领域的许多重要任务取得了相当大的进步,例如机器翻译、阅读理解、信息检索和情感分析,以及构建问答系统、对话系统和推荐系统等。尽管机器学习在完成不同NLP任务方面取得了许多成功,但由于与自然语言理解和生成的内在特征相关的问题仍未找到最佳的解决方案,研究人员对这一研究领域表现出越来越大的兴趣,目前的计算机系统尚未达到人类的水平,随着深度学习模型变得更加复杂,模型的开发和优化逐渐依赖经验性选择和试错方法,而不仅仅是理论指导。这种趋势导致了模型难以简化,难以在资源受限的环境中实施。同时,对于某些语言,合适的数据集仍然稀缺。此外,这些模型通常缺乏足够的可解释性,这进一步增加了使用和优化它们的复杂性。现在自然语言处理的研究重点关注用于单语言和多语言学习、理解、生成和基础文本处理和挖掘、问答和信息检索的新兴深度学习方法,以及它们在不同领域以及资源有限的设备上的应用和可解释性。自然语言处理并不是一般地研究自然语言,而是研制能有效地实现自然语言通信的计算机系统,特别是其中的软件系统。因而它也是计算机科学的一部分。

(4)物联网技术。随着无线通信技术的发展,5G浪潮为万物互联带来了更多的机遇,多接入、低功耗等无线通信技术使得各类媒体智能终端都与中心控制器进行连接与通信,控制成千上万节点的技术不再是梦想。在软件技术的推动下,数字连接已经发生了根本性的变化。变化的规模和速度已经彻底改变了人类的生活方式和现代社会的方方面面。这些变化背后就是物联网的技术。基于这项技术,当前的信息社会有望升级到更高的水平,通过智能家居、电网、汽车和医疗环境实现一个超连接的社会。智能环境的出现导致人类出现以前无法想象的新形式的消费者行为。由于社交网络服务、云计算技术和大数据相关技术的普及,以及媒体内容和定制服务的多样性增加,生态系统迅速变化。例如,人们在互联网上享受流媒体服务、通过视频互相联系、实时交换和修改文件已成为普遍现象。这一趋势导致人们对日常生活中可用的媒体物联网(IoMT)和可穿戴设备的需求不断增长,部分人指出,到2026年,可穿戴市场预计将增长到1600亿美元。基于物联网的智能设备通常设计为低功耗和低容量,为了突破这些硬件限制,它们依赖云计算技术来提供额外的计算能力和存储空间。因此,云计算与物联网技术相互促进、不可分割。云计算是指可以同时使用IT相关服务的计算环境,包括网络和内容使用,以及通过互联网上的服务器存储数据。换句话说,它是一种可以在以无形形式存在的互联网空间(如云)中存储信息、管理共享资源和利用必要资源的技术。然而,尽管云计算为信息技术行业提供了重要机遇,云计算技术的发展目前仍面临许多需要解决的问题。

2.1.2　多媒体技术的特点

多媒体技术原理是使用计算机将声音、图像、文字等多媒体相互结合,并对其进行加工、存储及传输,它主要拥有以下四种特点[6]:

1.交互性

作为多媒体技术的关键特征,交互性使其有能力更有效地使用、控制信息,从而对信息有更加深入的理解。在最初期的多媒体系统中(例如收音机与电视),这些系统或者将声音与图像一体化进行展示,或者将多种媒体系统集成在一个设备当中进行展示,但是这些早期系统并不具备交互性,使得我们在使用这种多媒体系统的过程中不能自由地处理和控制信息。目前多媒体技术得到完善,结合其具有交互性的特点,用户可以得到更多实际想要的信息并对这些信息进行控制,例如在智能媒体通信系统中,可以根据各自的需求进行收发端的控制,而且当采用虚拟现实或灵境技术[7]时,多媒体系统可提供高级的交互性。

2.复合性

相对于计算机来说,信息媒体具有复合性,也可称为媒体的多样化。如今媒体的处理对象同样不再局限于单一的声音、图像或者文本,相较于人类的五大感官来说,计算机的种类和局限性还很大。随着各种复合型技术的发展,如今媒体也渐渐向着全面体验进发,例如虚拟现实技术就已经发展出了试听触三大感觉。

3.集成性

多媒体的这一特点主要由两方面组成,一方面是对多媒体信息媒体的集成;另一方面是对媒体进行处理的系统与设备的集成。最初的媒体信息大多都是单一的不同源信息,因此在处理时也相对简单,与过去不同,目前信息的采集就需要依靠多通道进行,并行采集储存与加工,这些不同的媒体信息之间也并不是独立的,而是具有非线性联系。

4.实时性

多媒体系统需要处理各种复合的信息媒体决定了多媒体技术必然要支持实时处理。接收到的各种媒体信息在时间上必须是同步的,例如在进行视频会议传输时,语音和视频应该严格同步且无卡顿,否则我们在利用媒体传输某些信息时就会失去意义。

2.1.3　多媒体技术的发展历程与趋势

20世纪80时代,多媒体技术开始出现,若从硬件的发展上确定这项技术全面发展的时间,较为准确的是在第一块声卡在PC上出现以后。在声卡出现很久以前,人们就已经获得了显卡,至少已经出现了显示芯片,这种芯片的出现标志着计算机开始具有能力对图像进行处理。即便如此,当时的计算机也并没有能力开发多媒体技术,直到20世纪80年代声卡的出现,计算机才开始有能力对音频进行处理,这也意味着计算机的发展进入了一个新阶段:多媒体技术发展阶段[8]。多媒体应用的不断扩展对多媒体通信提出了更高的要求,其发展趋势主要体现在媒体多样化、信息传输统一化以及设备控制集中化三个方面,目的是使多媒体通信提供更大的传输带宽、更智能化的管理手段,以便适应高质量连续传输数字音频、视频等大数据量的应用,而网络融合正是实现这一目标的技术手段。

在当今通信领域,IP 是未来通信的发展趋势已经得到了普遍共识,然而多年前,人们曾认为 ATM 才是通信发展的最好途径。ATM 网是一种采用分组交换技术的数据传输网,基于统计复用、采用面向连接的方式与传统分组网络最显著的区别是 ATM 网有定义明确的服务等级,能提供业务质量的保证,并实现多种业务的综合通信。然而由于 ATM 网技术非常复杂,与现有的通信系统区别较大,因此并未得到预期的发展。

IP 网也是一种采用分组交换技术、基于统计复用的网络,但采用的是非面向连接的方式,从而使网络协议和设备大为简化,为其广泛应用创造了条件。IP 技术将世界范围内众多计算机网络连接汇合,构成了一个全球统一、开放的互联网。IP 网络的开放性,即允许物理层和数据链路层采用不同的传输协议,比较好地解决了不同网络之间的相互连接问题,为通信网和计算机网在网络层上的融合提供了基础。然而传统的 IP 网是一个"尽力而为"型的网络,不适合传送数据量大、实时性要求高的多媒体数据,为此提出了增加核心网和接入网带宽、设计有效的资源分配和管理机制的改进措施,IETF 提出了几种 IP 网服务模型,包括综合服务模型和区分服务模型。此外,资源预留协议、多协议标签交换等都提供了服务质量(Quality of Service, QoS)的保障。总之,以 IP 为基础的网络和以此为支撑的多媒体通信将成为今后主要的发展趋势[9]。

在传统的通信网中,电话业务、呼叫控制以及承载都集中在程控交换机中完成。而近年来出现的软交换、通用多协议标签交换等技术,则实现了控制与承载的分离,从而使得这两个功能可以各自独立地演变和发展,为核心网络的融合提供了极大的灵活性。在接入网方面,传统的电信网一直是以电话网为基础,采用铜线(缆)用户线向用户提供电话业务。随后在现有铜线基础上,采用 xDSL 数字化传输技术提高了铜线传输速率,满足了用户对高速数据日益增长的需求。然而利用铜线用户接入网,虽然可以充分发挥铜线容量的潜力,但从长远发展的趋势看,为进一步提高传输速率、支持各种多媒体业务,利用光纤传输的光纤接入网能够更好地满足这一需求。

此外,多媒体技术在无线接入网方面的发展更令人瞩目。在过去的十几年中,无线通信从蜂窝语音电话到无线接入 Internet,无线网络给人们的学习、工作和生活带来了深刻的影响。其中,移动宽带无线接入网络已经从以电话为主要业务的第二代移动通信系统进入到第三代(3G),在支持终端移动性的同时,扩展到更大的带宽,实现了业务的高速无线接入。而对于固定宽带无线接入网络来说,由计算机网络发展而来的无线局域网(LAN)和无线城域网(WiMax)在具有较大带宽的基础上,正在向支持更好的移动性的方向发展。

2.2 超高清技术

超高清是国际电信联盟最新批准的信息显示"4K 分辨率(3840×2160 像素)"的正式名

称,被定为"超高清 Ultra HD(Ultra High-Definition)"。超高清视频(Ultra High-Definition Video, UHDV)是高清视频(High Definition Video,HDV)的下一代技术。BT 2020 标准重新定义了电视广播与消费电子领域中关于超高清视频显示的各项参数指标,对超高清视频的分辨率、帧率、色深、色域等进行了规范,促进超高清视频进一步走向规范化。

视频应用程序目前占所有基于 IP 的互联网流量的83%,同期,来自移动设备的流量将从所有流量的7% 上升到17%,增长速度为固定 IP 流量的两倍。此外,随着第五代(5G) 移动网络投入使用,大带宽、更低的端到端延迟和更高的可靠性可能会增加对移动视频的消费需求。同样,新的视频压缩标准,如高效视频编码(H.265/HEVC)和超高清(UHD) 便携式消费设备的可用性可能会进一步推动移动视频流量的增长。到 2020 年年初,一些便携式设备的屏幕分辨率已经达到 4K 和 8K。日本显示器已经展示了使用 1.4 版嵌入式 DisplayPort 标准(eDP)的 8K 笔记本电脑屏幕。这两项技术进步将为"随时随地"访问实时广播媒体提供基础设施,并可能激发产生新的视频服务类别,再次增加移动网络上与视频相关的负载。

尽管 5G 网络中的服务质量和弹性有望得到提高,但大量的视频流量将继续对网络运营商构成重大挑战。最近,网络质量关注点已从网络提供商的 QoS 角度转变为不太容易量化的最终用户体验质量(QoE) 角度。在这种情况下,欧盟 5G PPP SELFNET 项目提出了一个使用可扩展 H.265 视频编码标准的 UHD 视频流的 QoE 感知自优化用例[10]。此用例中的关键促成因素是 5G 基础设施中可扩展 H.265 编码 UHD 视频流的 QoE 预测模型。如上所述,要实现这一促成因素存在许多技术挑战。

2.2.1　超高清视频技术发展

1.视频编码技术演进

超高清视频技术在大幅提升视频清晰度的同时,也使视频流的数据传输量大大增加。为保障 4K、8K 超高清视频的高效传输,国际电信联盟和我国数字音视频编解码技术(AVS)标准组均开展了下一代视频编码技术的研发工作。ITU 在 2013 年正式批准通过 H.265 标准,该标准以 H.264 标准为基础,优化了编码方式,提高了码流、编码质量,改善了延时和算法复杂度之间的关系,提升了编码效率,以满足 4K、8K 超高清视频的传输编码需求。基于 AVS +,我国 AVS 标准组于 2016 年正式通过了 AVS 2.0 标准,该标准继续采用混合编码方案,在保证支持超高清编码的同时,更注重提高编码效率和降低编码复杂度[11]。

2.音频处理技术演进

伴音质量是用户视音频体验的重要组成部分,超高清视频技术在带来用户视觉体验提升的同时,对音频处理技术的改进提出了要求。超高清视频的整体体验和伴音质量应当以视觉体验为主,不断进行提升与改进。目前,5.1 声道质量的音频信号和立体声是主要的电视伴音,同时,业内出现了一些新的音频系统,如 22.2 多声道音频系统。相较于以往的音频系统,22.2 多声道音频系统在扬声器的布置上采用更加立体的环绕式布局方式[12],不仅在收视者视线平面上放置了扬声器,而且在收视空间的顶部和底部也部署了扬声系统。

3.信号传输技术演进

随着 5G 无线通信技术的出现和发展,人们对可移动设备的要求变高,无线通信技术已经成为承载超高清视频的重要载体,5G 无线通信是一个融合了多种无线接入技术的融合系统。5G 中应用了许多新的技术。与 4G 相比,5G 支持高频率和频谱。5G 无线可以在 30—100 GHz 的毫米波上工作。5G 无线通信可以提供巨大的数据容量、不受限制的通话量和无限的数据广播。5G 通信在信令、管理和计费程序方面有了显著改进,因此它们可以满足传统移动宽带类别之外的各种应用的需求。MIMO 等技术可以显著提高空口频谱效率,MIMO 的应用可以增强连接性并加快数据访问速度。5G 中计算能力的提高确保了约 1 ms 的低延迟,这些设备在连接到网络时几乎可以享受即时的速度。5G 无线通信的低延迟、高数据速度、超可靠性和大规模连接可以极大地改变我们的生活,并带来新一代的应用程序、服务和商机。例如,低延迟通信为远程医疗、程序和治疗开辟了一个新世界。其他先进技术包括专注于特定方向上的无线信号而不是向广域广播的波束成形、能够同时传输和接收数据的全双工以及能够处理数十亿个节点的大规模网络管理技术。5G 移动网络 eMBB 的下行用户体验速率为 1Gbps,上行用户体验速率为 500Mbps。从理论上讲,5G 网络对 4K 乃至 8K 超高清视频有良好的承载能力。在 2018 年 6 月,中国联通发布了基于 AR／VR 的红色智慧景区解决方案,同年 9 月,其在杭州云栖大会上完成国内首例基于 5G 网络的 8K 超高清视频信号传输。

2.2.2 超高清视频关键技术

1.技术概述

对于超高清视频的理解,我们举例来看,就单帧图像来说,传统高清图像的像素密度约为 200 万 ppi,而 4K 超高清视频的单帧像素密度在 800 万 ppi 以上。画质是视频类播放器的核心,真正能吸引消费者眼球的,只有出色的画质表现,高分辨率能带来细腻的显示效果。目前,高清电视的技术分辨率为 1280×720,而 4K 超高清达到 3840×2160 的物理分辨率,是普通全高清(1920×1080)的两倍宽高、四倍面积。屏幕中的像素越多,画面越精细。4K 超高清和高清系统在不同方面的差异也较大。与其他新技术的推广初期一样,4K 超高清技术的推广应用也遇到技术标准不一致、新产品不成熟、技术架构复杂等问题[11]。因此,从开发和避免投资浪费的角度来看,科学合理的 4K 超高清制播系统设计非常重要。毋庸置疑,4K 电视拥有 4 倍于 1080P 的分辨率,在图像的精细度表现上确实有了很大程度的提升。4K 电视已经打入中国市场且其技术日益成熟,虽然目前对 4K 电视的定位仍为高端,并且价格相对偏高,但随着国内数量众多的电视厂商的加入及全产业链技术的更新迭代,4K 电视进入百姓生活的步伐也在加快。当一种新产品出现时,往往面临价格高昂的劣势,对各大电视台来说,由于高清化改造刚刚开始,想播出 4K 电视节目,在资金与技术方面受到的压力很大。

2.流媒体技术

网络流量快速增长,人们在移动终端上观看视频的频率越来越高。视频需求的大幅增长成为互联网流量暴增的主要原因。CDN(Content Delivery Network)技术的出现极大地提高了互联网服务的质量。CDN 技术的原理是对各类缓存服务器进行使用,并将这些服务器分别分布于用户访问较为集中的网络区域中。当用户想要对某一网站进行访问时,利用全局加载技术可以将此访问分配给最接近的缓存服务器,这时此服务器对用户请求直接响应。

因此,CDN 大大缩短了用户与资源的距离,保证了用户的资源访问体验。然而,每天产生的海量数据给 CDN 边缘节点的 Cache 服务器带来了巨大的压力。如何有效提高用户请求的命中率、降低访问延迟、高效管理和存储海量数据成为亟待解决的问题。每个 Cache 的存储容量是有限的。当需要缓存的数据量超过 Cache 的存储空间时,需要适当的缓存替换算法来替换缓存中的部分数据,从而保证新数据的增加。流媒体技术又称为流式媒体技术,是一种新的媒体传送方式。流媒体技术利用特殊的压缩方式,将整个音频、视频及 3D 媒体等多媒体文件分成多个压缩包,由视频服务器向用户计算机连续、实时传送。因此,用户不必等待整个文件全部下载完毕,只需经过几秒或几十秒的启动延时,即可在自己的计算机上利用解压软件对压缩的音视频、3D 媒体等多媒体文件进行解压和播放。这种边下载边播放多媒体文件的流式传输方式,不仅能够大幅缩短启动延时,而且对系统缓存容量的需求也大大降低。由于流媒体技术的便利性,目前大多音视频都采用此种方式进行传输。并且,流媒体技术不是一种单一的技术,而是网络技术和音视频技术的结合[13]。近年来,随着网络媒体共享平台的发展,人们对网络速度的要求逐渐提高,流媒体在线平台的服务质量得到有效提升,以满足当前和未来对网络速度和信息处理的巨大需求。传统的用于高性能计算和大数据分析的计算机基础设施无法完成这样的任务。快速分析流数据需要大量的计算机和数据存储容量,这需要实时的流技术和分析。实时流已经成为一个关键的组成部分,它处理来自成千上万个传感器和其他信息源的大量数据,以便一个提取大量实时数据的公司能够对瞬间变化的条件做出反应。流媒体技术和分析技术是从实时数据中产生真实值。三种常见的流媒体系统所用技术比较见表 2-1。

表 2-1　三种流媒体系统所用技术比较

指标	RM 技术	MPEG-4 技术	QuickTime
国际标准	专用技术	国际标准	专用技术
压缩比率	非常灵活	基本固定	自适应
支持的操作系统	所有操作系统	NT/2000	macOS
支持的用户数	1000 个以上	50—500 个(并发技术)	50—500 个
压缩软件	Real Producer	Media Decoder	QuickTime Pro
播放软件	Real Player	Media Player	QuickTime
带宽适应能力	强	弱	弱
实时直播支持能力	强	无	无
点播支持能力	强	强	强
费用	高	目前免费	高
性能	好	差	好

流式传输基础:当 A/V 等多媒体信息在网络中进行传输时,主要方案有两种,分别是下载与流式传输。当文件较大时,往往选择下载方案,但网络需要的存储空间也同样相对较大;这时此过程受到网络带宽的限制,所用时间通常很长,导致了较长的网络延迟。而使用

流式传输时,音视频服务器将声音、动画或影像等时基媒体向用户计算机实时且连续地进行传输,这意味着用户只需经过几秒或十几秒的启动延时便可对文件进行浏览或观看,不必等待文件全部下载完毕。与此同时,文件的剩余部分在后台继续从服务器下载。

流媒体技术的关键也就是流式传输,流式传输是对于视音频等媒体信息对象来说的技术,通过网络进行传送。具体来说,它的功能就是将互联网上的媒体信息传输到各个设备上。这种传输方法分为两种,分别是顺序流式和实时流式。顾名思义,顺序流式传输是按照顺序从网络上进行顺序下载,已经传输的文件可以随时被查看,但不能查看还未下载的部分;而实时流式传输则是实现媒体信息的持续实时的发送,对于视音频媒体文件,使用者可以快进和后退,实时广播传输大多采用实时流式传输。

顺序流式传输比较适合高质量的短片段,如电影的片头、片尾及广告,这类文件在播放前是经过无损下载的,能够保证最终的播放质量。这意味着用户在观看前必须经历网络延迟[14],在较差的网络连接状态下尤其如此。严格说来,它是一种点播技术。但实时流式传输必须匹配相应的连接带宽,这意味着在以调制解调器的速度进行连接时,流媒体图像质量较差。另外,由于出错或丢失的信息被忽略,在网络拥挤或出现问题时,视频质量很差。

流媒体系统工作流程:流式传输需要合适的传输协议,其传输的实现要依赖缓存。在实时传输媒体文件的过程中,一般将其数据分解成若干个数据包,但是在动态的网络传输过程中,每个数据包传输的路径可能不同,所以导致用户接收到的信息时间不同,为了应对这种问题,缓存系统被广泛应用,达到消除时延和抖动的效果。通常来说,高速缓存所需的容量并不大,因为通过丢弃已经播放的内容,可以重新利用空出的空间来缓存后续尚未播放的内容[15]。

流媒体传输流程如图2.1所示。

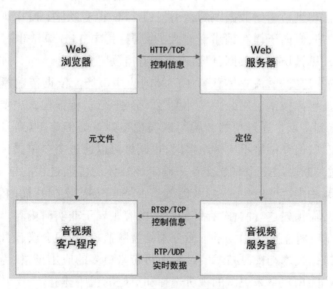

图2.1 流媒体传输流程

(1)用户端进行流媒体服务类别的选择,浏览器与服务器之间交换控制信息,将检索出需要传输的媒体信息。

（2）浏览器启动音视频客户程序,从相应地址检索出所需要的相关参数,将应用端的媒体程序进行初始化。这些参数可能包括目录信息、音视频数据的编码类型及与音视频检索相关的服务器地址。

（3）通过流式传输的协议用户端的媒体程序与服务器建立连接并运行传输,同时这种流式传输协议提供执行多种交互式命令的方法,例如暂停、快进等命令。

（4）音视频服务器使用 RTP / UDP 将音视频数据传输给音视频客户程序,一旦音视频数据抵达客户端,音视频客户程序即可开始播放。

需要说明的是,在流式传输中,使用 RTP / UDP 和 RTSP / TCP 两种不同的通信协议与音视频服务器建立联系,目的是把服务器的输出重定向到一个非运行的音视频客户程序的客户机的目的地址中。

目前常用的几种传统缓存替换算法:LRU（Least-Recently-Used）算法基于一个非常有名的计算机操作系统基础理论:最近使用的数据未来仍会使用,长时间未使用的数据很可能在未来很长一段时间内保持未使用状态。基于这个思路,会有缓存淘汰机制,每次从内存中找出最长未使用的数据,然后替换,从而存储新的数据。它的主要衡量标准是使用的时间,附加的指标是使用的次数。这种机制在计算机中被广泛使用,其合理性在于对热点数据的优先筛选。但是,LRU 的缺点也很明显。LRU 算法以最后一次访问时间作为判断是否缓存的唯一标准,这样会导致高流行度或系统中预分布的数据被删除,而且很容易出现数据刚刚被删除的情况。LFU（Least-Frequently-Used）算法是基于这样一种思想,即如果一个数据在最近一段时间内被使用得很少,那么即将被使用的可能性也很小。LFU 算法最简单的设计思想就是用一个数组来存储数据项,用 HashMap 存储每个数据项在数组中的对应位置,然后为每个数据项设计一个访问频率。访问频率增加,再消除访问频率最低的数据。剔除数据时,应通过选择算法得到数组中数据项的索引。但 LFU 也有缺陷,LFU 算法根据数据访问的频率计算缓存的值,倾向于缓存请求量较大的数据;其次,LFU 算法也存在缓存污染的问题,即即使不再访问频繁访问的数据,仍然占用缓存空间[16]。

随着互联网的快速发展,流媒体获得了广阔的应用市场。依据传输模式、交互性、实时性等特征,可以将流媒体技术应用分为多种类型。分别来说,传输模式主要指流媒体传输方式是点到点还是点到多点。通过单播传输可以实现点到点的传输;点到多点的方式则往往通过组播传输来实现,但在网络不支持组播时,也同样可以通过多个单播传输进行组合来实现。交互性是通过判断应用是否需要交互来确定流媒体的传输过程的单双向。实时性,顾名思义,就是指视频中内容的产生、采集及播放是否是实时的,实况直播内容、视频会议内容等都属于实时内容,而预先进行制作、存储的媒体内容则属于非实时内容。在目前的较多应用中,流媒体技术的三种主要应用场景依然分别是视频监控、视频会议、远程教学三大类。

放眼未来,流媒体技术与视频技术的结合还将带来更多的应用场景,为媒体行业带来新的发展机遇,同时也为用户带来更多的视听选择和更好的视听体验。

2.2.3　面向超高清视频技术的 CDN

CDN 系统架构:CDN 是以承载网络为基础的高效综合内容分发网络,其系统一般有较为灵活和拓展性高的特点。

1.CDN 关键技术

在传统的内容分发模式中,内容分发的功能由 ICP 的应用服务器负责,它可以在传输中提供一定的质量保障,但是缺点是在内容区分方面的质量不高,并且在其实现功能时占用了较大的带宽通量,非常容易在发生紧急热点问题时产生过载。而在 CDN 内容分发时,对于不同的媒体应用具有不同的处理保障,引入主动内容管理和全局负载平衡。也就是说,在分发过程中将数据推到离网络用户最近的位置,对于网络秩序的稳定有较大的帮助。同时将服务点进行分散扩展,避免远距离转发,提供分布式负载平衡,这样网络服务器的压力减少了很多,并很大程度上解决了过载问题。

CDN 旨在以位置透明的方式向用户提供内容。但是,当前的 TCP/IP 范例是端到端的。在端到端协议栈之上创建位置透明的应用程序需要处理多个端到端工件。例如,即使传输量很小,TCP 也需要建立端到端的连接。上游主机(缓存和源服务器)需要持续枚举和监控,请求需要路由到它们。当上游主机发生故障时,TCP 会话需要重新启动,可能会丢弃已经检索到的内容。相反,NDN 提供有状态的逐条数据包转发层,可自动提供与位置无关的数据检索。由于 NDN 的网络模型与 CDN 的应用模型完美契合,有较多研究也针对其协同作用开展。

客户端代表从 CDN 请求内容的设备。客户端缓存可以部署在用户附近,以减少延迟和流量。中间缓存提供分层缓存和源屏蔽,客户端缓存未处理的任何请求都会到达这些中间缓存之一。这些缓存通常用作反向代理,从源下载数据并将其缓存以供将来请求。源服务器提供内容的权威副本。内容提供者可能有一个或多个位于不同地理位置的源服务器,并且实际延迟会因世界地区和服务提供商的不同而略有不同。CDN 提供商经常使用本土和性能调整的 HTTP 服务器来提供服务,并且经常使用多个服务器端缓存来减轻单个缓存的负载并提供冗余[17]。

CDN 关键技术主要包括 4 个方面:内容路由技术、内容分发技术、内容存储技术、内容管理技术。

内容路由技术:CDN 利用其负载均衡系统实现内容路由功能。它可以将来自客户端的请求分别传递给多个不同的最佳节点,最佳节点的选定可以根据多种策略,如距离最近、节点负载最轻等[18]。也就是说,负载均衡系统在 CDN 工作进程中发挥着很大作用,其效率和准确性是整个系统功能实现的关键。内容分发技术:内容分发包含从内容源到 CDN 边缘的缓存过程。内容存储技术:CDN 系统的存储包含两大部分,一个是源媒体文件的存储,一个是信息在节点的存储。第一部分的存储相对简单,利用大量的存储架构即可。对于在 Cache 节点中的存储,需要重点考虑功能和性能。内容管理技术:系统的内容管理部分主要是媒体信息进入节点后的管理,其目的是提高系统的运行效率,最终实现本地节点的存储利用率。通过本地内容管理,可以在 CDN 节点中实现基于内容感知的调度。

2.CDN 功能模块

在如图 2.2 所示的 CDN 系统架构中, CDN 主要包括内容分发层、业务服务层、全局调度控制及运营管理层。内容分发层包括内容管理、内容注入、内容定位、内容分发、内容存储、内容回源和内容防篡改;业务服务层包括业务控制和业务服务;全局调度控制包括在省中心与各地市、各地市与各地市之间实现灵活的、策略化的负载均衡,在全局范围内实现最优的资源共享;运营管理层包括网络管理、服务统计和质量保障。

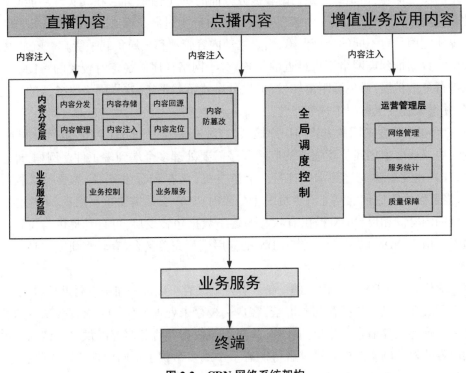

图 2.2　CDN 网络系统架构

（1）内容管理:将内容的信息进行记录和统一管理,包括媒体元数据信息、生命周期、内容状态、更新策略等。

（2）内容注入:根据不同的请求,从对应地址获取媒体信息并进行预处理,之后将内容保存到内容存储设备中。其中,预处理不包括文件格式等的转换,在内容注入之前,文件必须已经转码为 CDN 规范要求的格式。根据注入内容源和商业模式的不同,内容注入包括 CMs注入、CP／SP 透明注入两种方式。

（3）内容定位:根据接收用户或下级 CDN 的内容定位请求,查找相应的内容,根据节点、节点内设备的健康状况和负载情况,调度合适的节点、节点内设备,为用户或下级 CDN 提供服务:当用户、下级 CDN 请求的内容在本地未命中时,需要以信令重定向或中继的方式为用户提供服务。

（4）内容分发:根据内容管理模块的调度策略进行内容的分发传送。根据 CDN 中各内容的热度情况、是否为新片等信息,以 PUSH、PULL 的方式动态地调整内容在 CDN 中的分布,从而就近为用户提供服务,提升用户体验。CDN 有不同的内容推送策略,包括但不限于根据域、热度等选择节点以实施内容分发的策略。

（5）内容存储:存放各种媒体内容,包括通过内容注入得到的内容实体文件、预处理后新生成的文件,以及由 CDN 录制的 TVOD、TSTV 文件,供节点内的流业务服务器使用。

(6)内容回源:业务系统不需要在为用户提供服务前将内容注入 CDN,当用户发出服务请求时,在 CDN 内容未命中后,由 CDN 实时从源站下拉内容。

(7)内容防篡改:内容防篡改通过两种方式实现。一种是在 CDN 节点之间、CDN 边缘节点与客户端之间直接进行内容传输的过程中,通过加密方式防止内容被第三方篡改,可以通过使用 SSL 传输协议来实现,但实现的代价较高,可以在内容的敏感性较高时使用;另一种是内容验证,对接收到的内容进行 MD5 验证,而 MD5 验证所需的验证码要通过前一种方式进行传输,对于验证失败的内容,不予分发并发出内容被篡改的告警。

(8)业务控制:接收用户的服务请求,查找内容的存储位置,根据节点的健康状况、负载情况进行服务调度,控制流业务服务器以向用户提供服务,并提供节点故障切换服务。

(9)业务服务:为各类用户提供音视频下载等下载类服务,通常包括点播、直播、下载、TVOD、TSTV 等。

(10)网络管理:与外部网络管理系统相配合,实现对 CDN 各网元配置、性能、告警、拓扑的管理。

(11)服务统计:CDN 提供有关自身运行、用户访问的原始数据(包括内容分发的相关信息),便于后续进行统计分析。

(12)质量保障:为确保较高的用户体验满意度,CDN 须采取 ARO、FEC 等措施进行 QoE 控制。

2.3 沉浸式媒体

2.3.1 沉浸式媒体发展历史

早在 1965 年的计算机学术会议 IPIF 大会上,Ivan 在论文 The Ultimate Display 中首次提出了包括具有交互图形显示、力反馈设备以及声音提示的虚拟现实系统的基本思想。这是虚拟现实概念雏形的提出。1968 年,Sutherland 在美国信息处理学会联合会的秋季计算机会议上提出了头盔式三维显示装置的设计思想,并给出了一种设计模型,如图 2.3 所示,该模型奠定了三维立体显示技术的基础。

图 2.3 初期三维显示装置

1984 年,Jaron Lanier 创建 VPL Research,专门研发虚拟现实软件及硬件,成为第一家销售虚拟现实产品的公司,VPL 的创新产品包括 DataGlove、AudioSphere、EyePhone、Isaac 虚拟现实引擎、Body Electric 虚拟现实编程语言等。1987 年,Jaron Lanier 在 *Whole Earth Review* 对其进行的访谈中正式提出 Virtual Reality 这一术语。由于其开创性的贡献,Jaron Lanier 被誉为虚拟现实之父。

2.3.2　沉浸式媒体技术基础

在提到沉浸式媒体技术时,我们经常将其与虚拟现实技术联系起来,两者有较大的相关性,都是将现实世界与虚拟世界相结合。虚拟现实技术在理论上是一个在计算机中运行的仿真系统,它有能力创建虚拟世界供人们体验,具体来说,就是利用计算机生成一种模拟环境,并使使用者完全沉浸于这种模拟出的环境中。虚拟现实技术利用了现实生活中获得的数据,同时用计算机技术产生媒体电信号,将其从特定设备输出实现人们的直接感触。由于这些现象是计算机对现实世界进行的模拟,并不是人们可以用肉眼观察得到的,故称为虚拟现实[19]。

VR 系统的基本特征是三个 I:沉浸(Immersion)、交互(Interaction)和想象(Imagination),强调人在 VR 系统中的主导作用,使信息处理系统适合人的需要,并与人的感官感觉相一致。VR 场景形态是基于几何模型的交互式场景、基于摄影摄像的三维全景 VR 视频、双目立体视觉。系统主要分为沉浸式、非沉浸式、分布式及增强现实四类。

(1)非沉浸式虚拟现实系统:也叫桌面虚拟现实系统,此类系统的分辨率较高,成本较低。它采用标准显示器、立体显示、立体声音技术。

(2)沉浸式虚拟现实系统[8]:这种系统利用头盔显示器或其他设备把用户的视觉、听觉等感觉封闭起来,然后提供一个新的虚拟的感官空间,使之产生一种身在虚拟环境中却能全身心投入并沉浸其中的错觉。除了基于座舱空间的系统外,此类系统还包括基于头盔的系统、投影虚拟现实系统、远程存在系统。

沉浸感的获取包括:双目立体视觉,即使左右眼看到有立体视差的画面;环绕式内容,即3D 声音、全景视频;以及封闭观众视听觉系统的设备,即 CAVE 环境、各种 VR 头盔显示器。

(3)分布式虚拟现实系统:该系统是建立在沉浸式虚拟现实系统和分布式互动仿真技术的基础之上的,目前有两种形式,即分布式互动仿真系统(如 SIMNET 互动仿真系统)和赛博信息空间。

(4)增强现实系统:主要是为了增强用户对真实环境的感受,其可以将媒体辅助信息通过设备与实际的环境进行融合,实现现实的增强。

2.3.3　沉浸式技术发展及介绍

1.显示技术:仿真技术→虚拟现实技术→增强现实技术

增强现实(Augmented Reality, AR)是采用虚拟物体对真实场景进行"增强"显示的技术,与虚拟现实相比,具有真实感强、建模工作量小的优点。增强现实技术的特征是虚实结合、实时交互、三维注册。

AR 虚实融合的方式叠加视频,也就是将信息叠加在摄像头的实时画面上,画面往往存在一定畸变,如基于 PC 的 AR、基于移动端的 AR。光学透视是实时信息直接叠加在用户所看到的真实内容之上,其镜片需要同时具有反射和穿透功能,如基于头戴式 AR 设备的显示,如 Hololens、Magic Leap、Meta AR 等。虚拟现实显示技术包括全景显示及立体显示、虚拟现实头显(VR HMD)屏幕+液晶光闸眼镜。沉浸式的概念其实重点是对于人的感官来说的,是让人从视听触的感官中获得沉浸体验,因此计算机的系统不能提供全部体验,需要专门的立体显示设备来提高用户在虚拟环境中视觉沉浸感的逼真程度。立体显示设备通过技术控制,使左右眼分别只看到左右立体图像,从而获取空间立体感。目前常见的 VR 头显及 MR 头显均使用此种立体显示技术[20]。

图 2.4 和图 2.5 分别为雾幕与全息膜投影、幻影成像与全息展示示意图。

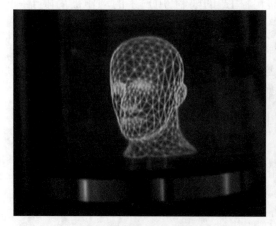

图 2.4　雾幕与全息膜投影

图 2.5　幻影成像与全息展示

Volumetric 3-D Display 三维显示器:此款三维显示器避免了常规的固定化显示设备的需求,可以直接从各角度观察到三维立体的图像,该显示器通过每秒将成千上万的二维图像投影到一个以 730rpm 的速率旋转的屏幕上来创建图像。屏幕创建 198 张分辨率为 768×768 的"薄片",刷新频率为 24Hz,填充有近 1 亿个像素比特的球面显示器,构成飘浮在空中之真实 3D 图,展现了较为完全的虚拟实景。

气体三维投影(如图 2.6 所示):IO2 公司的 Chad Dyne 发明的 Heliodisplay 三维投影系统的原理是空气与雾气水分子震动不同形成的层次与立体感,首先利用设备制造出雾墙,将画面投影到上面形成影像,在进一步的交互体验中则是采用了激光跟踪系统。

三维全息投影是基于全息摄影原理,在数字技术的基础上发展起来的,这种技术以空气为基础和媒介,利用激光定距聚焦技术,对物体进行三维投影,产生一种动态的全息图像,呈现出较为惊艳的效果(如某些著名魔术)。目前国际上已开发出了用于商品展示的产品以及激光全息扫描仪等。可以预见,在不远的将来,它必将会给社会和人们的工作、生活带来巨大的影响。

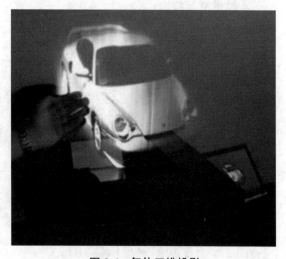

图 2.6　气体三维投影

2.沉浸式传感技术

沉浸式的传感直接作用于人体的各个感官,包括接收人体的行为、动作、表情并进行反馈。及时、准确地获取与虚拟现实系统互动的人的动作信息,需要有精确可靠的跟踪、定位的三维跟踪传感设备。跟踪传感技术主要有电磁波、超声波、机械、光学和图像提取等,它们被广泛地应用于设计头盔显示器、数据手套等[21]。

动作输入设备:一般的跟踪、探测设备由于自身构造的限制,用户手的动作被局限于一个比较小的区域中,从而降低了互动性,VR 技术的一项重大突破就是用数据手套代替键盘、鼠标。虚拟现实的动作输入设备主要有数据手套、浮动式鼠标、力矩球、数据衣服等。动作捕捉技术的目标对象是动作捕捉技术设备的穿戴者,他们穿戴各种设备并进行活动,各个传感器将捕获的动作信息转换为电信号进行传输。目前最先进的动作捕捉技术甚至摒弃了动作捕获装置,利用多个角度的换面捕捉即可。

3.追踪技术

①体感跟踪:以微软 Kinect 体感器为代表的体感跟踪设备价格较低,能够为 VR 的互动提供身体骨骼动作捕捉。

②手势跟踪:目前,手势追踪有两种方式,各有优劣。一种是数据手套,另一种是光学跟踪。数据手套的优势在于没有视场限制,而且完全可以在设备上集成反馈机制(比如震动、按钮和触摸)。它的缺陷在于使用门槛较高,即用户需要穿脱设备,而且作为一个外设,其使用场景还是受局限。光学手势跟踪的优势在于使用门槛低,场景灵活,用户不需要在手上穿脱设备。光学跟踪易于集成到移动 VR 头显上。但是其缺点在于视场受局限,不直观,没有反馈。

③面部跟踪:在真人的脸上定位标记,摄像机用不可见的红外线光源照明脸部,通过对标记的分析实现对面部表情的跟踪。

④眼动跟踪与眼球鼠标:可通过眼睛的动作来控制鼠标,用"眨眼睛""凝视"等动作来替代鼠标键的"双击"或者"单击"等操作,甚至可替代鼠标的所有功能,比如右键点击、拖拽、双击等。

4.触觉交互技术

触觉反馈、HTC VIVE、Oculus 等虚拟现实手柄具备触觉反馈功能。通过按钮和震动使用户能够自由地进行游戏互动。Oren Horev 的系列作品《与手讲话》(*Talking to the Hand*)通过计算机改变实物三维表面的形状,探究了形状的变化给人带来的交互感。图 2.7 展示的是一种传感器触觉系统,通过计算机控制设备,将输出转换为该设备针的高度信息,因此可以构造出三维结构,使沉浸式触觉体验得到了极大的提升。

图 2.8 为皮肤感觉显示器,HaptX 手套可模拟亚毫米级别的触觉,感受外

图 2.7 微流体触觉手套

形、材质、温度,甚至包括物体是硬是软。皮肤感觉显示器使用了竹帘状的薄型电极与将触觉传送到手指的薄膜,利用两者之间产生的静电力将物体表面的触觉传送到手指。对每个电极上的电压进行精细调整,使静电力发生变化,就能呈现出微米级的凹凸感。

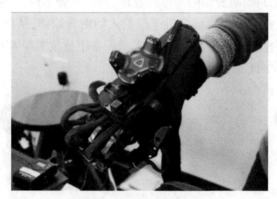

图 2.8　皮肤感觉显示器

5.沉浸式虚拟环境

沉浸式虚拟环境系统是一种房间式投影可视协同环境,该环境将立体显示和多通道视景同步两大技术作为基础,并在此基础上提供一个投影显示空间,空间呈六面立方体且约为一个房间大小。在这个空间内,多名参与者完全沉浸在一个高级虚拟仿真环境中并被立体投影画面所包围,在包括力反馈装置、位置跟踪器、数据手套在内的多种虚拟现实交互设备的帮助下,参与者能够获得一种高分辨率三维立体视听影像和自由度交互的身临其境之感[22]。它的构想最早在 1992 年被提出,在当时开发此环境的动机是获得一种新颖的科学数据可视化方法。

6.3D 声音

3D 声音是一种在虚拟现实环境中高度逼真地模拟真实世界中声音的各种物理特征的技术,它与立体声具有一定的区别,虽然二者都旨在还原真实听觉,但 3D 声音在制作上更为复杂且效果更好,对于使用者来说,声音的远近与音源位置都可以被清晰辨认,3D 声音甚至能够在沉浸式空间中表现出声音的反射与遮挡。

HRTF 是耳部的频率反应函数,关乎人类如何接收与处理某一点传来的声音,同时说明了听觉讯号透过人体传递的过程,经由耳郭与耳道过滤,才抵达鼓膜。耳郭呈弧形对称,造型是特殊的,在过滤抵达鼓膜的声音时,会受地点与频率影响,在高频率时尤其明显。HRTF 以傅立叶转换(Fourier Transform)静态衡量左右耳接收到不同距离与方向的声音刺激后的反应结果。两耳音量差(ILD)与两耳时间差(ITD)依每只耳朵听到的声音而定,图 2.9 为人体声音三维感知演示图。

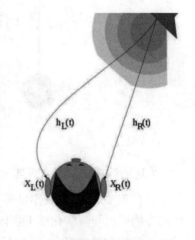

图 2.9　人体声音三维感知演示

双目立体视觉:其实人眼观察到的景象是平面的,但是由于人的双眼观察到的景象不同,在视网膜形成有差异的景象,这样大脑就会经过一定的分析将二者的信息相互补充,也就形成了前后的立体视觉。其实人眼看到的并不是整个球体,只是两个侧面的叠加,图2.10为视觉模拟展示图。

既然人的视觉是两只眼睛看到的平面的叠加,那么只要用同一物体的两个平面就可以骗过人眼,产生立体视觉。用两台摄像机来模拟人的两只眼睛,从两个不同的角度进行拍摄,并将两幅画面同时投影到屏幕上,因此在视觉设备中播放双眼看到的不同的画面,就可以达到立体的效果,图2.11为立体视觉模拟展示图。

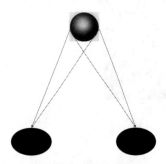

左眼看到更多的左侧面
右眼看到更多的右侧面

图 2.10　视觉模拟展示

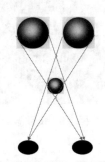

将双眼视线延长,相当于两眼看到的是远处屏幕上两个物体的像的合成。

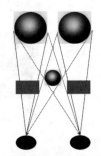

只要能够通过特定的控制技术,使双眼看到各自的画面,就能实现立体视觉。

图 2.11　立体视觉模拟展示

立体拍摄过程中,左右画面的最大像差 P 连接着拍摄和呈现过程;双目到近端立体视角阈值 α 小于 12 度;phanom 融合区前后视角差(α-β)小于 1 度。图 2.12 为立体影像模拟示意图。

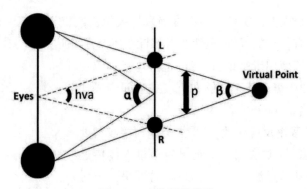

图 2.12　立体影像模拟

7.从增强现实到混合现实

混合现实环境中,真实世界与虚拟世界并存,真实环境与虚拟环境是重叠的,真实世界中的事物可以与数字化虚拟物体并存于同一个物理空间并且可以发生实时互动。它是真实世界和虚拟世界的混合,通过沉浸感技术实现增强现实与增强虚拟。图2.13为虚拟现实成像技术视觉原理图。

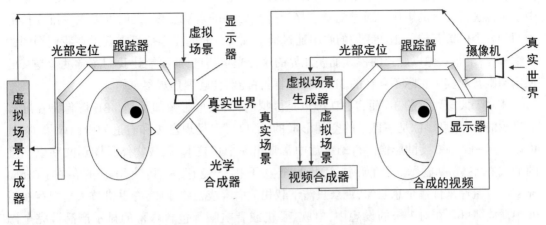

图 2.13　虚拟现实成像技术视觉原理图

场景深度感知:混合现实一个非常重要的技术就是对现实场景的深度感知,混合现实眼镜都配备有深度摄像头,可以实时检测真实场景的几何特征,从而可以将虚拟物体甚至虚拟环境无缝地融入现实空间之中。虚拟物体可以放置到现实空间的具体位置,用户戴上 MR 眼镜可以像观察一个真实物体一样对它进行观察以及操控,而且这些虚拟物体可以跟现实空间中的真实物体发生遮挡关系。

真实感显示:从光波导到光场,实现 MR 能够将虚拟物体叠加在现实空间画面之上,而不是视频画面上,它的重要技术基础是一种称为光波导镜片的特殊功能材料。光波导(Diffractive Waveguide)镜片能够使光波通过内反射在介质里穿行,从而将用于呈现虚拟影像的光导向用户的眼睛。有了它,用户可以在看到现实世界的同时看到直接叠加在现实空间基础上的虚拟世界的影像,而 AR 中常见的模式都是视频叠加,用户看到的只是显示器画面。

人工智能技术对 VR、AR、MR 的重要性:VR、AR、MR 都离不开对环境或标记物的追踪识别,而模式识别是人工智能研究的重要内容,追踪识别技术的发展无疑会进一步提升用户在 VR、AR、MR 中的体验。除了追踪识别之外,基于语音识别的交互在 VR、AR、MR 中也有广泛的应用,语音识别同样属于人工智能技术。

2.4　未来媒体技术

随着现代多媒体技术的快速演进与发展,未来媒体技术也将层出不穷,在人工智能和通信技术的加持下,新一代多媒体呈现技术也崭露头角。

2.4.1　全息影像

全息(holography)影像技术可以对已记录的物体的三维外观进行精确展示,具体来说,这是一项可以将被摄物体反射(或透射)光波中的全部信息进行记录的照相技术,通过对记录胶片的利用,可以完全重建物体反射或者透射的光线,使得被重建的物体栩栩如生。由于展示的是物体的三维外观,如果在不同的方位和角度对照片进行观察,可以看到物体的各个角度,通过这一特性,人会产生立体视觉。可以将全息影像描述为不利用任何介质、在空气中就可以进行显示的影像。通过随意变换对全息影像的观看角度,人们可以在三维立体的画面的各个位置穿梭。正如我们的眼睛通过捕捉现实世界的光学信息来获悉在我们周围的事物一样,全息影像以照片的模式捕获外界的这种光学信息,从而能让我们感觉就像是真的在用肉眼看现实中实际不存在的3D物体一样,并能够任意聚焦观察它们。

相对于大家熟悉的3D而言,3D影像是虚拟的,而全息影像却不是。3D影像是在屏幕上显示的,而全息影像是在自己的空间形成的,不仅可以呈现左边和右边的画面效果,而且可以呈现一个360度的影像。科幻影片中常常出现全息技术,人或物体及图形文字以三维的形式在空气中显示。目前,技术上的全息手机已经存在,其使用虚拟存在(virtual presence)组件来传输全息图像,观众只需下载相关内容或在线播放,将手机放入虚拟存在组件中播放即可。在对未来的设想中,电视、手机或者电脑等包含屏幕的显示产品被完全淘汰,就像如今的科幻片一样,人类只要一挥手,面前巨大显示屏上就会出现多张照片或者其他想要的信息图表,屏幕触碰不再是必要的,想要切换屏幕上的内容同样也在挥手时完成,甚至来自不同时空的人也有机会面对面聊天。

2.4.2　柔性显示

柔性显示(flexible display,FD)是指在塑料、金属薄片、玻璃薄片等柔性基材上制备的可变形、可弯曲的电子显示装置。柔性显示既有高亮度、高对比度、高清晰度、宽视角、宽色域等特点来展现高品质图像[23],又具备超薄、超轻、低功耗、宽温度等特性来满足便携式设备轻便、省电的要求——适于户外操作,被称为"梦幻般的显示技术",主要应用领域包括消费电子、智能家居、运动时尚、汽车航空以及建筑装饰五大类,它将对个人移动智能终端、可穿戴设备、车载显示器、VR等消费电子领域产生深远影响,或将全面替代液晶显示屏,并带来产业结构和人类生活的革命性变革。英特尔公司的科学家莱恩·布洛特曼也曾预测:5到10年内,大部分电脑,无论是超极本还是平板电脑,看起来、摸起来都将像彩色打印的纸张一样。

传统的显示只能在很小的屏幕范围内以特定的形态去适应感知的显示器,视觉效果受到极大的制约,并不能适应未来的发展趋势。在万物互联的大趋势下,柔性显示具有众多特点,如可随意弯曲、折叠,轻薄,体积小,功耗低,可延展,可携性能高等,非常适合立体化、多元化的物联网场景需求。柔性显示不仅是硬件,还将带来软件及操作系统的革命,其作为新型人机交互窗口,将革命性地改变传统交互界面固态、不自然地浮现的现有形态,甚至带来一个全新的生态系统。未来的屏幕随意变化,"显示"无处不在。遭遇不测而无法恢复的皮肤,可以换成全新的人造皮肤,不仅和原来一样健康美观,还能感受到极其微小的压力:将一块小小的"电子皮肤"贴在身上,不仅可以24小时监测自己身体的健康状况,而且日常生活中的每一个动作(如走路、开车、打字甚至心脏的跳动)都可以被感知并转换成电能。这些看似非同寻常的憧憬其实都可以通过柔性电子学变成触手可及的现实。未来,人类甚至可以24小时佩戴这些薄如蝉翼的器件,随时监测人体的心跳、脉搏、血压、脑电波、心电图等各种身体指标。也就是说,柔性显示技术可以在未来将显示设备极大化地扩展,真正做到屏幕无处不在。

2.4.3　新一代人工智能

　　未来,互联网将逐步回归计算本源,进一步解放人脑的人工智能将成为信息产业探索的重点。人工智能计算平台由云和各类前端设备构成,后台是智能云,由计算资源的规模驱动,将是能够提供各类通用人工智能技术能力和行业知识的云计算资源;前台由人机交互的能力所驱动,将不再是通用的计算设备,而是传感器+芯片+智能算法,使得每台冰箱、每台空调、每台电视、每辆车都能听、能说、能看,都能与智能云连接在一起。从阶段上看,人工智能分为计算智能、感知智能与认知智能三个阶段,其技术层面的研究主要集中在计算机视觉、自然语言处理,以及机器学习等方面。目前,人工智能终于能像人类一样学习,并通过了图灵测试。

　　人类所知远胜于其所能言传,其具备的多数知识是不言而喻的,也就是说,人类无法解释清楚这些知识的内容和获取方式。但是通过人工智能技术,这个局面得到了改善,我们可以利用计算机去代替我们获取知识并对其加以利用。为什么人们现在才突然看到人工智能在众多领域的突破性发展,以下三个因素可以解释这个问题:数据大量增加、算法进步显著,以及计算机硬件性能得到巨大提升。这些都极大地促成了目前人工智能在媒体技术上的进步。

2.4.4　用户画像

　　用户画像,即用户信息标签化、拟人化,就是企业通过收集与分析用户的社会属性、习惯、行为和观点等主要信息的数据之后,从每种类型中抽取出典型特征,经过不断叠加、更新,抽象出完整的信息标签,组合并搭建出一个立体的用户虚拟模型。这种模型是基于大数据建立的,需要构造一个大型的数据库,将每个用户的各种信息进行存储调用,为不同的用户形成不同的标签。目前这种技术在某些推荐算法中的应用相当广泛。其构造的基本流程是首先在某些应用软件中对用户内容喜好、交易偏好进行反馈数据信息收集;进一步构造行为模型,对用户的信息进行分析简化;最后进行画像的呈现,形成特定的推荐计划。

　　建立一个有效的用户画像,不仅能为搜索推荐引擎服务,也会为数据分析商务智能(business intelligence, BI)展示、风控系统、数据挖掘引擎、数据元数据管理平台等提供有效的用户全生命周期的标签及计算指标。随着新一代信息技术及应用的广泛兴起与普及,消费不再是媒体流程的结束。随着对用户持续性、动态化数据的反馈的增加,用户的数据也不再局限于结构化数据,文字、音视频、地理位置信息等非结构化数据显著增长,所有数据汇聚到后台重构用户画像,每一个数据升级又要求算法做出更优反馈,最终复原出一个个数字化的"完整人像",所有的子分类将构成类目空间的全部集合。又如,为更好地反映目标群体在特定研究范围内的强势或弱势,如媒体偏好(阅读、视频、音乐等)、社会偏好(婚恋、交友、社区等)、内容偏好(军事、小说、星座等)等,可通过目标群体指数(target group index, TGI)的手段构建用户画像的标签体系。

2.4.5　智能互联汽车

　　智能互联汽车以汽车为载体,融合通信、软件、信息、分析、识别等多种技术,是一个集环境感知、定位导航、路径规划、运动控制、规划决策、深度学习多等级辅助驾驶等功能于一体的综合系统[24]。在最近几十年的发展里,汽车业务在创造可靠、便利的方面取得了非凡的成果。由于物联网、可编程逻辑控制器(PLC)和计算领域的通信创新的大量后期改进,自动驾驶汽车(AV)正在变成现实。很多自动驾驶汽车已经出现,在测试过程中也表现出了良好的功能和稳定性。但随着技术的进一步发展,这不是对自动驾驶的最终尝试。我们必须设计自主智能车辆(AIV),它可以实现完全的驾驶保障,最终让人们对其产生足够的信任去大量使用。随着时间的推移,对于 AIV 我们面临着各种专业和非专业的问题,例如编程的多面性、不断的信息检查和测试确认。处理这些问题需要较多的技术,以满足客户、行业和政府的条件、方针和战略。伴随着交互式车载操作系统、各种精密传感系统的扩展,智能化和大数据化媒体服务为驾驶提供了更好的体验。同样,物联网技术将智能互联汽车的生态环境发展到了空前的程度,汽车将从功能型电子(传统动力总成控制、车身控制、汽车安全控制等)发展成信息服务交互型电子(视听娱乐、移动通信、智能驾驶、生活服务与安全),未来甚至还将成为集 PC、互联网、云计算、大数据、车联网、人工智能、机器学习、场景识别等高端技术于一体的智能移动机器人,将给汽车市场一个新的"在线化"制造的视角。同时,我们的自动驾驶技术将驾驶员彻底从驾驶中解放出来,由此带来更加便捷、安全的驾控体验。整个车载信息系统还具备车与车,车与人,以及车内信息处理的重要功能,是智能汽车互联化、智能化发展的核心。智能互联车载系统架构如图 2.14 所示。

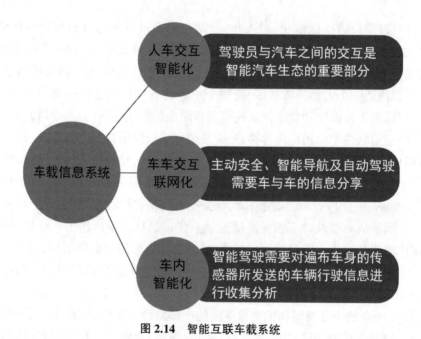

图 2.14　智能互联车载系统

2.5　超高清视频行业应用分析

超高清视频技术点亮"工业之眼"。随着超高清视频技术的日趋成熟,其在各行业中的应用也愈加广泛,涌现了一批行业与技术深度融合的示范案例。在最近一段时间,工业和信息化部电子信息司、国家广播电视总局科技司公示了拟入选超高清视频典型应用案例名单,工业制造领域有 15 个典型案例入选,充分展现了超高清视频技术在工业可视化、缺陷检测、机器人巡检、人机协作交互等场景的广泛应用空间。

2.5.1 超高清工业镜头

随着机器视觉在大规模生产和柔性自动化制造中的地位越来越高,人们对其的需求也越来越大,工业镜头成了工业领域机器视觉的重要组成部分。与普通镜头相比,工业镜头的特点有着明显的优势,例如清晰度与光谱矫正能力更高、光谱透射能力更强等。近日,某光学科技有限公司推出了 1.5 亿超高清像素大靶面镜头,这种超高清像素大靶面镜头的出现一定程度上填补了小倍率高分辨率镜头的市场空缺。这种镜头广泛应用于检测 OLED,并且适用范围很广,小到手表屏,大到 100 寸的大屏幕;同时此镜头可以被用于 3C、手机点亮检测。通过超高清视频技术的精细化捕捉,检测技术的准确度得到了一个阶梯式上升。151MP 的相机与 1.5 亿超高清像素大靶面工业镜头相结合,能够检测出小到微米级的屏幕缺陷,使各类缺陷无所遁形,从而使得面板行业的生产准确率得以提高。

2.5.2 超高清机器视觉系统

目前超高清视频设备被广泛应用,使得机器视觉系统对数据的采集能力大大提高,获取到的数据量也有所增加,人们更加注重数据应用系统分析不良解析的准确率与效率,因此,此系统分析数据的效率要求被提高。京东方作为全球显示领域的前沿,广泛采用机器视觉系统对产品与设备的外观、质量进行管控,同时利用超高清视频与数据分析技术,提出了"工业视觉+数据应用"方案。京东方以满足业务需要的分析算法为基础,并对大数据平台的运算能力加以利用,结合显示面板行业经验的分析方法,最终得到一个有能力固化经验知识,并对根因进行智能挖掘的不良根因分析系统(RCA)。另一方面,对数据进行检测后,对其进行处理的要求也有所提高。对超高清技术的合理利用,大幅度提高了设备所获得图片的清晰度,经过机器视觉(ADC)系统的处理,得到高质量图片中的不良数据后,将数据导入前文所述的智能不良根因分析系统,对不良信息进行分析、追溯,最终对其进行预测。通过这些过程可以得到更为准确的分析结果,同时对生产过程中的不良信息做到防患于未然。

2.6 本章小结

本章主要讲述了超高清技术、沉浸式媒体、未来媒体技术三大部分,其中超高清技术部分讲到了视频技术的不断演进和目前视频的关键技术,对于流媒体技术和 CDN 的传输和应用进行了重点描述。对于沉浸式媒体技术,我们将重点放在了与具体沉浸式应用结合的讲解和分析,包括多种显示技术、传感技术、追踪技术,同时也对部分技术原理进行了讲解。最后描述了新一代未来智能媒体技术并进行了发散和展望。

参考文献

[1]史元春,徐光祐,高原.中国多媒体技术研究[J].中国图象图形学报,2010,15(7):

1023-1041.

[2]刘嘉.多媒体技术在网络广告中的应用研究[D].北京:北京工业大学,2011.

[3]周彬.多视图视觉检测关键技术及其应用研究[D].杭州:浙江大学,2019.

[4]LI Y, ZHANG H, XUE X, et al. Deep learning for remote sensing image classification: a survey[J]. Wiley interdisciplinary reviews. Data mining and knowledge discovery, 2018,8(6): 17(n/a).

[5]DENG L. Three classes of deep learning architectures and their applications: a tutorial survey[J]. APSIPA transactions on signal and information processing, 2012:57-58.

[6]史元春,徐光祐,高原.中国多媒体技术研究[J].中国图象图形学报,2012,17(7): 741-747.

[7]李佳师.虚拟现实是数字化之后下一个技术革命[N].中国电子报,2021-10-20 (006).

[8]罗珍.信息时代教育技术学的技术发展演变研究[D].深圳:深圳大学,2018.

[9]张诗博.计算机信息科技时代无线多媒体通信技术的应用[J].科技创新导报,2019, 16(17):2-3.

[10]NIGHTINGALE J, SALVA G P, CALERO J M A,et al. 5G-QoE:QoE modelling for ultra-HD video streaming in 5G networks[J]. IEEE transactions on broadcasting, 2018,64(2): 621-634.

[11]姚佳,高志勇,张小云.基于众核平台的多路超高清视频编码系统设计[J].电视技术, 2016, 40(4):7-11.

[12]黄鑫.论环绕声直播中的高标清同播音频技术[J].现代电视技术,2014(8):88-92.

[13]王卓敏.基于流媒体技术的网络嵌入式视频监控系统分析[J].数码世界,2018(7): 15-16.

[14]严丽娜.流媒体自适应播放系统的设计与实现[D].南京:南京邮电大学,2012.

[15]李瑞睿,郑相全,丁晨路,等.用于实现多流并行传输的覆盖网络的构建研究[C]// Proceedings of 2011 AASRI Conference on Applied Information Technology(AASRI-AIT 2011 V2), Kota Kinabalu:AASRI, 2011:107-110.

[16]ZENG Z, ZHANG H. A study on cache strategy of CDN stream media[C]//IEEE 9th Joint International Information Technology and Artificial Intelligence Conference(ITAIC), Chongqing:IEEE Computer Society, 2020:1424-1429.

[17]WANG J, LI S. Investigation and design of 4K ultra high definition television production and broadcasting system[C]. IEEE 5th Information Technology and Mechatronics Engineering Conference(ITOEC), Chongqing:IEEE Computer Society, 2020:579-582.

[18]徐力恒.三网融合背景下4K超高清智能用户QoE感知系统应用研究[J].广播与电视技术, 2019,46(5):66-71.

[19]邓恋.一种融合交互投影技术的沉浸式虚拟展示应用[J].黑龙江科技信息, 2020 (35):101-104.

[20]石宇航.浅谈虚拟现实的发展现状及应用[J].中文信息,2019,(1):20.

[21]张少波.沉浸式虚拟现实中人机交互关键技术研究[D].重庆:重庆邮电大学,2016.

[22]刘崇进,吴应良,贺佐成,等.沉浸式虚拟现实的发展概况及发展趋势[J].计算机系统应用,2019,28(3):18-27.

[23]李玉萍.柔性显示技术专利态势分析[J].科技与创新,2019(9):15-16.

[24]许志强,王家福,邱学军."互联网+"背景下的智能互联汽车数据化媒体服务[J].科技传播,2016,8(22):108-111.

3 媒体信道传输特性

3.1 引言

信道是指以传送介质为基础的信息通路,同时信道也是整个通信体系中至关重要的部分。在数字通信系统中,可以分别从两种角度理解信道:一种是包含信号变换功能的设备与传输介质的广义信道;另一种则称为狭义信道,狭义信道仅指传输介质,如同轴电缆、对绞电缆、光纤、微波等。

通信需求和先进科学技术的发展是一种相互促进的发展过程。先进科学技术的发展带来了方便,使人与人之间的联系更加密切,也同时产生了更深层次的社会需要;更高标准的要求也反过来促进了信息技术的进一步发展。移动通信传播的内容,从最原始的语言、文本服务,到高质量声音、图片、电子邮件等中等信息量服务,再到视频和丰富多彩的网络服务,还有用户能够随时产生大量资讯的社交网络等新兴媒介服务,人们对移动通信数据量的需求正在以"指数速度"增加。

随着5G技术的发展,5G必将加速与云计算、大数据、人工智能、边缘计算等技术的结合,实现网络的定制化、能力的开放化、数据的价值化和服务的智能化,带来信息泛在和感知泛在,加速整个社会走向数字化。6G的目标则是进一步推动整个社会的数字化,全面走向数字孪生,通过无处不在的智能,全面赋能整个社会的智能化,极大提高整个社会运行和治理的效率,提升人们生活、工作的效率和质量,从而实现人类对自我的解放。为此,6G网络需要具备按需服务、至简、柔性、智慧内生、安全内生和数字孪生的特征。

3.2 无线信道传输基础

3.2.1 数字通信系统模型

作为一个通信系统,数字通信系统在进行信息的传递时利用了数字信号,基本过程如图3.1所示。数字通信利用了许多相关技术,结合图3.1进行考虑,其主要技术包括信源编码与译码、信道编码与译码、数字调制与解调、同步以及加密与解密等[1]。

1.信源编码与译码

可以将信源编码的基本功能描述为两方面:一方面是将信息传输的有效性提高,具体就是利用一项压缩编码技术将码元数量减少,从而使得码元速率降低。另一方面是实现模数

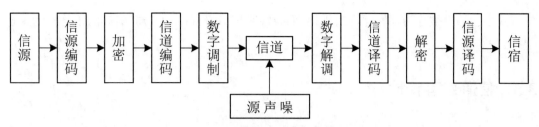

图 3.1　数字通信系统模型

转换,就是当信息源发送模拟信号,信源编码器将这个信号通过转换使其成为数字信号,从而实现利用数字传输模拟信号。与之相反,信源译码是信源编码的逆过程。

2.信道编码与译码

由于噪声的干扰,数字信号在传输过程中可能会出现差错,这时通过信道编码可以对差错进行控制。信道编码器将监督码元按照一定的规则加入信息码元中,组成抗干扰编码,从而减少差错。接收端同样适用信道译码器,按照逆规则对传输的信息进行解码,同时对错误进行检测或纠正,最终达到提高通信系统可靠性的目的。

3.加密与解密

在通信过程中,人们常常会遇见需要保密的信息,这时为了保证被传输信息的私密性,通常会对信息加密,即主动将数字序列扰乱,或称为加上密码。在接收信息时,在接收端进行与发送端处理过程相反的解密,最终得到恢复后的传输信息。

4.数字调制与解调

数字调制是把数字基带信号的频谱搬移。解调是在接收端将收到的数字频带信号还原成数字基带信号。

3.2.2　恒参信道和变参信道

许多信道(如光纤、电缆、无衰落的无线电信道以及多路通信中的电话信道等)常被看成是一种恒参网络,称为恒参信道,这种信道的特性可以归结为具有冲击响应 $h(t)$ 。如果输入信道的信号为 $x(t)$,则信道输出信号 $y(t)$ 为 $x(t)$ 和 $h(t)$ 的卷积:

$$y(t) = \int_{-\infty}^{\infty} h(\tau) x(t-\tau) \, d\tau \tag{3.1}$$

无线电信道一般是多径信道,如视距微波无线电信道由于地面和水面的反射以及大气层折射系数的变化会出现多径传播。由于多径传输的条件多变化,合成的传输参数是经常变化的,所以这种信道称为变参信道[2]。这种信道可归结成线性时变网络,又称为线性时变信道。这种信道的冲击响应是随时间变化而变化的,可用 $h(t,\tau)$ 来表示,信道输出信号为:

$$y(t) = \int_{-\infty}^{\infty} h(t,\tau) x(t-\tau) \, d\tau \tag{3.2}$$

当信道中存在噪声,例如无线电干扰和工业干扰,把接收机的前端噪声也归结进来,则信道输出信号为:

$$y(t) = \int_{-\infty}^{\infty} h(t,\tau) x(t-\tau) \, d\tau + n(t) \tag{3.3}$$

式中, $n(t)$ 被称为加性噪声或干扰, 而线性时变信道特性 $h(t,\tau)$ 引起的干扰称为乘性干扰。

3.3 信道衰落特性

本节将研究衰落信道的时间变化, 例如在时域中的变化。这些变化可能是由非均匀介质(电离层、大气折射)的变化、传播路径上障碍物的移动或者无线电终端的移动引起的。造成衰落过程的不同物理机制的变化速率可能会相差很大。衰落过程可以分为三个可以明显区分的时间段。

(1)长期(大面积或者全球)信号衰落, 包括: 终端之间的距离变化引起自由空间衰减(移动终端或个人无线电), 从而导致平均信号强度的缓慢变化; 反射电离层(短波无线电)的变化; 对流层散射情况的缓慢变化(VHF 和 UHF 频带); 降雨造成的衰落, 等等。

(2)中等程度信号的衰落, 包含卫星移动通信中的 LOS 路径被阻断(被建筑物遮挡等)。

(3)短期(小区域或局部)信号衰落, 包含接收机接收的信息承载信号的振幅和相位相对较快的变化, 通常由分散或反射光线之间的建构性和相消干扰的瞬态快速连续性引起。

长期或中等程度衰落通常称为对数正态衰落。例如, 短期平均信号强度如果用分贝来表示, 就是一个固定均值和方差的高斯随机变量。长期或中等程度衰落决定着信号是否可用, 因此很大程度上影响传输协议的选择, 并且或多或少也会影响差错控制编码方案。接收机的设计包括纠错信道编码、解码、调制、均衡、分集接收和同步, 因此, 必须关注短期信号衰落。

从数字通信的角度来说, 需要对短期信道变化进行统计建模。通常, 假设随机衰落过程是广义平稳的(WSS), 即这些过程的协方差和均值都是常数, 此外我们认为, 假设构成信道的基本信号经历互不相关的散射(US), 那么广义平稳非相关散射(WSSUS)衰落过程模型长期以来就可以被视为一个标准模型。

3.3.1 衰落信道的短期统计特性

衰落信道的短期统计特性完全由单一的基本统计函数, 即散射函数[3] 表示。描述 $c(\tau;t) \circ - \cdot C(\omega;t)$ 统计特性的所有其他参数可以从该基本函数中得到, 散射函数是时域和频域中的四个统计学等效相关函数之一:

时频相关函数:

$$R_C(\triangle\omega;\Delta t) = E\left[C(\omega;t)\,C^*(\omega + \triangle\omega;t + \Delta t)\right] \tag{3.4}$$

间隔时间相关函数:

$$R_C(\tau;\Delta t) = E\left[c(\tau;t)\,c^*(\tau;t + \Delta t)\right] \tag{3.5}$$

间隔频率多普勒功率谱(psd):

$$S_c(\triangle\omega;\psi) = \int_{-\infty}^{\infty} R_C(\triangle\omega;\Delta t)\,e^{-j\psi(\Delta t)}\,d(\Delta t) \tag{3.6}$$

延迟多普勒功率谱(散射函数):

$$S_c(\tau;\psi) = \int_{-\infty}^{\infty} R_C(\tau;\Delta t)\, e^{-j\psi(\Delta t)}\, d(\Delta t) \tag{3.7}$$

式中，$\psi = 2\pi\lambda$ 为多普勒频谱的角频率变量，λ 为频率变量。图 3.2 所示为这四个等式之间的傅里叶变换关系。

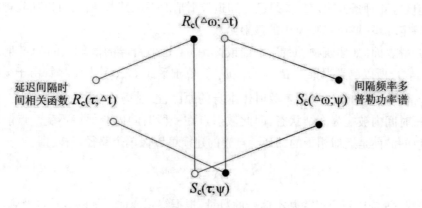

图 3.2　等效统计函数的傅里叶变换关系

基本的权重过程为：

$$c_n(t) = \xi_n e^{j(\psi_{D_n}t+\theta_n)} = \xi_n e^{j(2\pi\Lambda_{D_n}t+\theta_n)} \tag{3.8}$$

可以假设增益因子 ξ_n、多普勒频移 ψ_{D_n} 和相移 θ_n 在非常短的时间间隔内是不变的，这些参数构成了物理信道的特征。通常，这些过程中的 n 实际上是无穷大的，这使得 $c_n(t)$ 具有无穷小的增益。这里使用 WSSUS 假设，则间隔时间相关函数和散射函数变为：

$$\begin{cases} R_c(\tau;\Delta t) = \displaystyle\sum_{n=0}^{N-1} (\xi_n^2)\, e^{j\psi_{D_n}\Delta t}\delta(\tau-\tau_n) \\[2mm] S_c(\tau;\psi) = \displaystyle\sum_{n=0}^{N-1} (\xi_n^2)\, \delta(\psi-\psi_{D_n})\, \delta(\tau-\tau_n) \end{cases} \tag{3.9}$$

每个基本信号在延迟多普勒平面 $(\tau_n;\psi_{D_n})$ 上表现为一个点 $(\tau;\psi)$，并且多个信号组成一个准连续的二维函数 $S_c(\tau;\psi)$。

根据测量到的数据，基本信号在延迟多普勒平面的某些区域中形成不同的簇。使用 $S_{c_m}(\tau;\psi)$ 来表示第 m 个簇，这样就可以将它们区分开，因此，总的时间延迟相关函数和散射函数为：

$$\begin{cases} R_c(\tau;\Delta t) = \displaystyle\sum_{n=0}^{M-1} R_{c_m}(\tau;\Delta t) \\[2mm] S_{c_m}(\tau;\psi) = \displaystyle\sum_{n=0}^{M-1} S_{c_m}(\tau;\psi) \end{cases} \tag{3.10}$$

这两个函数也可以分别表示为 M 个间隔时间延迟相关函数 $R_{c_m}(\tau;\Delta t)$ 或者散射函数 $S_{c_m}(\tau;\psi)$ 的叠加。进一步，用 R_m 表示令 $S_{c_m}(\tau;\varphi)$ 取值非零的多普勒延迟平面区域 $(\tau;\psi)$，用 N_m 表示令基本信号 $c_n(t)$ 属于第 m 个簇的索引 n 的集合。信号簇可以区分为：

（1）单点强聚类 $R_m = (\tau_m ; \psi_{D_m})$ ；

（2）对于所有 $n \in N_m$ ，长方形区域 R_m 内具有几乎相等传播延迟 $\tau_m \approx \tau_n$ 的一个簇拓展区域 R_m 内的弱聚类。

簇的类型由散射体的空间分布和材料性质（散射光线的强度和入射角）以及终端（或散射体）的速度等物理条件决定。如果已经知道散射情况下的某些条件，可以从物理模型中推导出某些特定环境（城市、郊区）中的散射函数。

因为光滑表面（如建筑物、沥青、水面或高山）上近似奇异的散射点的 LOS 射线或镜面反射（准光学），所以单点强聚类 $R_m = (\tau_m ; \psi_{D_m})$ 位于平面 $(\tau ; \psi)$ 上。尽管由于无线电终端的运动、传播路径上的障碍物或者散射体本身的原因，散射场景会发生连续变化，但这种散射场景在短时间内被视为冻结状态，因此散射点在一段时间内会保持不变。点散射体的镜面反射导致的波前是近似相干的，因此，点簇的建模可以像单个路径一样，即：

$$c_m(t) = \sum_{n=0}^{N_m-1} c_n(t) \underset{LOS}{=} \alpha_m e^{j(\psi_{D_m} t + \theta_m)} \tag{3.11}$$

式中，N_m 为构成每个点簇基本信号的数量，根据终端或散射体的运动以及到达方向，路径可能承受相当大的多普勒频移 $\psi_{D_m} = 2\pi \Lambda_{D_m} \approx \psi_{D_n}$ 。假设相位是相干的，路径增益因子（几乎是时不变的）变为 $\alpha_m \approx \sum_{n=1}^{N_m-1} \xi_n$ 。因此，RRR 镜面路径模型由具有固定幅度 α_m 和相干相位的旋转向量 $\varphi_m(t) = \psi_{D_m} t + \theta_m$ 组成。

通常来说，散射发生在大面积粗糙或不规则表面（如植被或大小接近天线的物体）。这种散射不是镜面的而是扩散的，并且散射信号由多个单独信号组成，这些信号表现出很弱的方向性且相位不具有相干性。在某些情况下，簇的所有非相干信号具有（近似）相等的传播延迟 $\tau_m \approx \tau_n$ ，所以相应簇的权重为：

$$c_m(t) = \sum_{n=0}^{N_m-1} c_n(t) = \sum_{n=0}^{N_m-1} \xi_n e^{j(\psi_{D_n} t + \theta_n)} = \alpha_m(t) e^{j\varphi_m(t)} \tag{3.12}$$

权重代表着平面 $(\tau ; \psi)$ 上的长方形区域 R_m ，可以看出这是一个复高斯随机过程。其独立的多普勒频谱和平均功率可以由准连续散射函数来确定，即：

$$\begin{cases} S_{c_m}(\psi) = \int_{R_m} S_c(\tau ; \psi) \, d\tau \\ \rho_{c_m} = R_{c_m}(0) = E[|c_m(t)|^2] \\ = \dfrac{1}{2\pi} \int_{R_m} S_c(\tau ; \psi) \, d\tau d\psi = \dfrac{1}{2\pi} \int_{R_m} S_c(\psi) \, d\psi \end{cases} \tag{3.13}$$

如果信道包括 M 个具有不同延迟的簇，则间隔时间延迟相关函数和散射函数可以简化为：

$$\begin{cases} R_m(\tau ; \Delta t) = \sum_{m=0}^{M-1} R_{c_m}(\Delta t) \, \delta(\tau - \tau_m) \\ S_{c_m}(\tau ; \psi) = \sum_{m=0}^{M-1} S_{c_m}(\psi) \, \delta(\tau - \tau_m) \end{cases} \tag{3.14}$$

其中：

$$\begin{cases} R_m(\tau;\Delta t) = E[c_m(t)c_m{}^*(t+\triangle t)] \\ S_{c_m}(\tau;\psi) = \displaystyle\int_{-\infty}^{\infty} R_{C_m}(\tau;\Delta t)e^{j\psi(\Delta t)}d(\Delta t) \end{cases} \tag{3.15}$$

3.3.2 平坦性衰落及频率选择性衰落

1.平坦性衰落

若 $|\tau_i(t)|_{\max} << T$（信息码元间隔），且 $|\tau_i(t)|_{\max} \sim \dfrac{1}{f_c}$，则可认为[4]：

$$b[t-\tau_i(t)] \approx b[t-\overline{\tau(t)}] \quad , \quad i=1,2,\dots,L \tag{3.16}$$

其中，$\overline{\tau(t)}$ 是 $\tau_i(t)$ 的数学期望，有：

$$r(t) = Ab[t-\overline{\tau(t)}]\left[\sum_{i=1}^{L}\mu_i(t)\cos\varphi_i(t)\cos\omega_c t - \sum_{i=1}^{L}\mu_i(t)\sin\varphi_i(t)\sin\omega_c t\right] \tag{3.17}$$

令：

$$x_c(t) = \sum_{i=1}^{L}\mu_i(t)\cos\varphi_i(t) \tag{3.18}$$

$$x_s(t) = \sum_{i=1}^{L}\mu_i(t)\sin\varphi_i(t) \tag{3.19}$$

则有：

$$\begin{aligned} r(t) &= Ab[t-\overline{\tau(t)}][x_c(t)\cos\omega_c t - x_s(t)\sin\omega_c t] \\ &= Ab[t-\overline{\tau(t)}]v(t)\cos[2\omega_c t + \varphi(t)] \end{aligned} \tag{3.20}$$

在 $|\tau_i(t)|_{\max} << T$ 条件下，由于多径传输和信道特性变化，接收信号的载波相位和幅度的变化是随机的，但基带信号 $b(t)$ 的波形不会发生较大改变，从而可以忽略其畸变，称此类现象为平坦性衰落。而信道多径传输引起的复包络对基带信号而言相当于乘性干扰，这在信道的等效基带仿真中非常实用。

当不同的信号经过不同路径到达接收点时，它们之间具有很小的相关性。结合中心极限定理，多径信号之和的概率分布在路径较多时趋于高斯分布，即 $x_c(t)$ 和 $x_s(t)$ 为高斯过程。研究发现，对于实际无线信道，相对于载波 $\cos\omega_c t$ 而言，$x_c(t)$ 和 $x_s(t)$ 的变化速率是慢变化过程，从几十赫兹至几百赫兹，由于这一特点，过程 $x_c(t)\cos\omega_c t - x_s(t)\sin\omega_c t$ 是一窄带高斯平稳随机过程，其包络 $v(t)$ 的概率分布呈瑞利分布，相位 $\varphi(t)$ 为均匀分布，这种衰落称为瑞利衰落。

假设接收信号中还有一类似直射信号的主径信号，则位于接收点的信号可以被看作是余弦波加窄带高斯过程，此信号包络概率分布为广义瑞利分布（莱斯分布），此衰落称为莱斯衰落。

2.频率选择性衰落

若 $|\tau_i(t)|_{\max} \sim T$，这时 $b[t-\tau_i(t)]$ 不能近似为 $b[t-\overline{\tau(t)}]$。码间串扰的本质是不

同路径信号中不同信息码元相互干扰,这种串扰会导致数字信号波形严重失真,使得误码率提高,甚至在过于严重时导致通信不能正常进行。当这种情况出现时,不仅接收信号的相位和幅度发生随机变化,对信息信号波形也会产生影响,导致其畸变,从频域分析就是不同频率分量受到的衰落程度不同,这种衰落称为频率选择性衰落。

3.3.3 多径随参信道的时延扩展与相干带宽

引入两个参量来阐明什么条件下信号通过随参信道传输会引起平坦性衰落或频率选择性衰落。以二径信道模型来说明多径信道的频域特性。

由图 3.3 可见,当输入 $s_i(t) = A\cos 2\pi ft$ 时,其输出为:

$$s_o(t) = A\cos 2\pi ft + A\cos[2\pi f(t - \tau)]$$
$$= A\cos 2\pi ft + A\cos[2\pi ft + \varphi] \tag{3.21}$$

其中二径信号相位差为 $\varphi = -2\pi f\tau$(此 τ 值为二径相对时延差)。图 3.4 表示两径信号矢量之和为 $B\cos[2\pi ft + \varphi]$。

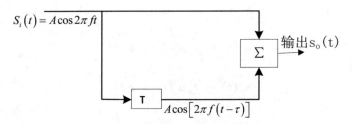

图 3.3　最简单的二径信道模型

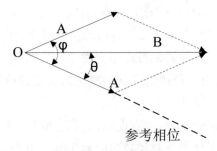

图 3.4　信号矢量图

由图 3.4 可见,信道的输出信号 $s_o(t) = B\cos[2\pi ft + \varphi]$ 的幅度与相位与二径信号的相位差 $\varphi = -2\pi f\tau$ 有关,若时延差 τ 为常数,则对于不同频率 f,$\varphi = -2\pi f\tau$ 会不同,$s_o(t)$ 的幅度 B 最大为 2A,而对于 $\varphi = \pi, 3\pi, \ldots$,幅度 B 最小为 0。

信道的传输特性为:

$$H(f) = 1 + e^{-j2\pi f\tau} \tag{3.22}$$

其幅频特性为:

$$|H(f)| = 2\left|\cos\frac{2\pi f\tau}{2}\right| \tag{3.23}$$

由图 3.5 可见,虽然每一径信道的幅频特性都是理想的,但是二径信道的幅频特性会受到频率的影响,当二径相位差为 2π 的整数倍的频率出现时,两径相加,此时幅频特性达到最大;相反,在二径相位为 2π 的奇数倍时,两径相减,幅频特性最小,呈现出信道对不同频率信号衰耗不同,具有频率选择性。

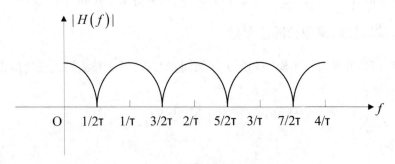

图 3.5 二径信道幅频特性

如果时延差为常数,且每径信道衰耗为常数,则此二径信道是时不变的恒参信道,经过此时不变信道传输的信号不存在衰落现象。但如果时延差随时间变化,则二径信道变为随参信道,信号通过将发生衰落现象。

研究两种情况,若输入信号为:

$$s_i(t) = A\cos 2\pi f_c t \tag{3.24}$$

则输出信号为:

$$
\begin{aligned}
s_o(t) &= B(t)\cos\left[2\pi f_c t - 2\pi f_c \tau(t)\right] \\
&= B(t)\cos\left[2\pi f_c t + \theta(t)\right]
\end{aligned}
\tag{3.25}
$$

其中,$B(t)$ 与 $\theta(t)$ 是由于 $\tau(t)$ 的随机变化而引起随机变化的幅度与相位,即 $\tau(t)$ 的变化引起了幅度与相位的随机调制,也就是衰落。从频谱来看,输入单一频率正弦信号,频谱为一单一离散谱线,而输出信号的频谱具有一定带宽,此现象称为频率弥散。

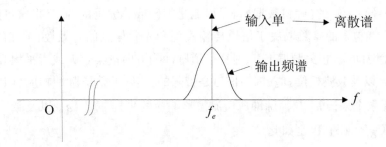

图 3.6 频率弥散

第二种情况若输入为已调信号 $s_i(t) = m(t)\cos 2\pi f_c t$,并且其带宽相似于或大于其信道的相干带宽,则二径随参信道不仅随机调制输入信号的相位和幅度,还会针对输入信号的不同频率分量产生不同的衰落,称作频率选择性衰落。

对于多径信道而言,一般用时延扩展 σ_τ 来近似求出信道的相干带宽 B_c:

$$B_c \approx \frac{1}{2\pi\sigma_\tau} \tag{3.26}$$

当通过随参信道传输的信号带宽大于信道的相干带宽时,信号的不同频率分量受到不同程度的衰落,使信号受到频率选择性衰落,会引起码间串扰。当信号带宽远小于信道的相干带宽时,信号的各频率分量通过信道传输所受到的衰落基本相同,信号受到平坦性衰落。

3.3.4 衰落信道传输模型和同步参数

本节我们将简要复习传输模型和所关注的同步参数,下面是我们关注的传输模型:

选择性衰落:

$$r_k^{(i)} = e^{j\Omega'(k+i/2)} \left[\sum_n a_n h_{k-n;k}^{(i)} \right] + n_k^{(i)} \tag{3.27}$$

平坦衰落:

$$r_k^{(i)} = \underbrace{e^{j\Omega'(k+i/2)} c_k^{(i)}}_{c_{\Omega;k}^{(i)}} \left[\sum_n a_n g_{T,k-n}^{(i)}(\varepsilon) \right] + n_k^{(i)} \tag{3.28}$$

平坦衰落、中频输出脉冲、不精确定时:

$$z_k^{(i)} \approx \underbrace{e^{j\Omega'(k+i/2)} c_k^{(i)}}_{c_{\Omega;k}^{(i)}} \left[\sum_n a_n g_{k-n}^{(i)}(\varepsilon) \right] + m_k^{(i)} \tag{3.29}$$

平坦衰落、中频输出脉冲、精确定时:

$$z_k^{(i)} \underset{\varepsilon \to 0}{\approx} \underbrace{e^{j\Omega' k} c_k}_{c_{\Omega,k}} a_k + m_k \tag{3.30}$$

我们认为 N 个符号的独立传输块是:

$$
\begin{aligned}
R_n^{(i)}(n) &= N_0\delta_n(AWGN)\, and R_m^{(i)}(n) \\
&= N_0\delta_n, R_{m^{(0)},m^{(1)}}(n) = N_0 g(\tau = [n+0.5]T) \\
a &= \begin{pmatrix} a_0 & a_1 \cdots a_{N-1} \end{pmatrix} T
\end{aligned}
\tag{3.31}
$$

从相关时间指数 $\mu = 0$ 处开始, μ 在接收端可能是未知的。这个长为 N 的序列范围可能从一个很小的数(短数据包)到近似无限大(准连续传输)。符号 a_k 中的一些符号可能是已知的(训练符号);未知的(随机数据)符号可能是编码或非编码的,而且很有可能是交织的。同步参数中可能包含的参数取决于信道传输模型和先验信息的有效性,关注的同步参数 θ 可能包含起始时间 μ、相关频偏 Ω'、时变信道脉冲响应向量集合 h 或者平坦衰落信道权重集合 c、时偏 ε 以及载波相位 φ。因为信道是带限的,实际的信道脉冲响应(CIR)向量 $h_k^{(i)}$ 理论上包含无限个采样 $h_{n,k}^{(i)}$。脉冲成型滤波器响应的采样 $g_{T,n}^{(i)}(\varepsilon)$ 以及脉冲成型和匹配滤波器的串联 $g_n^{(i)}(\varepsilon)$ 也是如此。

3.4 5G、6G 愿景与应用场景

3.4.1 5G 通信系统

5G 提供了一种高度灵活和可扩展的网络技术,可以随时随地连接每个人和所有事

物[5]。5G 网络得到了制造业、智慧城市、汽车、旅游、公用事业等不同垂直行业的广泛认可。这些垂直市场由供应商、运营商、垂直行业和中小企业组成自己的一套偏好和能力来刺激 5G 技术的采用。随着 5G 的到来,人们的生活节奏加快了。它支持多种新应用/平台,如物联网、增强现实、虚拟现实、自动驾驶汽车、机器对机器(M2M) 通信、触觉互联网(TI)、多接入边缘计算和软件定义网。第五代网络(5G) 和超越系统可以提供特定的性能目标,包括 20 Gbps 的峰值数据速率、100 Mbps 的小区边缘数据速率和 1 毫秒的往返延迟。5G 将推动众多行业的创新,并提供一个促进物联网和云计算等新兴技术发展的平台,成为我们经济和生活不可或缺的一部分[6]。5G 支持三个主要领域的新服务,包括增强型移动宽带(eMBB)、URLLC 和大规模机器类型通信(mMTC)[7]。随着社会的不断进步,人们对通信的需求也将不断增加,为了增强 5G 网络功能,多种技术正在被研究用于应对网络面临的挑战。

1.5G 毫米波

由于移动通信的发展,30GHz 以内的频率资源几乎用光了。为解决带宽不足的问题,波长为 1—10mm,即 30—300GHz 的毫米波(mmWave)越来越受到关注。毫米波技术具有提供高频谱效率和较少干扰的潜力。具体来说,与传统网络相比,毫米波网络的大带宽带来了更高的传输数据速率。此外,由于波长较短,毫米波频率可以将多个天线元件装入收发器。为弥补高路径损耗,毫米波系统可以使用高增益天线获得良好的方向,适用于点对点通信。毫米波通信系统主要包括点对点和卫星通信。点对点通信由于难以受到拦截和干扰,通常用于传输私人信息,而卫星通信则应用于各种情况。然而,毫米波系统仍然存在一些问题。首先,它对阻塞非常敏感。建筑物或障碍物很难通过毫米波。其次,毫米波在降雨期间衰减极为严重。一些研究表明,衰减的程度与降水的强度、距离和雨滴的形状密切相关。最后但并非最不重要的一点是,当毫米波在自由空间中传播时,通道中的稀疏性会导致较为严重的路径损耗。尤其是在非视距(NLOS)环境下,毫米波的反射能力比视距(LOS)差。

幸运的是,毫米波通信中引入了许多新技术,以减少路径损耗并解决其他问题。具体来说,可以通过调整信号的相位和幅度来引入波束成形,以克服路径损耗。此外,结合大规模 MIMO 技术,mmWave 能够提高接收和传输性能。目前,毫米波技术广泛应用于宽带多媒体移动通信,主要应用于地形测绘、汽车雷达、高清视频无线传输等。毫米波技术在 5G 中的引入将有效提高系统性能,提供更高的数据速率和更低的延迟。

2.大规模 MIMO

大规模 MIMO 是指在基站部署大规模天线(通常超过 100 个)来发送和接收信号,并可以在同一时域资源上同时服务数十个用户。大规模 MIMO 则依靠 BS 处的大量天线来提高能量频谱效率。与相应的单天线系统相比,大规模 MIMO 的优势就在于其潜在的能量效率[8]。事实证明,在系统发射功率固定的情况下,由于天线数量的增加,分配给每个天线的功率要小得多;并且天线之间的交互可以通过简单的波束成形策略将数据发送到目标用户区域,例如最大比传输(MRT)或迫零(ZF)。大规模 MIMO 有许多突出的特点,但它也有一些约束。导频污染是大规模 MIMO 系统的主要性能限制。导频污染不会随着基站天线数量的增加而消失。在通信系统中可以使用不同的导频序列,但是如果导频序列之间的相关性很高,干扰仍然存在。

3.软件定义网络(SDN)

软件定义网络是一种独特的智能网络架构,可减少硬件限制,是一种可靠的网络虚拟化技术。它的出现使用户能够使用可以在库存硬件上运行的软件来维护网络设备,而不是在交换机或路由器上迅速运行。在 5G 网络中,SDN 负责以全网方式规范和管理应用程序。它降低了构建和训练网络智能的成本,从而最大限度地降低了网络复杂性。

4.网络功能虚拟化(NFV)

NFV 架构虚拟化了所有网络操作,例如 VPN、防火墙和路由器,这些操作以前在专用硬件上进行,目前在云基础设施上进行。它允许网络运营商通过 5G 核心中的网络基础设施提供具有特定服务、特定功能的虚拟网络。运营商通过网络切片提供这些服务,这些网络切片由可比较的网络切片管理并独属于某个用户。SDN 和 NFV 被整合到同一个架构中,以获取智能和适应性强的服务。为了实现更好的资源分配和负载分担,SDN 和 NFV 都使用数据中心。NFV 可以建设性地维护许多连接,从而改善 5G 网络中的物联网和机器对机器通信。此外,SDN 控制器利用 ML 算法提供智能的全球网络控制。

5.网络切片

视频流、远程手术和智能计量在服务质量和体验质量方面都有不同的要求。因此,网络必须满足如此广泛的服务质量要求。到目前为止,蜂窝网络的中心目标是通过提供高速连接使网络看起来很可靠,即仅限于某些特定用例。另一方面,SDN 和 NFV 技术已经使物理网络基础设施切片成多个虚拟网络,称为网络切片。网络切片使多个逻辑网络共享部分网络基础设施,一个独立的端到端网络由网络切片的每个实例表示,然后可以在并行切片中部署不同的架构风格。网络切片允许生成符合每个应用程序服务质量要求的逻辑网络。尽管它为网络运营商带来了好处,但也存在一些挑战。尽管 SDN 和 NFV 已被证明对移动网络中的网络切片有效,但 5G 网络系统中高效的端到端切片管理是一个挑战。因此,为了促进网络的连接性、延迟和吞吐量,仍然需要查看每个提议的服务。

物联网将成为 5G 的重要组成部分,5G 时代在开发家庭连接设备的基础上,还将开发来自世界各地不同行业的设备。为了在室内和室外进行高效通信,5G 旨在提供一个能够克服干扰并传输出色信号的室内/室外方案,以便所有人都可以无障碍地进行通信。与 4G 相比,第五代将具有更好的网络容量来带来不同的技术,包括更好的服务质量和新功能。5G 将基于三个概念进行建设,即全 IP 平台、云计算和纳米技术[9]。

(1)全 IP 平台

全 IP 平台是基于数据包的网络,数据以相同的方式传输,允许自主传输和技术接入,其所拥有的衍生移动性将为用户提供一致的服务[10]。在转向分组电缆标准之后,诸如 VOIP(互联网协议语音)和 SIP(会话发起协议)之类的有线网络服务得到了进一步发展,语音业务中的核心网从电路交换转向 VOIP[11]。

(2)云计算

云计算是一种借助 Internet 共享信息、图片和数据的技术,它是一种无定形技术,因其存储容量而闻名。用户可以通过良好的互联网连接随时随地访问、下载或上传数据。云计算提供对共享堆的无处不在的访问,能够以最少的维护工作量订制计算资源。网络由于多个设备而变得更加密集,干扰场景由于小区间干扰的增加而变得更加复杂,这导致了多层干扰。云计算允许通过虚拟化物理基础设施实现资源共享,然后可以动态部署这些基础设施以满足各种复杂的计算机基础设施和应用程序的需求。服务器、网络、存储、服务和应用程序是可以共享的物理资源的示例。云计算解决了计算资源不足的问题,为无法处理大量数据的智能设备提供了解决方案。在 5G 中,云可以帮助进行密集网络的复杂维护。它以集中的方式管理网络组件、收集数据并编写所需的规范。

(3)纳米技术

纳米技术是一种分子尺度介于 0.1 纳米到 1.0 纳米之间的系统工程。不同的设备使用不同的链路进行通信,这些链路负责执行特定的任务,5G 网络框架如图 3.7 所示。每个链路的性能随着物联网设备的变化而变化[12]。

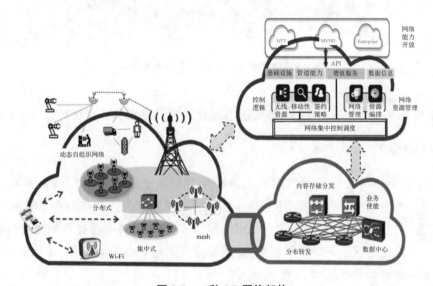

图 3.7 一种 5G 网络架构

为了满足消费者的需求并随时提供通信服务,基站(BS)的数量从 2G 到 5G 不断增加。众所周知,单个基站传输功率的降低会缩小覆盖范围并降低服务质量。因此,通过增加此类 BS 的数量,系统容量将相应增加,热点覆盖范围也将相应扩大。由于传统无线频谱中亚毫秒级延迟和带宽限制的要求,5G 蜂窝网络准备打破以基站(BS)为中心的网络范式。图 3.8 描绘了从以基站为中心到以设备为中心的网络的转变,无线行业需求的增加推动了从最初的宏六边形覆盖向更小的小区部署的发展,研究人员专注于设计以用户为中心的网络,用户不再是无线网络的最终解决者,而是参与网络内的存储、中继、内容交付和计算的过程。一些小型接入点(SAP),例如微微蜂窝、毫微微蜂窝、中继、微蜂窝等被引入以提高系统性。虽然 SAP 的覆盖范围是逐渐缩小,但通过缩短 SAP 和用户设备之间的距离,可以大大提高频谱效率。

5G 网络涉及的技术变化包括:①无线电链路包含针对多路访问控制(MAC)和无线电资源管理的新方法。②频谱包括网络工作频谱的频段。③网络维度包括考虑网络需求的流量维护。它还包括有效管理不同复杂部署中的干扰的方法。④基于多节点和多天线传输技

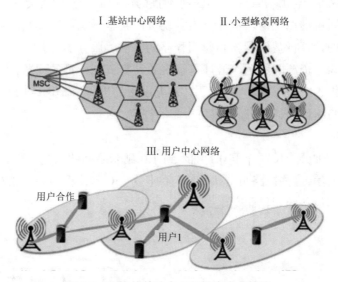

图 3.8　架构从基站中心向用户中心转移

术,我们正在开发一个基于广泛的天线配置和现代的多天线系统的节点间协调和多跳技术。

3.4.2　6G 特性

6G 将是一个超高速率、超高数据密度、超低时延的泛在超宽带移动网络,满足泛在高性能智能超终端的数据交互和计算协同。同时,智能驾驶和智能产业革命对 6G 提出了核心需求,将催生泛在移动超宽带(uMUB)、低时延超宽带(uBBLLC)和超高数据密度(uHDD)等服务等级。匹配这些服务等级需要通信、传感和计算的端到端协同设计,并带来计算能力、能源效率和延迟方面的挑战[13]。

在 5G 之前的每一代中,频谱、频谱效率和空间重用这三个基本维度决定了我们如何增加容量,6G 将继续如此。射频技术将能有效地使用更高频段的频谱,进入太赫兹频段后,频谱量有可能至少增加十倍。随着在这些较低的毫米波频段中从模拟到混合/数字波束成形的过渡,我们将不仅在厘米波和毫米波频段中使用大规模多用户 MIMO,频谱效率还将进一步得到提高。随着大规模 MIMO 成本的下降,甚至可以部署更大的阵列以进一步提高频谱效率。网络密集化无疑将继续增加——不仅是出于容量原因,而且是为了在更高频段、更高数据速率和更高可靠性下提供更大的覆盖范围。

新一代的最终特点是塑造适用于通信系统的新技术。这里我们确定了六项新的潜在技术转型,这些转型技术将成为塑造 6G 系统的一部分:(1) AI/ML 驱动的空中接口设计和优化;(2) 扩展到新的频段,使用新的频谱共享方法;(3) 将定位和传感能力整合到系统定义中;(4) 实现对延迟和可靠性的极端性能要求;(5) 涉及子网和 RAN-Core 融合的新网络架构范式;(6) 新的安全和隐私方案。这些技术转变将为 6G 设定新的目标。

1.更多比特、更多频谱、更高可靠性[14]

6G 的大多数驱动应用都需要比 5G 更高的比特率。为了迎合 XR 和 BCI 等应用,6G 必须将数据速率再提高 1000 倍,从而达到 1 太比特/秒的目标。这激发了对更多频谱资源的需求,因此促使人们进一步探索低于 6 GHz 的频率。同时,对更高可靠性的需求将普遍存在于大多数 6G 应用中,并且高可靠性的通信在高频下将更具挑战性。

2.从面积到体积光谱和能源效率

6G 需要处理地面和空中用户,包括智能手机和 XR/BCI 设备以及飞行器,这种 3D 特性需要向体积而不是空间(区域)带宽定义演进。我们设想 6G 系统必须满足以 $bps/Hz/m^3/Joules$ 为单位的高频谱和能源效率(SEE)要求。这是从 2G(bps)到 3G(bps/Hz),然后是 4G($bps/Hz/m^2$)到 5G($bps/Hz/m^2/Joules$)的自然演进。

3.智能表面和环境的出现

当前和过去的蜂窝系统使用基站(不同大小和形式)进行传输。我们正在目睹电磁活性表面(例如,使用超材料)的革命,其中包括人造结构,如墙壁、道路,甚至整个建筑物,伯克利电子壁纸项目就是一个例子。将这种大型智能表面和环境用于无线通信将推动 6G 架构的演进。

4.小数据的海量可用性

数据革命将在不久的将来继续,从集中的大数据转向海量、分布式的"小"数据。6G 系统必须在其基础设施中利用大小数据集来增强网络功能并提供新服务。这种趋势刺激了超越经典大数据分析的新机器学习技术的发展。

5.从自组织网络(SON)到自维持网络

由于缺乏现实世界的需求,SON 几乎没有集成到 4G/5G 网络中。然而,CRAS 和 DLT 技术激发了对智能 SON 管理网络运营、资源和优化的迫切需求。6G 将从经典 SON 的范式进行转变,即网络从仅调整其功能以适应特定环境状态,转变为能够在高度动态和复杂的情况下,永久保持其关键性能指标(KPI)的自我维持网络(SSN)。SSN 必须不仅能够调整其功能,而且还能够维持其资源使用和管理(例如,通过收集能量和利用频谱)以自主维持高、长期的 KPI。SSN 功能必须利用最近的 AI 技术革命来创建 AI 驱动的 6G SSN。

6.通信、计算、控制、定位和传感(3CLS)的融合

过去五代蜂窝系统具有一个专有功能:无线通信。然而,6G 将通过融合(即联合和同时提供)包括通信、计算、控制、定位和传感在内的各种功能来超越这一功能。我们将 6G 设想为一个多用途系统,可以提供多种 3CLS 服务,这些服务对于 XR、CRAS 和 DLT 等具有跟踪、控制、本地化和计算功能的应用程序特别有吸引力,甚至是必要的。此外,传感服务将使 6G 系统能够为用户提供跨不同频率的无线电环境的 3D 映射。因此,6G 系统必须紧密集成和管理 3CLS 功能。请注意,与先前趋势相关的演进将逐渐使 6G 系统能够轻松提供 3CLS。

7.智能手机时代的终结

智能手机是 4G 和 5G 的核心。然而,近年来可穿戴设备的数量有所增加,其功能正在逐渐取代智能手机的功能。XR 和 BCI 等应用进一步推动了这一趋势。与这些应用相关的设备从智能可穿戴设备到集成耳机和智能人体植入物,可以从人类感官中获取直接的感官输入,从而终结智能手机并可能推动大多数 6G 用例。

3.5 媒体传输信道的特性与需求

3.5.1 新兴媒体及其传输信道的特性与需求

1.全息投影业务

我们经常可以在科幻电影中看到三维全息通信技术,利用三维计算机图形学原理,可以将远处的人或物以三维的形式投影在空中。随着科学的发展,所有的设备都向小型化和精密化方向发展,而显示器件却无法与之匹敌,人们对新的显示技术提出了需求,而3D全息投影正是充当了这个角色[15]。全息显示技术利用干涉法记录物体表面散射光波的相位和振幅等信息,再利用衍射原理重建物体的三维图像[16]。三维全息投影设备不是采用数字技术,而是投影设备将不同角度的图像投射到全息投影膜上,让你看到不属于自己视点的其他图像,从而实现真正的三维全息图像。动态全息三维(3D)显示是最有前途的3D显示技术之一,可提供人类视觉系统的所有深度线。根据激光、光电和计算机技术的最新进展,3D动态全息显示可以通过数字记录或计算3D物体的全息图并通过计算机生成的全息图动态重建来实现。该系统预计生成数千兆位数据,对这些数据的处理以及全息编码和解码系统之间的相关高速可靠传输是至关重要的。全息通信是利用全息显示技术传输全息数据,在终端投影出实时的动态立体影像的一种新型通信手段。

全息图的生成和传输包含了多个维度的信息,这些信息来源于视频、音频、触觉、嗅觉、味觉等。只有各个维度的信息保持严格同步,才能给用户身临其境的感觉。因此,在传输过程中,来自不同传感器、不同角度的物体生成全息图的各个并发媒体流之间需要保持相当严格的同步。全息通信类服务涉及多个通道,每个通道可映射具有严格及时要求的单流,每个单流具备不同的弹性要求,可以共享并在各个通道间重新分配全息数据总量的聚合资源,并且允许跨通道的等待时间不超过 7 ms。现有网络缺乏具备足够低的时延及足够的高带宽的基础服务能力。

第五代(5G)移动通信系统承诺每秒数千兆位的数据速率、低延迟、高可靠性和候选 5G频段,包括高达 100 GHz 的毫米波(mm-wave)射频(RF)。Li-Fi(光保真)在可见光谱下工作,通常在 430 THz 和 770 THz 之间,与现有和新兴的无线系统相辅相成。它比 Wi-Fi(无线保真)快一百倍,速度约为每秒数百千兆位,并已被确定为 5G 通信发展的关键技术之一。

一个典型的 3D 全息系统可以分为三个子系统,即编码系统、解码系统和显示系统。为了能够生成用于 3D 全息显示的千兆字节 CGH 和并行实现全息图像重建,我们可以使用多CPU(中央处理单元)和多 GPU(图形处理单元)加速建立计算统一设备架构(CUDA)模型。为了通过时间复用技术实现彩色动态全息显示,我们需要计算一系列全息图。每个全息图对应特定时刻的特定颜色通道。为了减少传输所需的数据量,可以将 256 级灰度压缩为 8级灰度。8 级灰度的范围是 0 到 7,因此每个点的灰度值可以转换为 3 位二进制数,然后作为压缩码写入数据文件,以供以后在 5G mm 内使用 mm-wave 和 Li-Fi 系。在数据优化过程之后,全息 3D 显示器的传输数据预计约为 1.5 Gbps。

全息技术已被广泛应用,例如变形分析、通信等[17][18]。由于包括 CGH 和 DH 全息图在内的数字全息图是以数字形式存储,因此必须研究合适的压缩和传输技术以减少所需的存储、传输带宽和分发全息图所需的传输功率。单个 2028 × 2044 像素数字全息图需要 65 MB的原始双精度格式存储空间(每个像素中 8 B 的幅度信息和 8 B 的相位信息[19])。数字全息图的压缩不同于图像压缩,主要是因为数字全息图将 3D 信息存储在复值像素中,其次是因为散斑使它们具有白噪声的外观。

(1)无损压缩

各种经典无损压缩算法可以应用于数字全息图中,例如 Huffman 编码[20]、Lempel-Ziv编码(LZ77)[21]、Lempel-Ziv-Welch 编码(LZW)[22]和 Burrows-Wheeler 编码(BW)[23]。压缩比定义为:

$$r = \frac{uncompressedsize}{compressedsize} \tag{3.32}$$

每个数字全息图都表示为两个独立的实数和虚数二进制数据流,用像素表示(交替实值和虚值)比用幅度和相位表示更易压缩。

(2)傅里叶域处理[24]

JPEG 算法在量化阶段执行大部分压缩,它使用离散余弦变换在空间频域中执行量化。JPEG 标准同样适用于数字全息图,取而代之的是每个不重叠的 8 个 8 像素块执行离散傅里叶变换(DFT)。这不会减少图像中的信息量,但能将大部分全息图信息集中到每个块中的几个 DFT 系数中。对每个 8×8 DFT 中的值进行排序并将最低值的系数设置为零,但要保留每个块中的 DFT 系数的数量。DFT 系数的排序优先按幅度进行,其次按相位角进行。

目前关于数字全息图传输的文献很少。文献[25]提出了一种无线全息视频传输系统,全息图被转换为比特流,然后通过无线局域网和蓝牙传输。在文献[26]中,作者借助空间光调制器对输入光束的波前进行整形,研究全息图通过多模光纤的传输。文献[27]研究了使用白色 LED 光的全息图传输和 3D 图像重建。文献[28]提出了一种使用红外线传输 CGH 的方法,全息图在传输之前被压缩。

来自全球的科研机构对各类全息三维图像的传输速率进行了测试,对比了在不同因素(例如色彩、视差、刷新频率等)的影响下产生的全息三维图像。不同研究机构测试的传输全息 3D 所需的网络带宽如表 3.1 所示。传输全息 3D 对象数据所需的带宽正在逐渐增加,逼近 Tbit 级别。而现有的 5G 移动通信网络不能完全满足手机裸眼 3D 应用的需求,同时 5G 网络的负担也会大大增加,即便利用用户交互预测方案和视频压缩算法减轻这种负担,也依然无法使负担保持在 5G 的承受范围之内。只有后 5G 甚至 6G 移动通信网络才有能力将可用传输带宽增加从而支持 HTC 网络,以达到手机裸眼 3D 应用的使用标准。

表 3.1　不同研究机构给出的传输全息 3D 所需的网络带宽

研究机构	网络所需带宽/Gbit/s	3D 对象的平面尺寸	每秒传输帧数/fps	可视角度	颜色
Chiba Univ	1	4.1mm×4.1mm	30	360° 全视差	彩色
QinetiQ Inc	10	350mm×350mm	33	360° 全视差	彩色
DSI	10	3in×3in	60	360° 全视差	彩色
Arizona	30	4in×4in	30	360° 全视差	彩色
MIT	36	150mm×75mm	15	16 视图水平视差	单色
DSI	60	10mm×10mm	60	360° 全视差	彩色
MIT	500	150mm×75mm	30	360° 全视差	彩色
Chiba	614	4in×4in	30	360° 全视差	彩色

①全息通信

全息通信(HTC)是一种新型沉浸式媒体,它结合了增强和虚拟现实(AR/VR) 技术,以显示由 RGB 深度(RGB-D) 传感器相机捕获的全 3D 对象。预计在不久的将来,基于 HTC 的远程传输将成为越来越受欢迎的应用程序。与传统的基于视频的应用程序相比,它允许互联网用户以更身临其境的体验进行交流。与传统的 4K/8K 视频内容相比,从 2D 对象迁移到 3D 对象将显著增加对更高带宽的需求。目前,绝大多数 HTC 应用仍需要消费者佩戴微软 Hololens 等头戴式设备。在这种情况下,所需的数据速率约为每个传送对象数十 Mbps,具体情况取决于 HTC 对象的显示质量。例如,单个传感器(例如 Microsoft RGB-D Kinect 2.0)可能需要极高的容量,即每个被传送物体大于 1 Gbps,通过应用高质量压缩技术可以进一步降低为 30—60 Mbps。传感器产生的流量直接取决于场景中捕获的点云数量[29]。全息投影视频通话要求网络时延低于 5ms,5G 的大带宽、低时延特性大大改善了画面时延导致的眩晕,使得未来全息通信已经逐步成为可能。目前已经出现了多个全息通信的演示案例。早在 2017 年,全球第一个全息电话在美国通信运营商 Verizon 和韩国电信运营商 KT 合作下完成,美韩两国在 5G 技术的基础上将其与特殊定制的投影仪相结合,最终,一次连接美国新泽西州和韩国首尔的技术人员的全息会议顺利完成。

②全息医疗

全息技术结合 VR/AR 技术在医疗领域也出现了较多的案例,世界知名医疗器械商 Stryker 联合微软研发的"全息定制手术室"就是一例。全息定制手术室设计的初衷是帮助医生、护士和管理人员进行手术室的可视化设计和协作,让医生自行定制个性化的手术室。Stryker 利用 ByDesign 3D 软件设计手术室模型,微软在 HoloLens 的基础上,借助 ByDesign 3D 设计软件使模型可以进行交互。用户通过 HoloLens 可以操作"手术室"中的模块,同时其他用户可以在手术室二维图上看到这种变化。

③全息驾驶

全息技术还有一种应用是在汽车显示上。捷豹路虎研发的"虚拟跟车导航"能在汽车前方投影出虚拟汽车,指引驾驶员到达目的地,他们还使用激光在挡风玻璃上创建全息驱动的平视显示器。路虎首创"透明引擎盖"技术,通过全息影像为司机展示被遮挡的路况。另外,奥迪为动画电影《变身特工》打造的概念车 RS Q e-tron 配备了全息投影仪表。

④全息航空

美国国家航空航天局(NASA)也利用混合现实(Mixed Reality,MR)技术研发火星车。戴上 MR 眼镜,设计者在眼前看到一辆火星车。随着设计者逐渐靠近,火星车的外壳将会消失,显露出内部的零件。此外,NASA 的喷气推进实验室(JPL)有一项名为 OnSight 的混合现实技术,这项技术将会使用全息投影的方式来展现火星表面的数据,戴上眼镜的瞬间地面变成红色荒地。

2.三维承载业务

三维显示可以通过使用立体(戴眼镜)、自动立体(不戴眼镜)、体积和全息显示技术来实现。当前市售的 3D 显示产品基于立体原理,仅利用人的双眼深度感知来产生 3D 错觉。3D 全息显示被认为是一种终极的无眼镜真 3D 显示技术,因为它可以提供所有深度提示并消除眼睛疲劳或视觉不适,是当前市场上立体显示器的替代品。通过网络将全息视频流传输到显示系统已成为一个重要的研究课题。然而,通过网络传输数字全息 3D 视频将需要高数据带宽,因为其全息图数据量很大。后 5G 乃至第六代移动通信系统时代,除了毫米波、太赫兹等技术之外,在 6G 光子学范畴之内的泛光通信也同样能够大幅度提高连续频谱带宽、通信峰值带宽、网络时延和流量密度等网络承载能力指标。为了将更加逼真的显示效果呈现给用户,每秒 3D 高清视频需要的端到端流量甚至可能达到 Gbit 级,同时全息 3D 立体图像为达到裸眼标准,即不需要眼镜辅助,则需要 3—30 亿像素,这个标准下将会产生 Tbit 级数据,使得移动网络受到前所未有的压力[30]。

(1)3D 全息显示系统

文献[31]在 DSI 中开发了一种全彩 3D 全息显示系统,其中包含红色、绿色和蓝色(RGB)激光器、用于扩展和组合激光源的光学器件、空间光调制器(SLM)以及用于过滤和放大的光学器件重建。RGB 激光源扩大到 50 毫米光束尺寸,组合在一起并再次扩大到 80 毫米,最后照射到 SLM 上。全彩显示是通过多路复用发射到多个 SLM 上的 RGB 全息图来实现的。当 SLM 上的全息图被激光照射时,全息图中的条纹图案会将激光衍射到预期的方向并在空间中重建 3D 物体。在 SLM 之后使用一对透镜来过滤掉不需要的多级重建、双像和零级激光束。同一对镜头还将 3D 重建对角线放大到 3 英寸大小。RGB 全息图由原始彩色 3D 物体数据生成,存储在加载平台上的 SSD 中,读出并通过网络传输到发射平台,最后发射到 SLM 上进行 3D 对象重建。

(2)数据带宽和存储需求

在全息图的离线生成过程中,3D 对象被转换为 2D 计算机生成的全息图。通过基于 GPU 的计算平台上的计算程序, 3D 对象放置在以 $1920 \times 1080 \times 50$ (宽 × 高 × 深)采样的对象空间内,这也定义了重建空间中的 3D 体积采样。显示系统中使用的全息图是二元相位全息图,尺寸为 6400×1024 像素。计算程序使用 GPU 上的拆分查找表(S-LUT)来实现快速 CGH 计算。在 6 个 nVidia GTX285 GPU 上使用当前显示系统参数进行单帧 CGH 计算时,一只具有约 150k 3D 对象点的彩色熊花费了大约一秒钟的时间。在 CGH 计算之后,全息数据按照系统中 SLM 使用的格式被格式化成块。每个 SLM 的像素数为 1280 × 1024，SLM 的驱动器使用 1 个 24 位 RGB 颜色的 DVI 帧将 24 个二进制相位全息图发射到 SLM 上。因此，每个全息图数据块的大小约为 31.5 Mbit。可以在 6.5 兆像素的全息图上重建全彩色 3D 对象。在同一 DVI 帧内计算 24 个全息图，将不同的随机相位添加到同一对象帧中，以减少激光散斑噪声并获得更好的重建质量。这意味着带宽增加了 24 倍。全息视频的总数据带宽为 9.44 Gbps，每秒 60 个对象帧（每秒 1440 个二进制全息图）。全息图数据存储在加载平台上的高速 SSD 中，以实现高速读出。

在全息视频的在线播放过程中，首先从 SSD 中读取全息数据并缓存在加载 PC 的主内存中。2 个加载 PC 中的 4 个 PCIe SSD 卡上有 8 个物理 SSD。每个物理 SSD 提供 281.1 MBps 的平均顺序读取速度。全息图数据的总平均读取能力为 2.25 GBps，足以满足 9.44 Gbps 的全息图数据带宽需求。全息图数据首先通过远程站点的服务器在加载平台上进行处理，数据被加载到服务器内存中，随后通过网络传输到与全息显示系统中的 SLM 直接连接的发射平台。下一节将介绍网络上全息图传输的详细信息。全息图被接收并放入发射平台的存储器后，发射到 SLM 上，用于在全息显示系统中重建 3D 物体。由于 SLM 的驱动程序使用 DVI 接口，因此 SLM 被视为一个小型化的显示屏，全息图的发射是通过将这些 3D 物体显示在 SLM 屏幕上来完成的。由于全息数据在 CGH 计算后按照 SLM 的要求格式化成块，在发射时，全息数据块作为图像从内存传输到发射平台的显卡中，数据不做任何修改。

（3）3D 传输

为了满足当前 3D 全息显示系统的 9.44 Gbps 带宽要求，文献［32］建立了一个由 10 个 1 Gbps 通道组成的本地网络，还开发了一个图形用户界面（GUI）来预览原始 3D 数据，从全息数据加载服务器中选择全息视频，发送命令以播放/暂停/恢复/退出全息视频，并显示全息图数据在网络上的传输速度。每块全息图数据从 SSD 中读出后，都被封装成应用层 header 和 tale，使用 TCP/IP 数据流通过网络传输。包头有 12 个字节，由 4 个字节的开始标记"#BEG"、4 个字节的包序号和 4 个字节的包长度组成，以字节为单位。尾部有 4 个字节，仅包含 4 个字节的结束标记"#END"。之所以使用 TCP/IP 数据流，是因为它具有有序和无错误的优点，可以保留数据的顺序和内容。期间的全息图数据通过网络传输。但是，TCP/IP 流是连续的，即发送到流中的包都是连接的。开始标记和结束标记用于表示全息数据包的开始和结束。序号用于验证全息数据包的顺序。结果表明，全息数据包在传输后总是有序的。该长度用于告诉接收程序它应该从网络中获取多少数据，并将该数据块视为一个整体而不接触它。得到应用层头和尾后，将全息数据包发送到网络中，指定给接收者。在网络的发送端和接收端都使用了 10 个 GbE 连接。每台加载 PC 有五个 GbE 连接，每个连接用于为一个 SLM 传输数据。每个 SLM 使用两个 GbE 连接，从两台加载 PC 接收数据。网络分为五个子网，这样同一台 PC 上的连接都在不同的子网中，每个 SLM 都可以接收来自两个加载 PC 的数据。

3.VR/AR 业务

增强现实和虚拟现实提供生动的沉浸式和真实体验。AR 包括真实物体的虚拟性，它结合了音频、视频、认知等多感官能力，提供了虚拟和真实对象的实时三维呈现。另一方面，

VR 呈现出富有想象力的感觉和对现实世界对象的包容性。因此,AR 和 VR 技术允许用户同时体验共存的现实世界和虚拟世界。AR 和 VR 在娱乐、广告、智能医疗、虚拟体验市场、房地产、艺术、游戏行业、制造、社交媒体、教育、互动培训等方面得到了广泛的应用。为了支持真实世界的体验,AR/VR 需要海量带宽来帮助数据驱动实时连接。因此,第五代通信网络利用超高速连接、高带宽上行链路和下行链路数据流需求来支持 AR/VR 应用。6G 网络可以支持亚毫米波段的太赫兹通信,延迟极低。6G 可以支持增强管理和简化物理边界上全息通信的虚拟化服务集。这使得实时体验现实(XR)可以用于 3D 图像、无人驾驶汽车、工业 4.0 中处理的简化数字孪生以及物联网网络中的大规模连接,确保 6G 通信之间的海量数据共享渠道[33]。这将会促进 VR/AR 业务的快速发展,进而刺激 VR/AR 关键技术的快速演进、终端设备和内容制作的逐步发展与成熟。

未来网络下的高保真 VR/AR 应用所需的数据量和数据速率将远超我们目前已知的其他无线应用。当然,基于无线通信网络实现高保真 VR/AR 将会面临诸多挑战。随着多种重要能力(如云渲染和云感知、上云)的发展,云端也将具备承载更多的 VR/AR 的重要能力。

VR/AR 系统中涉及用户和环境的语音交互、手势交互、头部交互等,必须符合超低时延要求才不会给用户带来明显的头晕症状。MTP(Motion to Photon)时延是用户动作产生到画面变化的时间,包含终端和服务器端处理时延以及网络传输时延。MTP 时延低于 20ms 是目前许多虚拟现实用户体验的目标,但相关研究结果表明,几乎所有用户都无法感知小于 15ms 的 MTP 时延。为了不让传输成为整个处理流程的瓶颈,预计 2030 年业务传输时延将小于 10ms,单用户业务体验速率将达到 1.5Gbit/s。

在现有的云化 VR/AR 应用中,影响可靠性的因素主要是云、网、端能力的不确定性,云端算力不足,网络保障带宽的变化(包括传输时延的抖动),这些因素会对用户体验产生明显影响。例如,对于 VR/AR 业务而言,交互方式直接影响用户的操作体验,端、边必须提供足够简便和鲁棒性更高的交互方式,例如语音交互和手势交互,既要提供多样的输入信息,还要具备足够的鲁棒性,降低用户的操作难度。在面向 2030+ 的高保真 VR/AR 应用中,用户需要任何时间和任何地点的沉浸式 VR/AR 体验升级,因此需要进一步提高可靠性指标。

4.超高清视频业务

截至 2023 年 6 月,视频使用率达到 96.8%,并保持高位的增长态势。在同一时期,来自移动设备的流量将从所有流量的 7% 上升到 17%,增长速度为固定 IP 流量的两倍。此外,随着第五代移动网投入使用,预计更高的带宽、更低的端到端延迟和更高的可靠性可能会提高对移动视频消费的需求。同样,新的视频压缩标准,如高效视频编码(H.265/HEVC)和超高清便携式消费设备的可用性,可能会进一步推动移动视频流量的增长。ITU-R BT.2020-2 建议书和 SMPTE ST 2036-1 中定义的新 UHD 视频格式规定了视频信号多个方面的增强参数。UHD 不仅支持比 HD 更高的空间分辨率(3,840 2,160 和 7,680 4,320 图像样本)和更高的帧速率(高达 120 Hz),而且还支持更高的样本位深度(高达 12 位以支持高动态范围)和更宽的色域,可以呈现更鲜艳的色彩。

到 2020 年年初,一些便携式设备的屏幕分辨率已经达到 4K 和 8K。这两项技术进步将为"随时随地"访问实时广播媒体提供基础设施,并可能激发出新的视频服务类别,再次增加移动网络上的视频相关负载。近年来,超高清视频直播不断发展,各类体育比赛、演唱会、大型活动等都逐步采用 4K 直播,其对网络传输速率的要求也快速提高。每个用户在移动端收看 4K 超高清直播时,网络传输速率要在 30—80Mbps 之间,8K 超高清视频在帧率为 50帧时,网络传输速率要在 100—200Mbps 之间甚至更高。8K 超高清视频在帧率为 100 帧以上时,视觉效果更佳,但是速率要在 200—400Mbps 之间,当前的 4G 网络满足不了其网络流量、存储空间和回传时延等技术指标要求。卫星直播、无线地面广播等无线广播在当前的技术阶段难以大规模传播 8K 视频。

尽管 5G 网络的服务质量有望得到提高,但大量的视频流量将继续对网络运营商构成重大挑战。最近,网络质量焦点已经从网络提供商的 QoS 角度转变为不太容易量化的最终用户体验质量角度。在这种情况下,欧盟 5G-PPP SELFNET 项目提出了 QoE 使用可扩展 H.265 视频编码标准的超高清视频流的自优化用例。此用例中的关键促成因素是 5G 基础设施中可扩展 H.265 编码 UHD 视频流的 QoE 预测模型,而要实现这一促成因素存在许多技术挑战[34]。

与 H.264/AVC 相比,2013 年推出的 H.265/HEVC 标准降低了高达 50% 的带宽要求,并且没有感知质量损失。H.265 最近的速度改变证明了它在 5G 网络中取代 H.264 编解码器的潜力,同时 H.265 对网络的影响也引起了人们的关注。H.265 编解码器将有助于降低 UHD 视频所需的大幅提高的带宽要求,潜在的空间分辨率高达 8K,帧速率高达每秒 300 帧(fps)。

关于传输高质量 UHD 信号所需的带宽仍然存在争议。每秒 15 到 40 兆比特都可以满足具有足够质量水平的 4K 视频的带宽要求。此外,如果样本位深度增加到 10 甚至 12 位,或者如果色域被加宽,则应考虑额外带宽的影响。无论如何,超高清信号中包含的大量原始数据需要使用先进的视频压缩技术[35]。

5.数字孪生业务

数字产品定义(digital product definition, DPD)经历了从二维到三维的发展。近年来,国内外制造业的经验表明,3D 数字化定义的产品模型已经成熟,其效益得到反复验证。数字孪生(Digital Twin,DT)是一项在信息世界中对物理世界进行刻画、仿真、优化及可视化的关键技术,2002 年,Michael Grieves 教授在密歇根大学的产品生命周期管理课程中首次提出了这个概念,这个概念从诞生起就获得了广泛关注[36]。数字孪生概念可以概括为四个主要部分,分别是数字模型、关联数据、识别和实时监控能力。数字孪生是对应物理实体的数字模型,利用单一数据源,可以在物理空间和信息空间中建立双向连接。对数字孪生的构建进行描述,就是在设计阶段产生功能与物理模型,在制造和使用阶段,在与物理实体所包含的信息和数据交互的基础上,对模型的完整性和准确性进行提高,最终使得物理对实体的描述更加完整且准确。

近年来,数字孪生技术已成为众多研究人员和工程师关注的焦点。通常,数字孪生是基于虚拟实体(VE) 定义的,该虚拟实体表现出与其物理对应物相似的行为,并且与该物理实体(PE) 耦合。因此,虚拟实体构成了任何数字孪生的核心部分。虽然虚拟实体可能有很大的不同——从基于简单模拟的模型到相应物理实体的高保真虚拟镜像——但它们通常由多个模型组成,这些模型可能来自多个领域,解决不同方面的问题,并使用不同的工具和语言。

通常,数字孪生被定义为主动与 PE 实时同步的 VE,反之亦然,为两个实体展示相似的系统行为和状态。然而文献回顾表明,"数字孪生"这个词被高度过载并且有不同的定义。Shafto 等人[37]将其描述为反映实体行为的模型的集成模拟,Gabor 等人[38]将其阐明为基于真实数据的多时间高保真模拟,而 Zhuang 等人[39]将其描述为与其物理对应物完全一致的虚拟动态模型,模拟其特征和行为。Grieves[40]讨论了一个包含 PE、VE 和它们之间的互联的三维 DT 模型。如图 3.9 所示,陶等人将此模型扩展为五维模型,包括(1) PE:现实世界的实体,可以是设备、过程或物理系统;(2) VE:PE 的高保真数字复制,复制其行为和特征;(3)数据:来自 PE、VE、服务的异构时序数据以及这些数据的融合;(4) 服务:用于用户所需的DT 和应用服务的运行和功能;(5) 互联:在上述元素之间,实现无缝数据交换的交互[41]。数字孪生信道模型结构如图 3.9 所示,B5G 和 6G 通信数字孪生信道应用体系如图 3.10 所示。

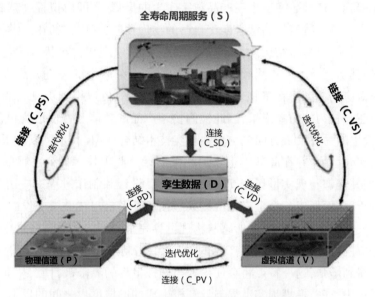

图 3.9　B5G 和 6G 通信信道的五维数字孪生模型

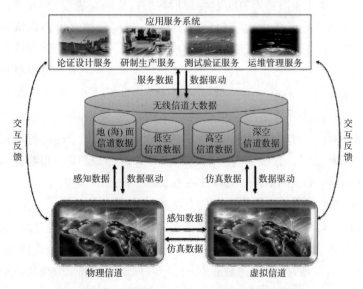

图 3.10　B5G 和 6G 通信数字孪生信道应用体系

随着5G、云计算、大数据、人工智能、物联网、区块链、工业互联网的大规模投资与发展，整个社会的数字化转型必将全面加速，为整个社会走向数字孪生奠定坚实的基础。数字孪生起源于工业制造，其在工业制造领域的普及和应用必将带来生产制造的革命性突破。随着整个社会走向数字化，数字孪生将会开始在更多的领域得到应用和发展，如社会治理、城市规划与建设、医疗、农业、交通、教育等领域，推动整个社会走向数字孪生。

产品数字孪生的主要功能之一是模拟、监测、诊断、预测和控制物理产品在真实环境中的形成过程和行为。其二是从根本上促进产品生命周期各阶段的高效协同，驱动企业产品创新。其三是建立数字化产品生命周期档案，为产品开发的全过程质量追溯和持续改进奠定数据基础。

产品数字孪生未来将向三个方向发展：虚拟现实、全生命周期和集成。将实物产品映射在虚拟空间便得到了产品数字孪生。产品数字孪生的保真度，即模拟程度越高，在工业领域就越发成功。产品具有特定的模型来匹配自己的物理性质，其中包括热力学模型、计算流体动力学、应力分析模型、模型结构动力学模型、疲劳损伤模型和材料状态演化等。创建产品数字孪生体，使其仿真、诊断、预测和控制等功能得到充分应用的关键就是研究如何联系各个物理性质所对应的模型。在多物理集成模型的帮助下，可以得到更真实的物理产品在现实环境中的状态与行为的仿真成果，因此检测物理产品的功能和性能成为可能[42]。除此以外，产品数字孪生的另一发展方向是与增强现实技术结合。AR技术可以对摄像头图像的位置与角度进行实时计算，并在此基础上添加相关图像。此项技术的最终目的是在屏幕上展示虚拟世界，使其能够与现实世界相互交流。在产品设计和制作过程中应用AR技术，对实际场景进行分析，从而形成一个全三维沉浸式虚拟场景平台。在虚拟外设的帮助下，可以让虚拟场景中开发和制作人员的所见所感与物理世界完全同步。从而在操纵虚拟模型时对物理世界产生相应的影响，最终实现在产品的设计、工艺制定和生产过程中的控制。AR使人的视、听、触均得到增强，这一特点将会使得人与虚拟世界的界限被打破，从而使人与虚拟世界之间的联系更为紧密，模糊现实世界与计算机生成的虚拟世界之间的界限，人们的感知不再局限于屏幕，而是通过虚拟世界直接对物理世界进行影响与感受。AR技术与产品数字孪生的相互结合将是接下来几年内数字化设计与制造、建模与仿真以及虚拟现实等技术发展的主要方向之一，使虚实融合达到了更高的层次。

（1）孪生医疗

IEEE于2012年推出了第一个体域网标准IEEE 802.15.6，当使用超宽带（Ultra-Wide Band，UWB）传输时，其脉冲重复频率可达到15.6MHz，未编码时的速率达到15.6Mbit/s，编码后达到12.636Mbit/s。此外，每个体域网必须能够支持256个节点，所有设备的发射功率应在0.1mW和1mW之间。考虑到高频率电磁波对人体的辐射影响，现有标准的频率范围可分为两部分：403—2483.5MHz和3244.8—10 233.6MHz。

频率：关于未来孪生体域网使用的频段有两种可能的解决方案。一是使用更高的频段，如太赫兹，这需要重新评估更高频段的电磁波对人体的影响。一般地，频段越高的电磁波在人体内的穿透损耗越大。人体内传输环境比较复杂，需要精准的信道建模，但是太赫兹频段对人体具有比较好的穿透性，且因为波长很短，可以用于人体特征的精确感知和成像，如心跳、脉搏等体征。二是仍考虑使用GB8702-88内的微波频段。在该频段内，通过控制使功

率密度达到 $10w/m^2$,可使电磁波对人体的影响在受控范围之内。但是由于需要支持较高速率的传输,需要将频带设置得较宽。初步考虑使用的频段为 12—15GHz 与 15—20GHz。

功率:首先从 5G 物联网的角度入手,分析体域网的设备密集度。5G 的设备密集程度约为 $106/km^2$,可以预测下一代物联网的设备密集度将较现在提升 10—100 倍,在人体附近大致为 $1—10/m^2$。但是体域网络不同于传统物联网,设备主要集中在人体附近,不像物联网取的是一个大覆盖范围内设备数量的平均值。因此体域网的设备密集度将更大,远大于 10m,每个设备的发射功率应该更低。假设保持发射功率不变,设备数最大扩为原来的 100 倍,则单个器件的发射功率要低于 20dBm。从数字器官、纳米机器人的角度考虑,设备密集度还将增加上千倍。不管是从物联网角度还是从纳米机器人角度来看,体域网的总发射功率依然会有明确的要求。

峰值速率:在现有短距离传输方案和标准中,IEEE 802.15.6 的传输级别在 10Mbit/s 左右,蓝牙 5.0 技术的数据速率可达 2Mbit/s,这些都不能支持未来孪生医疗应用中的高速率业务。为此,未来的体域网将在 5G 标准的基础上扩展很多应用。如受限于发射功率与设备制造难度,为了支持基于体域网的各种应用,体域网的峰值速率应不低于 1Gbit/s。

时延和可靠性:为了有能力对数字孪生进行实时监测与数字模拟,体域网要求时延达到一定的标准。若想满足实时监测或增强可穿戴设备支撑的要求,时延达到 10ms 量级就足够。但数字孪生业务是在虚拟环境中进行仿真预测,在系统产生变化时预测未来情景并快速仿真,这一步骤大大提高了对时延的要求,这时体域网时延指标可以控制在 0.1ms 左右。受到器件处理能力的约束,体域网业务时延应保持在 1—10ms。5G 网络的可靠性指标较高,通常可以达到 99.99%,这种高可靠性满足大部分医疗类业务的使用需求,因此,体域网与 5G 拥有相似的网络可靠性指标。体域网的可靠性指标更多地体现在网络安全方面,体域网必须有极高的网络安全性。

(2)孪生工业

孪生工业技术不同于以传感器和促动器为基础的数字化智能工厂,其价值要高于传统概念里的智能工厂。孪生工业是以数据和模型为基础的,更适合采用人工智能和大数据等新计算技术的概念。孪生工业可以对不同组件之间的相互作用和整个生命周期过程进行检测和建模。由于未来孪生工业复杂的变化和对新一代通信技术的依赖,孪生工业对通信能力有更高的要求,具体分析如下。

时延:由于工业数据的"保鲜期"很短,数据从采集到处理再到反馈的时延要求会很高。对于孪生工业来说,不同的业务类型的时延要求应在 0.1ms 和 10ms 之间。例如,对于工业生产机器人来说,由于需要机器人实时对生产环节进行操作,时延要求会相对较高,一般要求时延小于 1ms。而对于日常生产的监控管理来说,时延要求相对较低,一般为 10ms 左右。

可靠性:孪生工业需要依赖大量的数据来辅助智能模块做出对生产环境的判断和调整,设备控制对通信链路的实时性、可靠性、时钟同步要求比较严苛。孪生工业对通信系统的可靠性要求一般为 99.9999% 以上。

连接数:海量的工业数据采集需要通过在工业园区内部署海量的动态传感器来实现,因此,需要通信网络支持海量连接数。传感器的种类和功能是多样的。因此,下一代通信网络技术需要支持 10 万—1 亿个 1 平方千米的设备连接数。

室内定位精度:未来工厂中,包括自动导引车在内的移动机器人将成为重要的物流方式。自动导引车采用自主导航方式移动,网络通过无线通信提供碰撞轨道、任务更新等功能。因此,下一代通信网络需要支持室内厘米级的定位精度来满足未来移动机器人的工作需求和安全性能要求。

6.智能交通业务

智慧城市的概念融合了信息、通信技术(ICT)和物联网,超能交通将通过互联网、移动网、物联网、车联网等协同元素连接人与交通各个要素,使得人、路、车、环境、社会方方面面实现有机统一,从而实现具有超强算力、超快传输、超高可靠特征的全新交通形态。最近的研究表明,交通运输预计将以 5.9% 的复合年增长率在全球范围内增长。智能交通可以根据实时路况选择最佳路线,此外,集成的智能交通系统可提供有关驾驶员行为的实时信息,并警告他们道路上的潜在危险[43]。考虑到未来智能交通更复杂的业务,其通信需求也会更高,所以需要更先进的技术满足未来的通信需求。

峰值速率:基站在 64QAM、192 天线、16 流并考虑编码增益的情况下,5G 理论频谱效率极限值为 10bit(s·Hz)。而在 6G 时代,考虑到 1024QAM、1024 天线,以及波束成形技术,频谱效率预计将达到 200bit(s·Hz)。面向 2030+,下一代"泛在覆盖"网络可能用到的太赫兹技术的常用载波带宽可能会达到 20GHz。假设交通领域的移动终端分配有 500MHz 带宽进行通信,则其峰值速率可达到 100Gbit/s。

最大移动速度:最大移动速度是移动通信系统最基本的性能指标。5G 时代的要求是能够支持速度高达 500km/h 的高铁上的乘客的接入。而面向下一代移动通信网络,需要考虑时速超过 1000km 的超高速列车、真空隧道列车,国内外已有研究机构开展相关工作。同时,未来还需考虑民航飞机乘客的接入,民航飞机的飞行速度基本上为 800—1000km/h。因此,未来交通工具的移动性能建议以高于 100km/h 速度移动的用户接入为衡量指标。

最大端到端时延:以车辆安全制动距离估算时延需求。未来无人驾驶车辆的速度通常为几十千米/小时到 100km/h,考虑到两车相向行驶,则相对速度可能在 100—300km/h 之间,即 28—83m/s。在某些场景下,比如需要大量传输车联网或自动驾驶典型场景时,终端与服务器之间的传输信息负担显著增加,此时传输时延可能会增至数秒,对应的行驶距离可能为数百米,造成严重的安全隐患。因此,必须进一步优化时延至低于 1ms,降低伤亡事故发生的可能性。

可靠性:SGV2X 业务增加了传感器对通信性能的需求,其通信的可靠性在 90%—99.99%。在超能交通应用场景中,以智慧驾驶为例,除实现正常安全驾驶之外,还将承载移动办公、家庭互联、娱乐生活的功能,因此,需要实时传递大量高清的视频、高保真容频等数据信息,这意味着下一代移动通信网络要支持更高的数据传输可靠性,从而为用户提供极致的驾驶服务体验。

定位精度:现有的定位技术以实时动态差分技术为主,在室外空旷无遮挡的情况下,可达到厘米级定位。未来综合立体交通网涵盖铁路、公路、水运、民航、管道等方面,涉及隧道、地下、海底等场景,此时定位精度需要进一步提高。因此,需要综合考虑蜂窝网定位、惯导、雷达等多项技术,确保交通终端在未来更复杂的应用场景下始终达到高精度定位。

频段:未来超能交通网涵盖空天地海多个空间领域,不能局限于一个交通维度进行频段考量,因此,需要考察不同交通应用场景维度的频段。

- 车联网:5905—5925MHz 频段是基于 LTE-V2X 技术的车联网工作频段。
- 民航通信:118—137MHz;甚高频导航:108—118MHz;长波导航:200—600kHz。
- 海底通信:主要集中在 3—300kHz 频段。
- 海上无线通信:主要集中在 300kHz—3MHz 频段。
- 卫星通信:主要集中在 3—300GHz 频段。

其中,车联网主要为汽车提供信息化服务,其与人、车、路构建了一体化的交通管理系统。车联网通过整合 5G 通信技术与传感器技术,提高了车辆自主驾驶的水平。自动驾驶是汽车产业与新一代信息技术深度融合的产物,是未来发展智慧交通、智慧城市的重要方向。3GPP 在 2017 年发布了全球第一版 LTE-V2X(R14)标准,主要通过广播方式辅助车辆执行基本安全任务。现在,人们通常根据自动驾驶汽车的能力将其分为五个等级。在"0 级自动驾驶"场景中,驾驶员执行所有操作任务,例如转向、制动、加速或减速。1 级车辆可以辅助一些功能,但驾驶员仍然可以处理所有加速、制动和环境监测。当离前车太近时,车辆会自动刹车。目前市面上大部分的自动驾驶汽车都属于 2 级,这种类型的车可以完成转向或加速等一些独立任务,但驾驶员必须随时准备好控制车辆,一旦发生事故,驾驶员往往需要承担全部责任。与二级自动驾驶相比,三级自动驾驶有很大的提升,体现在车辆本身控制所有环境监测(使用激光雷达等传感器)。尽管在某些情况下驾驶员仍需要接管车辆的控制权,但一般情况下,驾驶员可以通过"安全驾驶"功能将车辆的控制权交给电脑。在 4 级和 5 级,计算机将完全接管对车辆的控制,进行车辆转向、制动、加速并对道路进行监控,并根据周围情况确定何时变道和转弯[44]。针对不同的自动驾驶业务,通信指标需求如表 3.2 所示。

表 3.2　业务指标需求

业务	时延/ms	可靠性	传输速率/Mbit·s⁻¹
车辆编队	10	99.99%	65
远程驾驶	5	99.999%	UL:25;DL:1
传感器信息共享	3	99.999%	50
高级驾驶	3	99.999%	30

3.5.2　5G 与 6G 愿景关键指标

6G 的无线接入网性能指标不仅包含 5G 愿景中已经涉及的关键性能指标,如峰值速率、谱效、用户体验速率、区域流量密度、网络能效、移动性、连接密度以及时延等,预计也将包含未来网络新的重要指标,如覆盖、可靠性、时延抖动和定位精度等,来满足更为宽广的场景和业务需求。5G 和 6G 网络的主要性能指标对比参见表 3.3。在考虑这些指标时,也应同时考虑未来有哪些潜在的演进或者创新技术来对其进行支撑。至 2020 年,对于 5G 的三大使用场景,5G 技术的不断演进已经一定程度超越 5 年前所制定的要求,但 6G 新兴业务带来的需求将大幅提升。

峰值传输速率:相比于 5G 下行峰值速率要求 20Gbits/s,6G 中出现的新型应用与业务,例如 XR、全息呈现等,要求的峰值速率达到 Tbits/s 量级。6G 需要通过超维度天线技术、先进的编码和调制技术以及超高频段(THz)提供超高带宽来实现。

谱效:谱效包含峰值谱效、平均谱效和 5% 用户谱效,相比于 5G 增强的移动宽带场景,期待 6G 有 2 到 3 倍的提升,具体的谱效提升在不同的场景中会有差异,主要需要超维度天线技术、AI 技术、新型波形和双工等技术来实现。

网络能耗:对于无线移动通信网络,随着带宽的增加和高频段的使用,现有网络能耗在不断增长。我们期待在网络容量和用户传输速率要求不断提高的同时,网络能效,即单位能耗单位面积下所能传输的数据量也能随之提高,实现绿色节能。

表 3.3 5G 和 6G 网络的主要性能指标对比表

序号	性能指标	5G 参数值	6G 参数值	能力提升
1	峰值传输速率	20Gbps(DL)/10Gbps(UL)	> 1Tbit/s	100 倍
2	用户体验速率	0.1Gbps—1Gbps	10Gbps—100Gbps	100 倍
3	流量密度	10Tbps/km^2	100Tbps/km^2—104Tbps/km^2	1000 倍
4	定位精度	1 米(室内) 10 米(室外)	0.1 米(室内) 1 米(室外)	10 倍
5	端到端时延	1ms	小于 0.1ms	10 倍
6	误码率(可靠性)	10^{-5}	10^{-9}	10 000 倍
7	移动性	500km/h	1000km/h	2 倍
8	标准频谱	450MHz—6GHz(FR1)、24.25GHz—52.6GHz(FR2)	95GHz—3THz	100 倍
9	频谱带宽	FR1:常用载波带宽 100MHz,多载波聚合可以达到 200MHz; FR2:常用载波带宽 400MHz,多载波聚合可以达到 800MHz。	常用载波带宽 20GHz,多载波聚合可以达到 100GHz。	50 倍—100 倍
10	频谱效率	30bps/Hz—100bps/Hz	200bps/Hz—500bps/Hz	2 倍—5 倍
11	连接数密度	106/km^2	108/km^2	100 倍
12	网络能耗	100bits/J	200bits/J	2 倍
13	基站智能化计算能力	100T—200T ops(operation per second)	1000T ops	5 倍—10 倍

移动性:在 5G 阶段,针对高铁等高速移动场景,最高速度要求 500 km/h;在 6G 阶段,为支持广域的移动覆盖,考虑到飞机等高速运动场景,期待可以支持大于 1000 km/h 的移动速度。这需要更为先进的编码、信号处理、超维度天线和移动性管理等技术。

连接数密度:5G 在相对稀疏的业务模型下要求每平方公里百万连接数,即每平方米 1 个用户。6G 为满足智能家庭、智慧城市、医疗健康与农业、工业的发展,面向物联网的泛在连接将是主要应用场景,我们期待在更密集、数据量更高的海量连接业务中,可以通过更为先进的网络架构、无线接入技术以及多址技术等实现每平方米 10 以上接入设备的水平。

端到端时延:无论是 XR 和全息呈现,还是垂直行业中精密制造、远程驾驶、精准医疗带来的需求,业界对于时延都有进一步降低的追求。用户面空口传输时延期待从 5G 的 1ms 缩短到 0.1ms 的量级。

可靠性:在 6G 超高可靠和低时延的垂直行业应用中,可以通过更为先进的物理层和高层技术叠加进一步提升可靠性和低时延的性能,成功率将实现 $1-10^{-7}$,可靠性相对 5G 要求有百倍提升。

时间抖动:在确定性网络中为保障传输和中间节点环节不出现额外延时抖动,需要保证数据包到达的偏差时间范围。从目前工业界提出的要求来看,该指标至少要达到微秒量级。

定位精准:5G 阶段,普通的商业需求和工业物联网场景均出现了关于定位精度的性能目标,特别是对于卫星难以正常定位的室内环境。上述需求促进了利用无线通信技术定位能力的增强及创新技术的发展,这将在 6G 中结合感知技术进一步发展。6G 潜在的定位精度要求期待可以控制在厘米级,以提供更为精准的定位服务。

小区覆盖范围:传统移动通信网络覆盖半径有限,主要针对人口密集区域。6G 支持天地融合全域立体覆盖,可将小区覆盖范围大幅扩大,通过星地融合通信,期待单小区覆盖最大半径至少为上千公里。

3.6 数字孪生行业应用分析

文化遗产的数字化问题是社会科学与哲学领域近年关注的热点话题之一。习近平总书记对文化遗产的保护和发展曾多次作出重要批示,一再明确指出,物质文化遗产属于不可再生资源,应当将它们的"保护、建设和利用有机地结合起来"。然而,文化遗产的数字化建设多集中于非物质文化遗产,对于物质文化遗产数字化方面的研究却比较匮乏。近年来,在大数据技术与物联网的带动下,计算机技术高速发展,虚拟现实、增强现实、融合虚拟现实等技术手段的兴起推动了三维虚拟重建的新浪潮。在此背景下,以历史文物(或遗迹、遗址)虚拟复原展示为核心内容的物质文化遗产数字化建设的新技术应运而生。

近几年,不论是数字孪生技术的应用还是有关此技术的理论都得以充分发展,实现了从航空航天、军事领域向工业制造、模拟仿真等领域的转变,应用范围逐渐扩大并渐渐由物理实体的设计规划阶段向建模加工、设计制造、管理维护等领域发展。物质文化遗产是以物理实体的形式存在的,在数字化构建过程中需要使用大量物理模型和传感器,并对数据进行管理和操作,在虚拟信息空间内构造相应的模拟仿真体,是一个多尺度、多学科、多物理量和多概率的虚拟仿真过程。综合数字孪生思想、定义及技术可以发现,数字孪生和物质文化遗产数字化具有诸多共性特征,具有不可忽视的技术依赖性和关联性。

物质文化遗产数字孪生体系就是运用先进的信息技术,对物质文化遗产中物理实体的形状、状态、特性、行为、形成和变化过程进行科学合理的表示、描述、建模等一系列的过程和方法。由此构造出的虚拟模型被称为"物质文化遗产数字孪生体",是一种完全符合现实世界中的物理实体的虚拟数字体,这种虚拟数字体能够对现实世界物理实体的状态、行为、表现和活动进行模拟仿真。一方面,数字孪生可以借助已有的理论、技术和方法构建相应的物质文化遗产虚拟数字模型,实现三维重建及复原、虚实交融及人机互动、视觉导览及智能展示等功能的扩展及延伸。另一方面,数字孪生可以借助先进的信息技术对这一物质文化遗产所面对的未知状态和突发情况进行计算、分析或者预测,从而找到更好地保护与发展这一物质文化遗产的战略和方法。

基于数字孪生的物质文化遗产数字化建设可以分为四大主要部分,分别是物质文化遗产、虚拟文化遗产(数字孪生体)、数字孪生平台以及遗产大数据。这四大部分的相互作用机制如图 3.11 所示,作为物理实体或其集合,物质文化遗产是客观存在的,它不仅接收来自数字孪生平台的数字化建设命令,还要结合模拟仿真虚拟文化遗产后获得的最佳策略开展建设工作,从而完成建设任务,物质文化遗产模块对多源异构数据的智能实时感知能力和"用户—信息空间—物质文化遗产—网络环境"涉及的人机物环境构建融合能力要求较高;将物质文化遗产在信息虚拟空间中进行完全数字化映射,便可得到虚拟文化遗产,也可称为数字孪生体,此模块主要应用在对遗产数字化建设的规划与设计、建设实施、具体工作流程等进行模拟仿真、评价、优化、分析、决策与预测以及对整个过程的实时监测、控制与预测。通过这一工作流程,数字孪生体为物质文化遗产的保护、传承提供了依据,面对开发中的各类突发状况,该模块有能力生成最优处理方案,该模块主要包括三方面,分别是:要素(主要由用户、物质文化遗产、信息空间、网络环境以及其他生产要素描述,是一种三维数字模型和虚拟仿真模型)、行为(主要包括对物质文化遗产数字化建设中的各类特点进行描述的行为模型)、规则(主要是数字化建设中各种模拟仿真、评价、优化、分析、决策、预测规则模型)。数字孪生平台的主体是物质文化遗产大数据,同时将各种数据、信息、服务、功能、业务及模块一体化,从而智能化管控整个建设过程,最终实现了有效统筹管理。上文所述的三部分在运

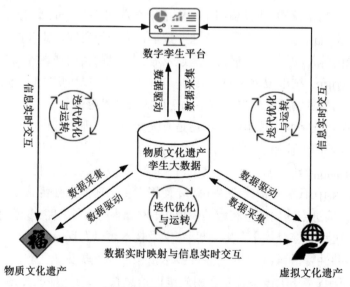

图 3.11　物质文化遗产数字化建设运行机制图

行时产生了大量数据,将这些数据与三者各自的数据进行整合,便得到了物质文化遗产孪生大数据,并成了整个体系能够正常运行及数据与信息进行相互交流的主要动力。数字孪生体系提供了一个全过程、全数据、全因素、全业务的数据融合共享平台,并在此基础上不断整合自身已有数据,使信息得到了扩展、更新,构成要素得到了良好的整合、相互交流与发展。

物质文化遗产除具有很高的历史价值、艺术价值以及社会价值以外,其材质、形态、尺寸、工艺等物理属性对于它们的保护、继承、发展及利用都至关重要。基于数字孪生的物质文化遗产数字化建设可以尽可能减少物质文化遗产物理实体所受到的破坏,科学有效地预测它们未来可能遇到的问题和情况,为现阶段物质文化遗产的保护、继承、开发、利用与发展提供一种全新的思路和手段。当然,基于数字孪生的物质文化遗产数字化建设的有关理论和应用研究尚处在初级阶段,仍存在不少有待探讨的问题,值得进行深入研究。

3.7　本章小结

本章首先介绍了无线信道的传输基础,重点介绍了数字通信系统模型以及两种无线信道。随后介绍了衰落信道的统计特性、平坦衰落、频率选择性衰落、多径衰落、衰落信道的系统模型和同步参数。进一步介绍了5G/6G时代通信系统特点和性能指标;然后介绍了现今几种新兴媒体及其传输信道的特点;最后对5G/6G的多种业务场景下的传输性能指标进行了总结。

参考文献

[1]樊昌信,曹丽娜.通信原理[M].北京:国防工业出版社,1980.

[2]李式巨,姚庆栋,赵民建.数字无线传输[M].北京:清华大学出版社,2007.

[3]梅尔,摩恩克雷,费尔特恩.数字通信接收机同步、信道估计和信号处理——衰落信道通信[M].北京:北京理工大学出版社,2018.

[4]周炯磐,庞沁华,续大我,等.通信原理[M].北京:北京邮电大学出版社,2005.

[5]GHOSH A, MAEDER A, BAKER M, et al. 5G evolution: a view on 5G cellular technology beyond 3GPP release 15[J].IEEE access,2019,7:127639-127651.

[6]DEEPENDER, MANOJ, SHRIVASTAVA U, et al. A study on 5G technology and its applications in telecommunications[C]//2021 International Conference on Computational Performance Evaluation(ComPE), Shillong, India, 2021:365-371.

[7]ANDREWS J G, BUZZI S, CHOI W, et al. What will 5G be? [J].IEEE journal on selected areas in communications,2014,32(6):1065-1082.

[8]SHEN F,SHI H,YANG Y. A comprehensive study of 5G and 6G networks[J].2021 International conference on wireless communications and smart grid(ICWCSG),2021:321-326.

[9]RODRIGUEZ J. The 5G Internet in fundamentals of 5G mobile networks[J]. Wiley, 2014:29-62.

[10]FAGBOHUN O. Comparative studies on 3G,4G and 5G wireless technology[J].IOSR journal of electronics and communication engineering, 2014,9:88-94.

［11］GIORDANI M，POLESE M，MEZZAVILLA M，et al. Toward 6G networks：use cases and technologies［J］. IEEE communications magazine，2020，58：55-61.

［12］GUPTA A，PANDEY O J，SHUKLA M，et al. Computational intelligence-based intrusion detection systems for wireless communication and pervasive computing networks［J］.IEEE international conference on computational intelligence and computing research，2013：1-7.

［13］VISWANATHAN H，MOGENSEN P E. Communications in the 6G era［J］. IEEE access，2020, 8：57063-57074.

［14］SAAD W，BENNIS M，CHEN M. A vision of 6G wireless systems：applications，trends，technologies，and open research problems［J］.IEEE network，2020,34（3）：134-142.

［15］WEIYING L. The 3D holographic projection technology based on three-dimensional computer graphics［J］.2012 international conference on audio，language and image processing，2012：403-406.

［16］袁晓志，彭莉，张琳峰.全息通信对未来网络的需求与挑战［J］.电信科学，2020,36（12）:59-64.

［17］PEDRINI G，GUSEV M，SCHEDIN S，et al. Pulsed digital holographic interferometry by using a flexible fiber endoscope［J］.Opt lasers engineering，2003,40（5/6）：487-499.

［18］GAZDZINSKI R，ROSEN L. Error-corrected wideband holographic communications apparatus and methods：U.S Patent Application 10/867,794［P］.2005-5-12.

［19］HUO Y，HELLGE C，WIEGAND T，et al. A tutorial and review on inter-layer FEC coded layered video streaming［J］. IEEE communications surveys tutorials，2nd Quar，2015，17（2）:1166-1207.

［20］HUFFMAN D A. A method for the construction of minimum redundancy codes［J］. Proceedings of the IRE，1952,40：1098-1101.

［21］ZIV J，LEMPEL A. A universal algorithm for sequentialdata compression［J］. IEEE transactions on information theory，1977，IT-23（3）:337-343.

［22］WELCH T A. A technique for high performance data compression［J］. IEEE computer，1984, 17（6）:8-19.

［23］BURROWS M，WHEELER D J. A block-sorting lossless data compression algorithm［J］. Digital systems research center tech，1994：124.

［24］FRAUEL Y，NAUGHTON T J，MATOBA O，et al. Three-dimensional imaging and processing using computational holographic imaging［J］. Proceedings of the IEEE，2006, 94（3）:636-653.

［25］TAKANO K，SATO K，ENDO T，et al. An elementary research on wireless transmission of holographic 3D moving pictures［J/OL］. Proceedings of SPIE，2009, 7358：338-348［2024-03-04］. http://dx.doi.org/10.1117/12.820575.

［26］LENOARDO R D，BIANCHI S. Hologram transmission through multimode optical fibers［J］. Optics express，2011, 19（1）:247-254.

［27］SATO K，TOZUKA M，TAKANO K，et al. Transmission of hologram data and 3D image reconstruction using white LED light[J/OL]. Proceedings of SPIE, 2012, 8281:68-73[2024-03-04].http://dx.doi.org/10.1117/12.907246.

[28]TOZUKA M,TAKANO K,SATO K,et al. Digital space transmission of an interference fringe-type computer-generated hologram using IrSimple[J]. Proceedings of ITU Kaleidoscope, 2013:1-6.

[29]SELINIS I,WANG N,DA B,et al. On the Internet-scale streaming of holographic-type content with assured user quality of experiences[C]//2020 IFIP Networking Conference(Networking), Pairs: IEEE, 2020:136-144.

[30]陈亮,余少华.三维显示业务对后5G/6G网络承载能力研究[J].光通信研究,2020, 03:1-7.

[31]XU X,PAN Y,LWIN P P M Y,LIANG X. 3D holographic display and its data transmission requirement[C]//2011 International Conference on Information Photonics and Optical Communications, Jurong West, Singapore: IEEE, 2011:1-4.

[32]LOH T H. Link Performance Evaluation of 5G mm-wave and LiFi Systems for the Transmission of Holographic 3D Display Data[C]//2019 13th European Conference on Antennas and Propagation(EuCAP), Krakow, Poland: IEEE, 2019:1-4.

[33]BHATTACHARYA P. Coalition of 6G and blockchain in AR/VR space: challenges and future directions[J]. IEEE Access, 2021, 9:168455-168484.

[34]NIGHTINGALE J,SALVA GARCIA P,CALERO J M A,et al. 5G-QoE: QoE modelling for Ultra-HD video streaming in 5G networks[J]. IEEE transactions on broadcasting, 2018, 64(2):621-634.

[35]HEY YE Y,XIU X. Manipulating ultra-high definition video traffic[J]. IEEE multimedia, 2015,22(3):73-81.

[36]王健,杨闯,闫宁宁.面向B5G和6G通信的数字孪生信道研究[J].电波科学学报, 2021,36(3):340-348.

[37]SHAFTO M, CONROY M, DOYLE R, et al. Modeling, simulation, information technology & processing roadmap[J]. National aeronautics and space administration, 2012, 32:1-38.

[38]GABOR T,BELZNER L,KIERMEIER M,et al. A simulation-based architecture for smart cyber-physical systems[C]//2016 IEEE International Conference on Autonomic Computing (ICAC). Wuerzburg, Germany: IEEE, 2016:374-379.

[39]CUNBO Z, LIU J,XIONG H. Digital twin-based smart production management and control framework for the complex product assembly shop-floor[J]. The international journal of advanced manufacturing technology, 2018, 96(1-4):1149-1163.

[40]GRIEVES M. Digital twin: manufacturing excellence through virtual factory replication [J]. Digital twin shop-floor: a new shop-floor paradigm towards smart manufacturing, 2017, 5: 20418-20427,

[41]VAN DEN BRAND M, CLEOPHAS L, GUNASEKARAN R, et al. Models meet data:

challenges to create virtual entities for digital twins[C]//2021 ACM/IEEE International Conference on Model Driven Engineering Languages and Systems Companion(MODELS-C), Fukuoka, Japan:2021:225-228.

[42]WU J, YANG Y, CHENG X, et al. The development of digital twin technology review [C]//2020 Chinese Automation Congress(CAC), Shanghai,China: 2020:4901-4906.

[43] DERAWI M, DALVEREN Y, CHEIKH F A. Internet-of-things-based smart transportation systems for safer roads[J]. 2020 IEEE 6th world forum on Internet of things(WF-IoT), 2020:1-4.

[44]FENG J.Technical change and development trend of automatic driving[J].2021 2nd international conference on computing and data science(CDS),2021:319-324.

4　无线传输技术

4.1　引言

在通信系统中,信源信号由于抗干扰能力差,不适合在传输信道上直接传输。所以,通常都是通过调制技术在单个载波信号中加载基带信号来传输。调制是把信源输出的信号变换成适合无线传输形式的技术。通信信道是时变信道,其多径、多普勒和阴影等效应会严重影响到信号传输的可靠性。因此,要想保证通信质量,就需要对信道进行相应的编码来检错和纠错。对于无线通信传输系统而言,信道估计是评价传输系统性能的一个关键指标。传统的信道估计方法主要有盲信道估计、半盲信道估计以及基于参考信号进行的信道估计。将均衡技术应用到通信系统过程中,对某些相关的码间干扰现象起到了防范作用。

本章主要对调制技术、信道编码技术以及信道估计和均衡技术进行了简要介绍。其中,4.2 节介绍了常见的调制技术,包括扩频调制、OFDM 调制、非正交多址调制及其他新型调制技术等;在 4.3 节对常见的信道编码技术进行了介绍,包括 Turbo 码、LDPC 码和 Polar 码;在4.4 节介绍了常见的信道估计和均衡技术。

4.2　调制技术

按调制信号的性质,调制方式可以分为模拟调制与数字调制两大类。模拟调制主要有调幅、调频和调相等。数字调制主要有振幅键控、移频键控、移相键控和差分移相键控等。除了以上常见的调制技术外,本节将重点介绍扩频调制、OFDM 调制、非正交多址调制以及其他新型调制技术。

4.2.1　扩频调制

1.扩频调制简介

扩展频谱调制技术,简称扩频调制[1]。待传输的信息用伪随机(PN)序列进行调制后,传输的频谱带宽远大于信息本身;在接收端,使用与发射端相同的伪随机序列进行解扩操作,恢复原始信号。

扩频通信以香农定理为理论依据,香农公式中推导了带宽与信噪比的关系式[2]:

$$C = B \log_2\left(1 + \frac{S}{N}\right) \tag{4.1}$$

其中，C 表示信道容量，单位是 b/s；B 表示信号频谱带宽，单位是 Hz；S 表示信号功率，N 代表噪声功率，单位均为 W。

在信噪比一定的条件下，采取特定的编码方式，能够降低差错概率，使得信号传输速率无限接近信道容量。当信噪比下降时，要想保持信道容量 C 不变，需要增加带宽[3]。扩频通信技术便是利用这一原理，凭借扩频序列达到扩展信号宽带的目的，从而在相同信噪比条件下换取更强的抗噪声干扰性能。

2.扩频技术分类

常用的扩频技术主要有三种，即直接序列扩频、跳频扩频和跳时扩频。

（1）直接序列（DS）扩频：在发射端，将要传输的信息通过 PN 序列扩展到高频段，在接收端，通过相应的序列解扩得到原始传输信号。由于 PN 序列与干扰信号无关，在接收端对信号进行扩频后，该频段内的干扰信号功率会增加一倍，即信噪比会提高，因此达到抗干扰的目的。结构如图 4.1 所示。

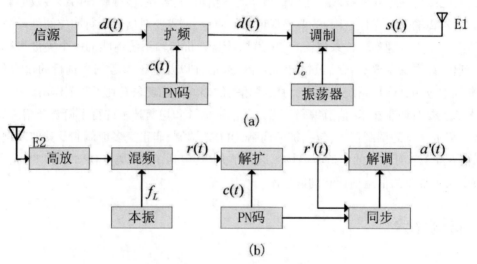

图 4.1　DS 扩频组成框图　（a）发射；（b）接收

（2）跳频（FH）扩频：由扩频序列完成频移键控，使载波频率不断跳跃。在接收端，使用与发送端相同的序列进行解扩，得到原始传输信号。结构如图 4.2 所示。

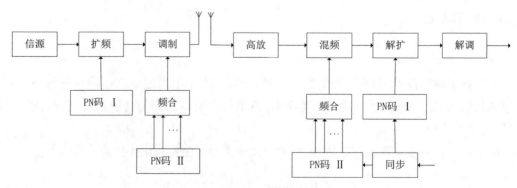

图 4.2　FH 扩频组成框图

（3）跳时（TH）扩频：通过扩频序列控制信号传输的时间和长度，将一个信号分成若干个时隙，由扩频序列选择时隙来传输信号。结构如图 4.3 所示。

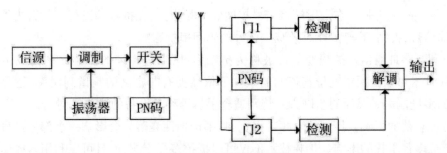

图 4.3 TH 扩频组成框图

（4）混合扩频：在实际应用当中，单一的扩频方式往往难以达到复杂环境的性能要求，因此，常常通过结合至少两种以上的扩频方式来适应不同环境中的特殊扩频要求。较常用的混合扩频方式有 FH/DS、TH/DS、FH/TH 等。结构如图 4.4 所示。

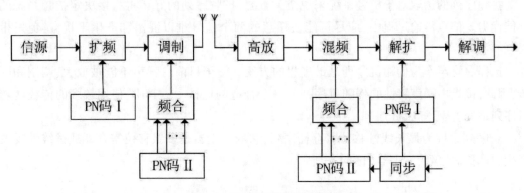

图 4.4 FH/DS 扩频组成框图

扩频技术具有良好的抗干扰性能，跳频系统多用于军事通信以抵抗多频干扰等故意的干扰，直扩系统多用于民用系统。三种扩频技术的优缺点在表 4.1 中进行了比较。

表 4.1 三种扩频技术的性能比较

扩频方式	优点	缺点
DS	* 通信隐蔽性好 * 信号易产生，易实现数字加密 * 1—100MHz	* 同步要求严格 * "远近"特性不好
FH	* 可实现非常宽的通信带宽 * 有良好的"远近"特性 * 快跳可避免瞄准干扰 * 模拟或数字调制灵活性大	* 快跳时设备复杂 * 多址时对脉冲波形要求高 * 慢跳隐蔽性差，快跳频率合成器难做
TH	* 与 TDMA 自然衔接，各路信号按时隙排列 * 良好的"远近"特性 * 数字、模拟兼容	* 需要高峰值功率 * 需要准确的时间同步 * 对连续波干扰无抵抗能力

3.扩频技术特点

扩频通信技术主要具有如下特点[4]：

（1）抗干扰能力强。在发射端将信号扩展到宽频带上，在接收端进行相关解扩处理恢复原始传输信号，提高信噪比，能有效减少信号的码间串扰影响。

（2）利于多址通信。扩频通信又被称为扩频多址，通过不同的扩频序列构成不同的网络。扩频技术可在占用很宽带宽资源的条件下依然拥有非常高的频谱利用率，还要得益于其强大的多址能力。灵活的组网方式特别适合手机等移动设备的快速入网。

（3）抗衰落的影响。扩频信号频带很宽，频率选择性衰落只会影响一小部分信号。

（4）抗多径干扰的影响。扩频技术不仅可以抵抗多径干扰，而且可以利用多径信号的能量来优化传输性能。

（5）保密性好。扩频信号的频谱密度较低，与噪声十分类似，很难被第三方拦截和获取有用参数，从而确保了通信的安全保密。

4.常见扩频序列

扩频序列的选取对于扩频系统来说至关重要，扩频序列的好坏将直接决定扩频系统的性能优劣。信息传输过程中，应尽可能使任意的两个信号难以混淆和产生干扰，避免发生误判。

选择白噪声作为伪随机序列是最理想的方案。由于目前白噪声不能被放大、调制和同步，因此，接近白噪声特性的伪随机序列是一个合适的选择[5]。其中，使用较多的传统伪随机序列是 m 序列和 Gold 序列。

m 序列也称为最长线性移位寄存器序列，它的发生器是多级移位寄存器通过线性反馈产生的最长码序列，发生器如图 4.5 所示。

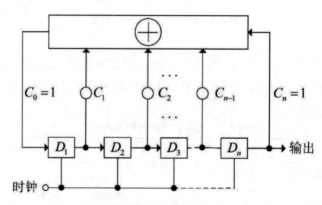

图 4.5 n 级简单型移位寄存器 m 序列发生器

图中 c_i 为反馈系数，当 $c_i = 1$ 时表示参加反馈，等于 0 时表示不参加反馈。除了 c_0 和 c_n 必定为 1 外，其余反馈系数可为 1 或 0 中的任意值。线性反馈移位寄存器的反馈系数设置对 m 序列的生产有很大影响，其对应的特征多项式可以表示为：

$$f(x) = c + c_1 x + c_2 x^2 + \cdots + c_{n-1} x^{n-1} + c_n x^n = \sum_{i=0}^{n} c_i x^i \tag{4.2}$$

当上式中反馈系数确定后,m 序列发生器所产生的 m 序列也就被唯一确定了。m 序列以 $N = 2^n - 1$ 为周期。

m 序列作为一种最为常用的伪随机扩频序列具有如下特性[6]:

(1)随机性:包括序列平衡、游程平衡和移位相加性。

(2)周期性:周期为 $P = 2^n - 1$,n 为线性反馈移位寄存器的级数。

(3)自相关性:自相关性描述了 m 序列与其自身逐位移位后序列的相似性。如果给定周期为 N 的 m 序列 $\{a_k\}$ 与移位后的 m 序列 $\{a_{k-\tau}\}$,二者的自相关性可用如下函数表示:

$$R(\tau) = \sum_{k=1}^{N} a_k a_{k-\tau} \tag{4.3}$$

互相关性表示两个不同序列的相似性。给定周期为 P 的两个 m 序列,它们的互相关性可表示为:

$$R_{a,b}(\tau) = A - D \tag{4.4}$$

其中,A 表示两序列中对应位置的值相同的个数,D 表示两序列对应位置不同的个数。

如果采用 m 序列作为地址码,为减少不同地址码间的相互影响,应尽可能选取互相关值小的 m 序列,从而增强系统抗干扰性能。在实际应用中,应选取长周期的 m 序列进行扩频,互相关值相对更小[7]。

Gold 序列除了具有 m 序列随机性好、周期长以及隐蔽性好等优点外,Gold 序列的数量也远远多于 m 序列,更适合作地址码。Gold 序列由 m 序列优选对构成。m 序列优选对是两个互相关函数最大值的绝对值小于 $|R_{a,b}(\tau)|_{\max}$ 的 m 序列。给定属于同一 m 序列集中的序列 $\{a\}$ 与 $\{b\}$,它们对应的本原多项式为 $f_1(x)$ 与 $f_2(x)$。如果其互相关函数 $R_{a,b}(\tau)$ 满足如下不等式:

$$|R_{a,b}(\tau)| \leqslant \begin{cases} 2^{\frac{k+1}{2}} + 1, k \text{ 为奇数} \\ 2^{\frac{k+2}{2}} + 1, k \text{ 为不被 4 整除偶数} \end{cases} \tag{4.5}$$

则序列 $\{a\}$ 与 $\{b\}$ 就组成一对 m 序列优选对。

Gold 序列由 2n 级线性移位寄存器串联构成或由两个 n 级移位寄存器并联组成。Gold 序列簇中任意两个序列都满足式(4.5),Gold 序列簇中所有序列均可作地址码,在多址技术当中有着更为广泛的应用[8]。在表 4.2 中,比较了 m 序列与 Gold 序列的地址码数量。

表 4.2 m 序列与 Gold 序列数量比较

寄存器级数 n	5	7	10
m 序列数量	6	18	60
优选对数量	12	90	330
Gold 序列数量	396	11 610	338 250

Golay 提出了互补序列的概念[9][10],Golay 将这种符合一定规律、满足自相关特性的二

进制序列称为互补序列,并且给出了互补序列的特性。直到 20 世纪 80 年代,N. Suehiro 对互补序列进行了更进一步的研究,提出了完全互补序列[11]的概念。

由于互补序列是由其相关函数的性质来定义的,所以给定两个长度均为 N 的复值序列 $a = \{a_1, a_2, \cdots, a_N\}$ 与 $b = \{b_1, b_2, \cdots, b_N\}$,其中的 a 和 b 均为二进制码。当 a 中相同元素的对数与 b 中不同元素的对数相等时, a 与 b 就是一组互补序列。此时,这一组互补码的部分互相关函数满足:

$$R_{a,b}(\tau) = 2N\delta_{a,b}(\tau), \tau = 0, 1, 2, \cdots, N - 1 \tag{4.6}$$

其中, $\delta(\tau)$ 表示克罗内克函数(Kronecker 函数)。

上文已经给出了一组互补序列的定义,实际上,互补序列总是按簇存在的,从而形成互补序列集。如给定序列集 $A = \{a_m\}$ $(1 \leq m \leq M)$,提供序列集包含 M 个长度为 N 的子序列,则互补序列集 A 的自相关函数是所有子序列自相关函数之和 $R(a, a, \tau)$,可表示为:

$$R(a, a, \tau) = \sum_{m=1}^{M} R(a_m, a_m, \tau) = \begin{cases} MN, \tau = 0 \\ 0 \quad , \tau \neq 0 \end{cases} \tag{4.7}$$

互补序列的性质可以总结为以下几点:

(1)序列 a 和 b 相互构成一组互补序列时,二者具有相同的长度。

(2)一组互补序列集中包含的子码个数为偶数。

(3)给定互补序列 $A = \{a_m\}$ $(1 \leq m \leq M)$,则 $A^0 = \{a_m^0\}$ $(1 \leq m \leq M)$ 与 $A^e = \{a_m^e\}$ $(1 \leq m \leq M)$ 均为互补序列。

(4)给定序列 $a = \{a_1, a_2, \cdots, a_N\}$,则其倒序序列定义为 $\tilde{a} = \{a_N, a_{N-1}, \cdots, a_1\}$,取反序列定义为 $-a = \{-a_1, -a_2, \cdots, -a_N\}$,奇序列 $a^0 = \{a_1, a_3, \cdots, a_N\}$,偶序列 $a^e = \{a_2, a_4, \cdots, a_N\}$,偶数位取反序列 $a^{-e} = \{-a_2, -a_4, \cdots, -a_N\}$ 。若序列 a 与 b 构成一组互补序列,则 $\tilde{a}$ 与 a , $\tilde{a}$ 与 $\tilde{b}$, a 与 $\tilde{b}$,$-a$ 与 a ,a 与 $-b$,$-a$ 与 $-b$, a^{-e} 与 b^{-e} 也构成互补序列。

图 4.6 是基于完全互补序列对系统误码率性能进行扩频的曲线图。以用户数为变量,仿真出 1、3、7 用户情形下两个扩频系统的误码率曲线。在完全互补序列扩频系统中,虽然用户数量发生变化,但是三条不同用户数条件下仿真的误码率曲线却近乎重叠,说明系统的误码率性能也并未发生明显恶化,这正是得益于完全互补序列卓越的互相关特性,完全互补序列扩频也拥有相对更低的误码率。

图 4.7 和图 4.8 的仿真结果图分别直观地比较了 m 序列、Gold 序列以及完全互补序列在用户数为 1、3、7 条件下误码率性能表现。可以发现,当系统中有 3 个用户在传输数据时,完全互补

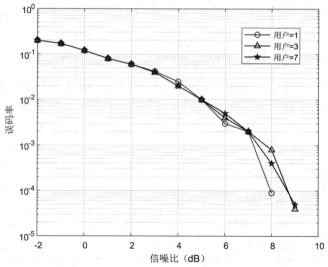

图 4.6 基于 CC-S 扩频 SISO 系统误码率仿真曲线

序列相较于另外两种传统的扩频序列拥有更低的误码率性能,不过性能差距并不大。当系统用户数增加到7时,完全互补序列相比于传统扩频序列的优势显而易见,尤其是信噪比为9以后时,性能领先幅度在两个数量级以上。通过上述一系列仿真比较,我们可以得出较为可靠的结论:完全互补序列作为扩频序列降低误码率的性能优势将随着用户数量的增加而体现得愈加明显。

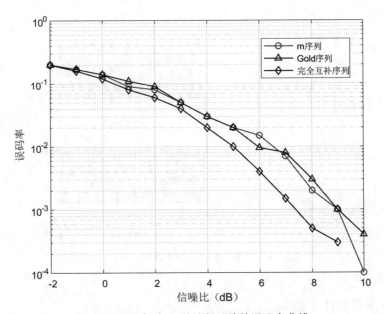

图 4.7 3 用户时,三种扩频系统的误码率曲线

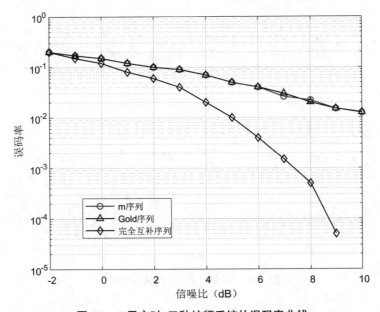

图 4.8 7 用户时,三种扩频系统的误码率曲线

4.2.2 OFDM 调制

正交频分复用技术[12]将信道划分为多个正交子信道,将高速数据信号转换成并行的低速子数据流,调制到在每个子信道上进行传输,通过频分复用实现高速串行数据的并行传输,支持多用户接入。多载波调制原理如图 4.9 所示[13]。

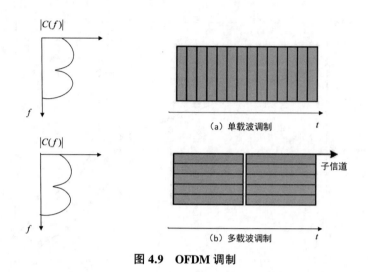

图 4.9　OFDM 调制

1.OFDM 系统设计

OFDM 系统的收发信机原理框图如图 4.10 所示。

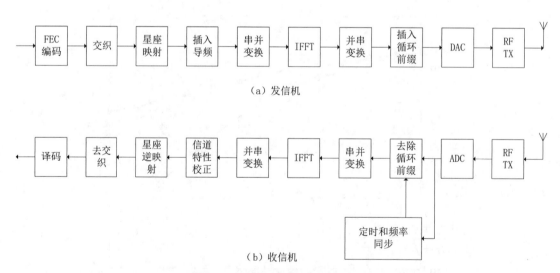

图 4.10　OFDM 收发信机的结构图

在发送端,对二进制数据进行纠错编码、交织并将其映射到 QAM 星座,从而获得一个 QAM 复数符号序列,N 个并行 QAM 符号 $\{A_i\}$ 经过串并变换后符号周期为 T_s。在每个 T_s 周期内,此 N 个并行的 $\{A_i\}$ 经过 IFFT,将 OFDM 复包络的频域样值变换为时域样值 $\{a_m\}$,

再进行并串变换,将并行的时域样值变换为按时间顺序排列的串行时域样值,然后在每个 OFDM 符号之前插入前缀。通过 D/A 变换后,离散时间复数包络变换为连续时间复数包络。然后,复包络的实部和虚部通过正交调制器得到 OFDM 信号,基带信号通过上变频传输到射频,再经过功率放大后传输。

在接收端,将接收到的数据进行与发送端相反的操作,从而将原始传输数据恢复,如图 4.10(b)所示。

2.OFDM 信号的生成

假设一个 OFDM 系统包含的子信道个数为 N,且每个子信道的子载波可表示为:

$$x_k(t) = B_k \cos(2\pi f_k t + \varphi_k) \quad k = 0, 1, \cdots, N-1 \tag{4.8}$$

式中, B_k 为第 k 路子载波的振幅,受基带码元的调制; f_k 为第 k 路子载波的频率; φ_k 为第 k 路子载波的初始相位,则此系统中的 N 路子信号之和可以表示为:

$$e(t) = \sum_{k=0}^{N-1} x_k(t) = \sum_{k=0}^{N-1} B_k \cos(2\pi f_k t + \varphi_k) \tag{4.9}$$

式(4.9)还可以写成复数形式,表示为:

$$e(t) = \sum_{k=0}^{N-1} B_k e^{j(2\pi f_k t + \varphi_k)} \tag{4.10}$$

式中, B_k 是一个复数,为第 k 路子信道中的复输入数据。

在子载波满足正交条件时,接收时才能将 N 个通道信号完全分离。任意两个子载波在符号持续时间 T_B 内正交的条件是:

$$\int_0^{T_B} \cos(2\pi f_k t + \varphi_k) \cos(2\pi f_i t + \varphi_i) \, \mathrm{d}t = 0 \tag{4.11}$$

对式(4.11)利用三角公式进行改写:

$$\int_0^{T_B} \cos(2\pi f_k t + \varphi_k) \cos(2\pi f_i t + \varphi_i) \, \mathrm{d}t$$
$$= \frac{1}{2} \int_0^{T_B} \cos\left[2\pi(f_k - f_i)t + \varphi_k - \varphi_i\right] \mathrm{d}t + \tag{4.12}$$
$$\frac{1}{2} \int_0^{T_B} \cos\left[2\pi(f_k - f_i)t + \varphi_k + \varphi_i\right] \mathrm{d}t = 0$$

积分结果为:

$$\frac{\sin\left[2\pi(f_k + f_i)T_B + \varphi_k + \varphi_i\right]}{2\pi(f_k + f_i)} + \frac{\sin\left[2\pi(f_k - f_i)T_B + \varphi_k - \varphi_i\right]}{2\pi(f_k - f_i)} -$$
$$\frac{\sin(\varphi_k + \varphi_i)}{2\pi(f_k + f_i)} - \frac{\sin(\varphi_k - \varphi_i)}{2\pi(f_k - f_i)} = 0 \tag{4.13}$$

式(4.13)等于 0 的条件是:

$$\begin{aligned} (f_k + f_i)T_B &= m, \\ (f_k - f_i)T_B &= n \end{aligned} \tag{4.14}$$

式中 m、n 均为整数,且 φ_k 和 φ_i 可取任意值。

由式(4.14)推导可得:

$$f_k = (m + n) / 2T_B,$$
$$f_i = (m - n) / 2T_B,$$

(4.15)

即要求子载波满足：

$$f_k = k/2T_B$$

(4.16)

其中, k 为整数。

且要求子载波间隔：

$$\Delta f = f_k - f_i = n/T_B$$

(4.17)

故要求最小子载波间隔为：

$$\Delta f_{min} = 1/T_B$$

(4.18)

假设子载波的频率为 f_k 、码元持续时间为 T_B ,则此子载波的波形和频谱密度如图 4.11 所示。

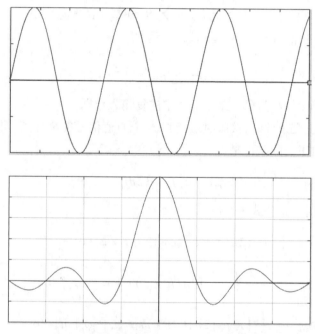

图 4.11　子载波码元波形(上)和频谱(下)

在 OFDM 中,各相邻子载波的频率间隔等于最小容许间隔：

$$\Delta f = 1/T_B$$

(4.19)

图 4.12 为合成后各子载波的频谱密度曲线。子载波经过 BPSK、QPSK、4QAM、64QAM 等调制,只有频谱的幅度和相位会发生变化,位置和形状不会发生变化,所以正交性会继续保持。每个子载波根据频段的信道特征对调制方式有着多种选择,还可以随信道特征的变化而做出相应改变,灵活性大大提高。

假设 OFDM 系统有 N 路子载波,子信道符号时长为 T_B ,每个子载波采用 M 进制的调制,其占用的带宽为：

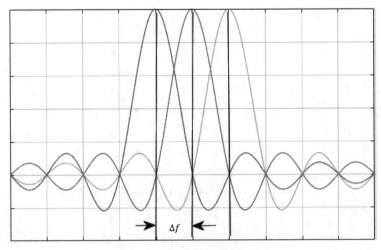

图 4.12　多路子载波频谱的模型

$$B_{OFDM} = \frac{N+1}{T_B} \quad (\text{Hz}) \tag{4.20}$$

频带利用率为单位带宽传输的比特率：

$$\eta_{b/OFDM} = \frac{N \log_2 M}{T_B} \cdot \frac{1}{B_{OFDM}} = \frac{N}{N+1} \log_2 M \quad (\text{b}/(\text{s} \cdot \text{Hz})) \tag{4.21}$$

当 N 很大时，有：

$$\eta_{b/OFDM} \approx \log_2 M \quad (\text{b}/(\text{s} \cdot \text{Hz})) \tag{4.22}$$

如果使用单载波 M 进制码元传输，为了得到相同的传输速率，码元持续时间应缩短为 T_B/N，占用带宽等于 $2N/T_B$，因此频带利用率为：

$$\eta_{b/OFDM} = \frac{N \log_2 M}{T_B} \cdot \frac{T_B}{2N} = \frac{1}{2} \log_2 M \quad (\text{b}/(\text{s} \cdot \text{Hz})) \tag{4.23}$$

比较式（4.22）和式（4.23）可见，并行的 OFDM 频带利用率大约是串行的两倍。

3.OFDM 多载波调制

（1）BPSK-OFDM

在图 4.13 中，R_b 为数据流信息，$T_b = 1/R_b$ 为符号间隔。经过串并变换器变换为 N 个并行的子数据流，子数据流的符号速率为 $\dfrac{R_b}{N}$，符号间隔是 $T_s = NT_b$。每个子数据流分别对各自的子载波进行 BPSK 调制。各子载波的频率为 $f_k = f_c + k\Delta f$，$k = 0,1,\ldots,N-1$，子载波间隔为 $\Delta f = \dfrac{1}{T_s} = \dfrac{R_b}{N}$。此 N 个 BPSK 信号同时发送[14]。当 N 足够大时，各子载波已调信号近似经历平衰落。

图 4.14 是对应图 4.13（a）的接收框图。由于发送的是 N 个 BPSK 信号，所以接收端需要使用 N 个对应的 BPSK 解调器进行解调。各个子 BPSK 信号的载波构成一组基函数 $\{g(t)\cos(2\pi f_k t), k = 0,1,\cdots,N-1\}$，其中 $f_k = f_c + k\Delta f$。若 $g(t)$ 是 $[0,T_s]$ 内的矩形脉冲，

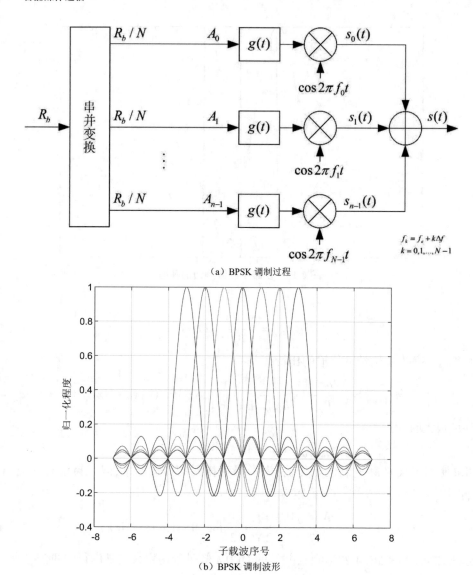

（a）BPSK 调制过程

（b）BPSK 调制波形

图 4.13　产生 BPSK-OFDM 信号的原理框图

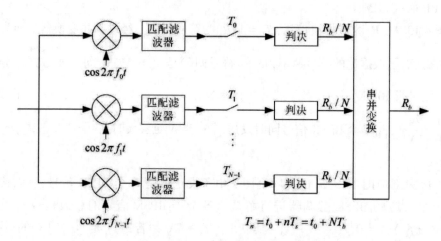

图 4.14　BPSK-OFDM 信号的接收框图

载频间隔 $\Delta f = \dfrac{1}{T_s}$ 可以保证脉冲的正交性。正交性使得图 4.15 中每个 BPSK 解调分支互不干扰。因此,从发射到接收,整个 BPSK-OFDM 系统相当于 N 个独立的 BPSK 系统。

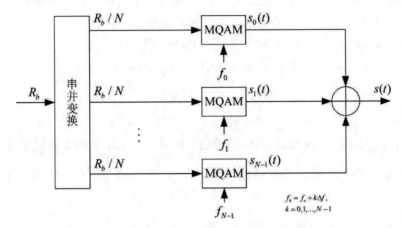

图 4.15　产生 QAM-OFDM 信号的原理框图

OFDM 系统一般采用矩形脉冲成型,可以保证子载波信号的正交性,而不会产生子载波间的干扰。矩形脉冲形成的子载波频谱是一个正弦函数,如图 4.13(b)所示。

从仿真图 4.16 中可以看出,在信噪比不是很大时,BPSK-OFDM 的仿真误码率都与理论误码率接近,都能很好地反映其误码率性能。

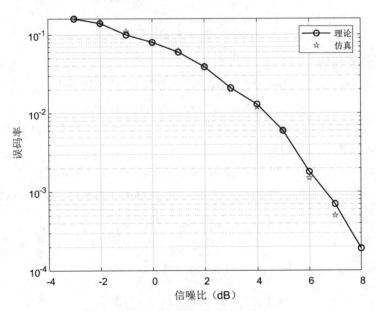

图 4.16　BPSK 误码率性能仿真

（2）QAM-OFDM

当子载波采用 MQAM 调制时[15],OFDM 信号的产生原理如图 4.15 所示。将速率为 R_b

的二进制数据转换成 N 路速率为 R_b/N 的子数据流，每个子数据流通过各自的子载波进行 MQAM 调制，每个子载波上的符号率为 $R_s = \dfrac{R_b}{N \log_2 M}$，子载波间隔是 $\Delta f = \dfrac{1}{T_s} = R_s$。由于各个子载波正交，所以接收端也可以仿照图 4.15，用一组 N 个并行的解调器来解调。系统相当于 N 个独立的 MQAM 系统，每个子系统分担 $1/N$ 的信源数据。

在 $[0, T_s]$ 时间内，第 i 个子载波上已调的 QAM 信号可以表示为：

$$s_k(t) = A_{k_c} g(t) \cos(2\pi f_k t) - A_{k_s} g(t) \sin(2\pi f_k t)$$
$$= \mathrm{Re}\{ [A_{k_c} + jA_{k_s}] g(t)\, e^{j2\pi f_k t} \} \tag{4.24}$$
$$= \mathrm{Re}\{ A_k g(t)\, e^{j2\pi f_k t} \}$$

其中，$A_k = A_{k_c} + jA_{k_s}$ 是发送的 QAM 符号的星座点，A_{k_c}、A_{k_s} 分别是其同相分量和正交分量。$f_k = f_c + k\Delta f = f_c + \dfrac{k}{T_s}$ 是第 i 路的载波频率，$k = 0, 1, \ldots, N-1$。$g(t)$ 是脉冲成型滤波器的冲激响应。

总的 OFDM 信号可以表示为：

$$s_k(t) = \sum_{k=0}^{N-1} s_k(t)$$
$$= \mathrm{Re}\left\{ \left[\sum_{k=0}^{N-1} A_k g(t)\, e^{j2\pi k\Delta f t} \right] e^{j2\pi f_c t} \right\} \tag{4.25}$$
$$= \mathrm{Re}\{ a(t)\, e^{j2\pi f_c t} \}$$

其中，

$$a(t) = \sum_{k=0}^{N-1} A_k g(t)\, e^{j2\pi k\Delta f t} \tag{4.26}$$

是 OFDM 信号的复包络。

若令 $I(t) = \mathrm{Re}\{a(t)\}$，$Q(t) = \mathrm{Im}\{a(t)\}$，则式（4.25）可表示为：

$$s(t) = I(t) \cos(2\pi f_c t) - Q(t) \sin(2\pi f_c t) \tag{4.27}$$

因此，也可以先得到复包络 $a(t)$，再通过 I/Q 正交调制来得到 OFDM 信号，如图 4.17 所示。接收端的处理则是相应的逆处理。

由式（4.24）可见，对于二维调制，I 路和 Q 路这两个载波可以表示为一个复数载波 $e^{j2\pi f_i t}$。对于任意两个复载波 $c_n = g(t)\, e^{j2\pi f_n t}$ 和 $c_m = g(t)\, e^{j2\pi f_m t}$，假设 $g(t)$ 为矩形脉冲，则有：

$$\int_0^{T_s} c_n(t)\, c_m^*(t)\, \mathrm{d}t = \int_0^{T_s} e^{j2\pi f_n t} \cdot e^{-j2\pi f_m t} \mathrm{d}t = \int_0^{T_s} e^{j2\pi (f_n - f_m)\, t} \mathrm{d}t$$
$$= \frac{e^{j2\pi (f_n - f_m)\, T_s} - 1}{j2\pi (f_n - f_m)} \tag{4.28}$$
$$= T_s e^{j\pi (f_n - f_m)\, T_s} \mathrm{sinc}\,[(f_n - f_m)\, T_s]$$

由此可知，使 $c_n(t)$ 和 $c_m(t)$ 保持正交的最小间隔是 $|f_n - f_m| = \dfrac{1}{T_s}$。OFDM 的子载波一般采用 QPSK、MQAM 等二维调制，因此，载波间隔为 $\dfrac{1}{T_s}$。从仿真图 4.18 中可以看出，在信

噪比不是很大时,16QAM-OFDM 的仿真误码率都与理论误码率相接近,都能很好地反映其误码率性能。

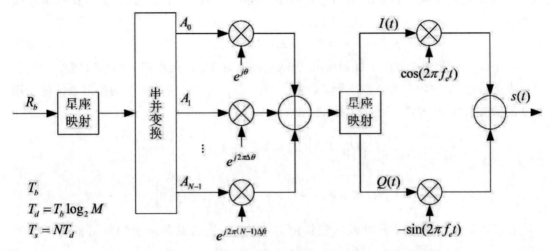

图 4.17 先产生 OFDM 的复包络,再通过正交调制得到 OFDM 信号

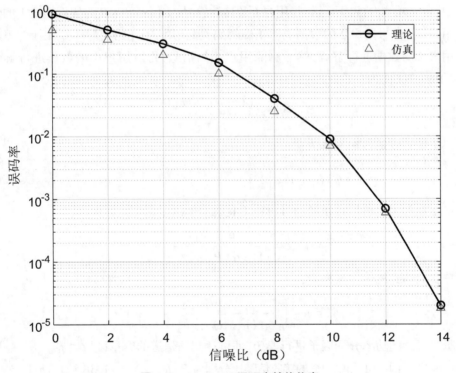

图 4.18 16-QAM 误码率性能仿真

4.2.3 非正交多址调制

新型多址技术是未来移动通信系统物理层的一项关键候选技术,通过信号在发送端的

叠加传输[16]，逼近上下行多用户信道容量边界。

蜂窝移动通信系统的下行信道由基站向多个终端同时发送独立的数据流。以两用户接收的加性高斯白噪声（Additive White Gaussian Noise，AWGN）信道为例，基带接收信号模型为：

$$y_k = h_k x + n_k, \quad k = 1, 2 \tag{4.29}$$

式中，n 为用户 k 受到的干扰和噪声，服从复高斯分布，y_k 是用户 k 的接收信号，x 是基站的发射信号，平均功率满足 $E\{|x|^2\} \leq P$。假设 $|h_2| < |h_1|$，用户 1 的信道条件优于用户 2 的信道条件，其容量区域可以表示为：

$$C_{BC} = \bigcup_{\{\alpha; 0 \leq \alpha \leq 1\}} \left\{ (R_1, R_2) \,\middle|\, R_1 \leq \log_2\left(1 + \frac{(1 - \alpha) P |h_1|^2}{N_0}\right), \right.$$
$$\left. R_2 \leq \log_2\left(1 + \frac{\alpha P |h_2|^2}{(1 - \alpha) P |h_2|^2 + N_0}\right) \right\} \tag{4.30}$$

在发送端采用叠加编码可以达到信道容量边界，叠加编码传输的发射信号可以表示为：

$$x = \sqrt{1 - \alpha} x_1 + \sqrt{\alpha} x_2 \tag{4.31}$$

式中，α 是功率分配因子，x_k 是用户 k 的传输符号，$E\{|x|^2\} = P$。假设用户 1 的信道条件优于用户 2。如果用户 2 的数据能够正确解码，那么用户 1 也能够解码。因此，用户 1 需要先对用户 2 的数据进行解码，然后删除用户 2 的信号，再对用户 1 的数据进行解码。因此，用户 1 的信噪比为：

$$SINR = \frac{(1 - \alpha) P |h_1|^2}{N_0} \tag{4.32}$$

用户 1 能达到的传输速率为：

$$R_1 = \log_2\left(1 + \frac{(1 - \alpha) P |h_1|^2}{N_0}\right) \tag{4.33}$$

用户 2 在解码时将用户 1 的信号看作干扰，其 SINR 为：

$$SINR = \frac{\alpha P |h_2|^2}{(1 - \alpha) P |h_2|^2 + N_0} \tag{4.34}$$

用户 2 能达到的传输速率为：

$$R_2 = \log_2\left(1 + \frac{\alpha P |h_2|^2}{(1 - \alpha) P |h_2|^2 + N_0}\right) \tag{4.35}$$

对所有可能的功率分配因子进行遍历，即可达到该信道的容量区域边界。

图 4.19 中，当用户 1 和用户 2 的接收信噪比分别为 $P|h_1|^2/N_0 = 10\text{dB}$ 和 $P|h_2|^2/N_0 = 0\text{dB}$ 时，给出了正交和非正交的传输容量。如图 4.19 所示，在下行高斯信道中，除了两个速率端点外，非正交的传输性能优于正交传输。

上行多址接入信道的基本特点是多点发送、单点接收，且不同用户的信号所经过的无线信道不同。以两用户接收的 AWGN 信道为例，其基带接收信号模型为：

$$y = x_1 + x_2 + w \tag{4.36}$$

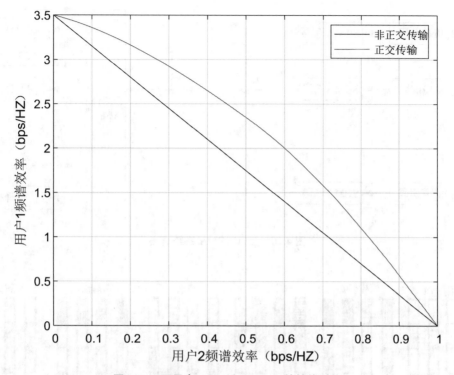

图 4.19 两用户 OMA 和 NOMA 的性能对比

式中，w 为接收端收到的干扰和噪声，服从复高斯分布，y 是基站的接收信号，x_k 是终端 k 的信号，平均功率满足 $E\{|x|^2\} \leqslant P$。

NOMA 通过信号的叠加传输提高了系统的接入能力，可以满足通信网络中数亿设备的连接需求[17-19]。由于资源的非正交叠加，NOMA 相对 OMA 来说有更高的过载率[20]，可以提高系统吞吐量，满足未来 6G 海量连接和高频谱效率的需求[21]。常见的 NOMA 技术包括稀疏码分多址接入(Sparse Code Multiple Access，SCMA)技术、多用户共享多址接入(Multi-User Shared Access，MUSA)技术和图样分割多址(Pattern Division Multiple Access，PDMA)技术[22]等。

1.稀疏码分多址

稀疏码分多址是一种基于稀疏码本的新型 NOMA 技术。通过稀疏码域扩展和非正交叠加，SCMA 可以在资源数相同的情况下给更多用户传递信息，增加系统的吞吐量。

SCMA 的系统框图如图 4.20 所示[23]。SCMA 每个用户的数据对应一个或多个层。每个数据层都有一个预定义的 SCMA 码本，其中包含由多维调制符号组成的多个 SCMA 码字。同一码本中的码字具有相同的稀疏模式。

图 4.21 展示了比特到码字的映射过程。其中，每个数据层对应一个码本，每个码本包含 4 个长度为 4 的码字。在映射过程中，根据比特对应的编号选择码字，不同数据层的码字直接叠加。

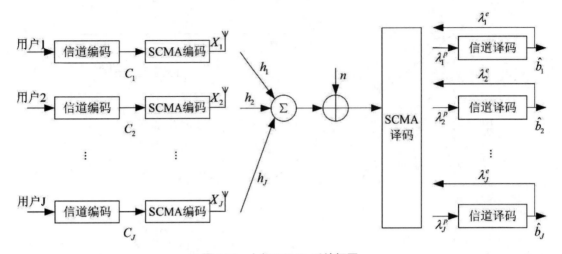

图 4.20　上行 SCMA 系统框图

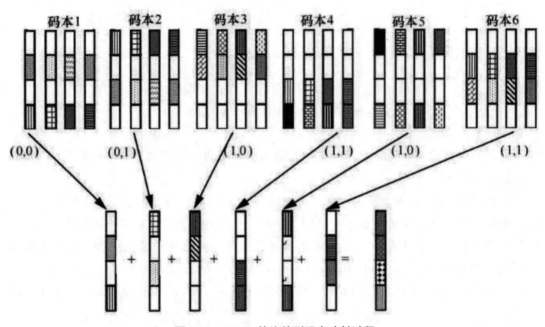

图 4.21　SCMA 的比特到码字映射过程

SCMA 接收端模型如图 4.22 所示。在接收端检测时,每个资源块上会有多个用户的叠加干扰,在传输的过程中还会存在噪声干扰,所以在接收端无法直接得到每个用户发送的码字。在接收端可以知道每个用户分配的码本,因此,可以通过多用户检测算法从接收信号中恢复出原始信息。最优的检测算法 MAP 将通过最大后验概率 $P(x|y)$ 来估计码字 $\hat{x}$,其可以表示为:

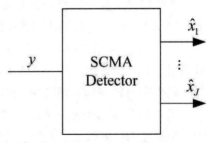

图 4.22　SCMA 接收端模型

$$\hat{x} = \mathrm{argmax} P(x|y) \tag{4.37}$$

由于 SCMA 码本具有稀疏性,在接收端可以使用 MPA 检测算法来替代最优的 MAP 检测,其误码性能基本与 MAP 算法接近,但其计算复杂度从 $O(M^J)$ 降低到 $O(M^{d_r})$ 。

图 4.23 给出了接收端检测多次迭代后 BLER 的性能,IDD 表示迭代次数。从图中可以看出,在迭代次数为 3 的时候,BLER 基本达到收敛状态。

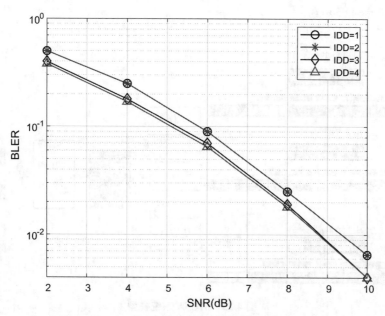

图 4.23 过载率 150%时不同迭代次数的 BLER 性能

图 4.24 展示了不同传输方案下的 BLER 性能仿真。从图中可以看出,当 BLER = 10^{-2} 时,相对 LDS 和 OFDMA 方案,SCMA 可以分别获得 0.3dB 和 1.8dB 左右的增益。

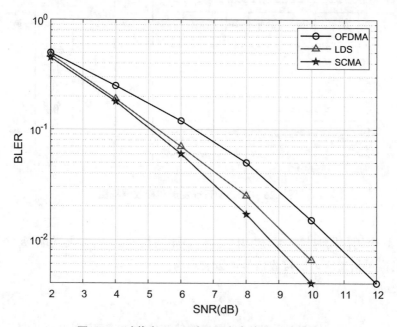

图 4.24 过载率 150%时不同方案的 BLER 性能

2.多用户共享多址

MUSA 是一种基于复数域多元序列的新型 NOMA 技术,图 4.25 展示了其模型。发送端每个接入用户均从复域的一组多元序列中进行随机选择,得到一个序列作为扩展序列,扩展其调制符号,并在同样时频资源下进行发送;最终利用 SIC 多用户检测技术,接收机实现对用户数据的解调和分离[24]。

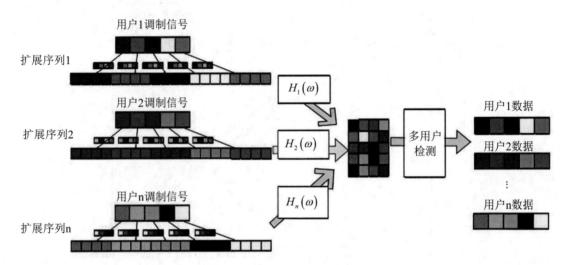

图 4.25 MUSA 系统模型

图 4.26 给出了 MUSA 的发送和接收端的结构框图。

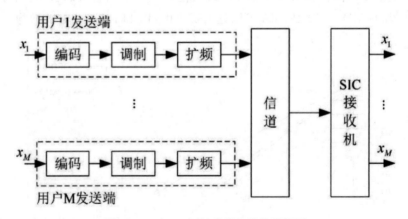

图 4.26 MUSA 系统发送和接收端框图

假设有 M 个用户同时接入系统,用户的扩展序列长度为 N,在发送端,每个用户随机选取扩展序列,经过信道之后的接收信号可以表示为:

$$y = \sum_{m=1}^{M} g_m s_m x_m + n \tag{4.38}$$

其中,g_m、s_m 和 x_m 分别表示第 m 个用户的信道增益、扩频序列以及调制符号,n 是平均值为0、方差为 σ^2 的加性高斯白噪声。

MUSA系统的干扰包括多址干扰(Multiple Access Interference, MAI)、多径干扰和噪声等。为了更好地恢复用户的发送数据,MUSA采用基于MMSE的SIC接收机进行多用户检测,因此接收信号表示为:

$$y = Hx + n \tag{4.39}$$

其中, $y = (y_1, y_2, \cdots, y_N)^H$, H 是由用户信道增益和扩展序列组成的等效的信道矩阵, $x = (x_1, x_2, \cdots, x_N)^H$, $n = (n_1, n_2, \cdots, n_N)^H$, $(\cdot)^H$ 表示的是Hermitian矩阵, x 为发送信号。

图4.27显示了不同码长下的MUSA在AWGN通道场景下的用户过载性能。假设有一个发射天线和一个接收天线。从图中可以看出,当扩展序列的长度大于16时,不同扩展码的用户过载性能基本相同;当扩展序列的长度小于16时,使用复杂扩展码,特别是三级复杂扩展码,相对于二进制PN序列可以获得较大的增益。我们可以注意到,MUSA三级复杂扩展代码可以实现225%用户过载时,代码长度为4,相比之下,如果使用二进制PN序列,1%BLER不能实现代码长度为4,即使没有过载和二进制复杂扩展代码,过载率仅仅是150%。由于三级复杂扩展码提供了更大的自由度,因此随机选择的序列更有可能具有较低的互相关性。这减少了用户之间的干扰,即使是严重的过载。

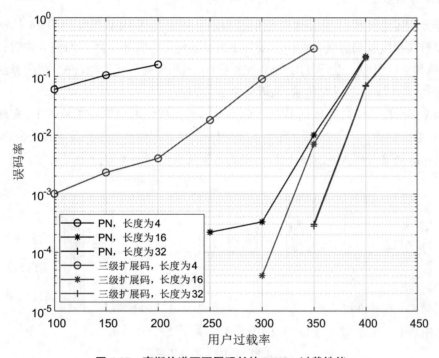

图4.27 高斯信道下不同码长的MUSA过载性能

图4.28显示了不同过载率下LTE和MUSA的误码性能。从图中可以看出,在用户过载比高达400%时,MUSA的误码性能没有明显下降,并且性能优于LTE,因为前者可以从多样性中获益。

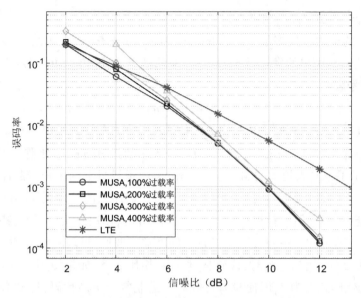

图4.28　不同用户过载比下 LTE 和 MUSA 的性能

3.图样分割多址

图样分割多址技术[25-27]是大唐电信提出的一种新型 NOMA 技术。PDMA 的基本思想是基于发射端和接收端的联合设计。发射端通过编码图样将多个用户的信号映射到相同的时域、频域和空域资源上进行复用传输；在接收端，采用串行干扰消除(SIC)接收算法进行多用户检测，实现上下行非正交传输，逼近信道容量边界。

PDMA 多个用户的数据通过不同的 PDMA 编码图样映射到同一组资源上，实现非正交传输，提升系统性能。图4.29 展示了一个 PDMA 图样。图中 6 个用户复用在 4 个资源块上。用户的发送分集度分别为 4、3、2、1、1、1，以此来实现发送端的不等分集度发送。

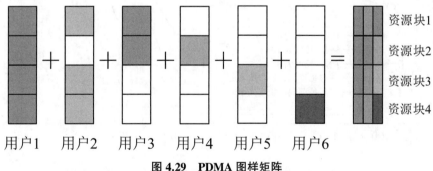

图4.29　**PDMA 图样矩阵**

PDMA 上行的发送过程如图4.30 所示。在发送端，每个用户的数据比特流 $b_k(1 \leqslant k \leqslant K)$ 分别进行信道编码，得到信道编码后的编码比特为 c_k，并且对编码比特 c_k 进行星座映射，针对星座映射后的数据调制符号 x_k 并进行 PDMA 编码，得到 PDMA 编码调制向量 s_k，然后对 s_k 进行 PDMA 资源映射，完成发送端信号处理。

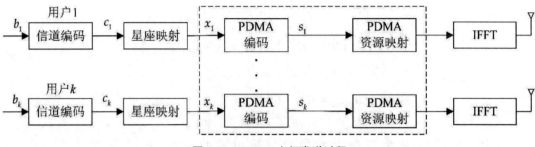

图 4.30 PDMA 上行发送过程

PDMA 编码器的输入是星座映射后的数据调制符号 x_k ,输出是 PDMA 编码调制向量 s_k ,

$$s_k = g_k x_k, \ 1 \leqslant k \leqslant K \tag{4.40}$$

式中, g_k 是用户 k 的 PDMA 编码图样, K 个用户的 PDMA 编码图样构成维度是 $N \times K$ 的 PDMA 编码图样矩阵 $G_{PDMA}^{[N,K]}$,

$$G_{PDMA}^{[N,K]} = [g_1, g_2, \cdots, g_K] \tag{4.41}$$

PDMA 下行发送过程如图 4.31 所示。每个用户数据分别进行信道编码、星座映射和 PDMA 编码后得到 PDMA 编码调制向量。 K 个用户的编码调制向量在发送端完成叠加。

$$z = s_1, s_2, \cdots, s_K$$
$$= g_1 x_1 + g_2 x_2 + \cdots + g_K x_k$$
$$= G_{PDMA}^{[N,K]} \begin{bmatrix} x_1 \\ \vdots \\ x_k \end{bmatrix} \tag{4.42}$$

叠加的信号再经过 PDMA 资源映射之后发送出去。具体操作和上行传输过程相同。

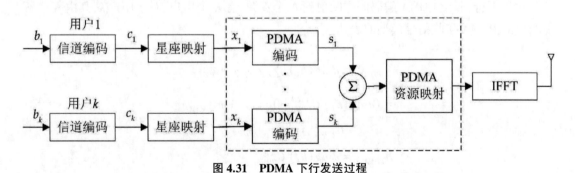

图 4.31 PDMA 下行发送过程

假设 PDMA 编码图样映射到 N 个资源,有 K 个用户,上行 PDMA 接收信号模型的表达式如下:

$$y_{PDMA} = \sum_{i=1}^{K} diag(h_i) \, g_i x_i + n_{PDMA}$$

$$= (H_{CH} \cdot G_{PDMA}^{[N,K]}) \, x_{PDMA} + n_{PDMA} \qquad (4.43)$$

$$= H_{PDMA} x_{PDMA} + n_{PDMA}$$

$$H_{PDMA} = H_{CH} \cdot G_{PDMA}^{[N,K]}$$

$$H_{CH} = [h_1, h_2, \cdots, h_K]$$

式中，y_{PDMA} 是 N 个资源上的接收信号组成的向量，维度是 $N \times 1$；$x_{PDMA} = [x_1, x_2, \cdots, x_K]^T$，$x_k$ 是第 k 个用户的调制符号；$h_i = [h_{i,1}, h_{i,2}, \cdots, h_{i,N}]^T$，$h_{i,n}$ 表示在第 n 个资源上第 i 个用户到基站的信道响应；$diag(h_n)$ 表示主对角线元素为向量 h_n 中元素的对角矩阵；$G_{PDMA}^{[N,K]}$ 是 PDMA 编码图样矩阵，g_i 是用户 i 的 PDMA 编码图样，对应 PDMA 编码图样矩阵 $G_{PDMA}^{[N,K]}$ 的第 i 列；n_{PDMA} 是 N 个资源上的干扰信号和噪声组成的向量；H_{PDMA} 表示 N 个资源上 K 个用户的 PDMA 多用户等效信道响应矩阵，维度是 $N \times K$，H_{CH} 的第 i 行第 j 列元素表示第 i 个资源上第 j 个用户到基站的信道响应。

下面以 PDMA 编码图样矩阵 $G_{PDMA}^{[2,3]} = \begin{bmatrix} 1 & 1 & 0 \\ 1 & 0 & 1 \end{bmatrix}$ 为例，给出具体的 PDMA 上行接收信号模型。

$$\begin{bmatrix} y_1 \\ y_2 \end{bmatrix} = \left(\begin{bmatrix} h_{1,1} & h_{1,2} & h_{1,3} \\ h_{2,1} & h_{2,2} & h_{2,3} \end{bmatrix} \cdot G_{PDMA}^{[2,3]} \right) \begin{bmatrix} x_1 \\ x_2 \\ x_3 \end{bmatrix} + \begin{bmatrix} n_1 \\ n_2 \end{bmatrix}$$

$$= \begin{bmatrix} h_{1,1} & h_{1,2} & 0 \\ h_{2,1} & 0 & h_{2,3} \end{bmatrix} \begin{bmatrix} x_1 \\ x_2 \\ x_3 \end{bmatrix} + \begin{bmatrix} n_1 \\ n_2 \end{bmatrix} \qquad (4.44)$$

对于下行，假设 PDMA 编码图样映射到 N 个资源，有 K 个用户，对于用户 k，其由 N 个资源组成的 PDMA 接收信号模型的表达式为：

$$y_{PDMA,k} = diag(h_k) \sum_{i=1}^{K} g_i x_i + n_{PDMA,k}$$

$$= (diag(h_k) \, G_{PDMA}^{[N,K]}) \, x_{PDMA} + n_{PDMA,k} \qquad (4.45)$$

$$= H_{PDMA,k} x_{PDMA} + n_{PDMA,k}$$

$$H_{PDMA,k} = diag(h_k) \, G_{PDMA}^{[N,K]}$$

式中，$y_{PDMA,k}$ 是 N 个资源上的接收信号组成的向量，维度是 $N \times 1$；$x_{PDMA} = [x_1, x_2, \cdots, x_K]^T$，$x_k$ 是第 k 个用户的调制符号；$h_k = [h_{k,1}, h_{k,2}, \cdots, h_{k,N}]^T$，$h_{k,n}$ 表示在第 n 个资源上基站到第 k 个用户的信道响应；$diag(h_k)$ 表示主对角线元素为向量 h_k 中元素的对角矩阵；$G_{PDMA}^{[N,K]}$ 是 PDMA 编码图样矩阵，g_i 是用户 i 的 PDMA 编码图样，对应 PDMA 编码图样矩阵 $G_{PDMA}^{[N,K]}$ 的第 i 列；$n_{PDMA,k}$ 是 N 个资源上的干扰信号和噪声组成的向量；H_{PDMA} 表示 N 个资源上的 PDMA 等效信道响应矩阵，维度是 $N \times K$。

对应上述上行 3 个用户数据复用 2 个资源的例子,假设下行进一步考虑多用户在功率域(包含功率因子缩放和相位旋转因子)的差异,则时频域与功率域联合的 PDMA 编码图样矩阵可表示为:

$$G_{PDMA}^{[2,3]} = \begin{bmatrix} \sqrt{0.8} & \sqrt{0.2}\,e^{j\pi/4} & 0 \\ \sqrt{0.8} & 0 & \sqrt{0.2}\,e^{j\pi/4} \end{bmatrix} \tag{4.46}$$

用户 k 的下行接收信号为:

$$\begin{bmatrix} y_{1,k} \\ y_{2,k} \end{bmatrix} = \left(\begin{bmatrix} h_{k,1} & 0 \\ 0 & h_{k,2} \end{bmatrix} G_{PDMA}^{[2,3]} \right) \begin{bmatrix} x_1 \\ x_2 \\ x_3 \end{bmatrix} + \begin{bmatrix} n_{1,k} \\ n_{2,k} \end{bmatrix}$$

$$= \begin{bmatrix} \sqrt{0.8}\,h_{k,1} & \sqrt{0.2}\,e^{j\pi/4}h_{k,1} & 0 \\ \sqrt{0.8}\,h_{k,2} & 0 & \sqrt{0.2}\,e^{j\pi/4}h_{k,2} \end{bmatrix} \begin{bmatrix} x_1 \\ x_2 \\ x_3 \end{bmatrix} + \begin{bmatrix} n_{1,k} \\ n_{2,k} \end{bmatrix} \tag{4.47}$$

图 4.32 比较了在 4 种不同维度的 PDMA 图样矩阵下,不同扩频阶次的 m 序列、Gold 序列以及不同长度的互补序列(CCS)扩频码的 SNR 对 BLER 的仿真性能。其中,CCS 扩频序列长度为 40,为了让扩频序列的长度尽可能相似,m 序列与 Gold 序列的阶次为 5。从图中可以看出,三种扩频序列均可以提升系统的误码性能,其中 CCS 的性能最好。因为 m 序列的自相关特性优于 Gold 序列,所以在低维度图样矩阵中,m 序列扩频的系统性能略优于相同阶次的 Gold 序列扩频,随着矩阵维度升高,m 序列与 Gold 序列的性能差距逐渐缩小。

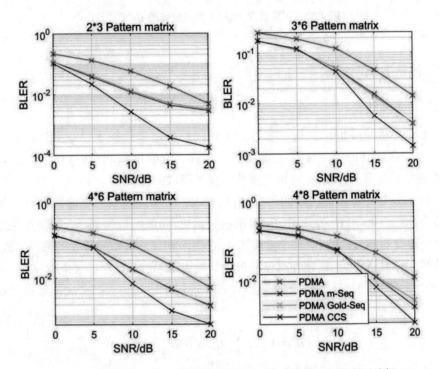

图 4.32　不同维度 PDMA 图样矩阵的 CCS、m 序列和 Gold 序列扩频

图 4.33 展示了在 4 种不同维度的 PDMA 图样矩阵下,不同 CCS 扩频码长度的信噪比对 BLER 的仿真性能。从图中可以看到,对于不同维度的图样矩阵来说,在扩频序列长度不断增加时,BLER 的变化趋势是相同的。对于 PDMA 扩频来说,BLER 随着反馈系数阶次和扩频码长度的增加而减少,扩频码越长,系统的抗干扰性能越好。

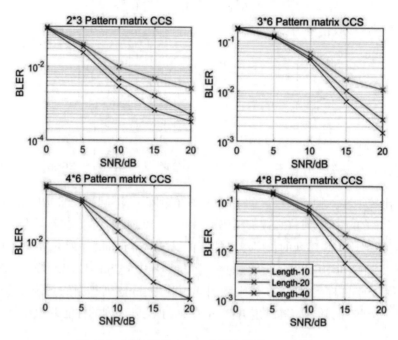

图 4.33 不同维度 PDMA 图样矩阵的 CCS 扩频

4.2.4　其他新型调制技术

1.滤波器组多载波

滤波器组多载波(FBMC)是一项与 OFDM 同期提出来的技术[28]。FBMC 的原理如图 4.34 所示,在发送端,FBMC 在 FFT 之前增加了偏移正交幅度调制(OQAM)预处理模块,实现了复数信号实部虚部分离;滤波器组模块实现了频域的扩展。

为了降低 OFDM 原型滤波器的带外衰减,FBMC 使用了新型原型滤波器来增加滤波器的抽头系数,如式(4.48)所示,其中 H_k 表示抽头系数,频谱响应包括 $2K-1$ 个抽头系数。在 OFDM 原型滤波器的基础上,引入了重叠因子 K,表示相邻滤波器间重叠的采样个数,如果发射端的信号采样频谱设为 W,则使得子载波的间隔由 W/M 减小为 W/KM,M 表示 IFFT 的位数,也是子载波个数;而时域符号的长度也由符号周期 T 增加为 KT,造成信号在时域和频域的重叠。

$$h_t = 1 + 2\sum_{k=1}^{K-1} H_k\cos\left(2\pi\frac{kt}{KT}\right) \tag{4.48}$$

由于重叠因子 K 的存在,每个子载波符号 $d_i(mM)$ 都要扩展加权乘以 $2K-1$ 个的抽头系数 H_k。如果仍然进行 FFT 处理,所需的 FFT 位数则为 KM,计算复杂度明显增加。为了

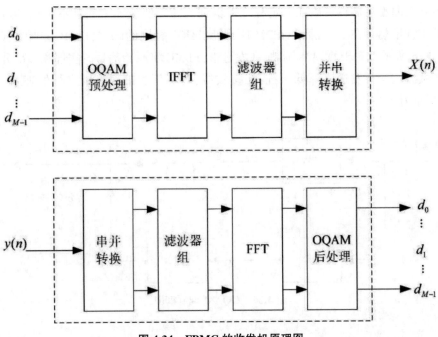

图 4.34　FBMC 的收发机原理图

减小计算量,通常采用多相滤波器组来进行[29],它可以保持 FFT/IFFT 位数为 M 不变,通过时域上的额外处理实现原型滤波。假设原型滤波器频率响应为 $B_0(f)$,那么滤波器组中第 k 个滤波器 $B_k(f)$ 就是由 $B_0(f)$ 经过 k/M 个频偏得到的,具体用公式表达为:

$$B_k(f) = H\left(f - \frac{k}{M}\right) = \sum_{i=0}^{L-1} h_i e^{-j2\pi i(f-k/M)}$$

$$B_k(Z) = \sum_{p=0}^{M-1} e^{\frac{2\pi}{M} kp} Z^{-p} H_p(Z^M) \qquad (4.49)$$

$$H_p(Z^M) = \sum_{k=0}^{K-1} h_{kM} Z^{-kM}$$

可以看出,FBMC 的滤波器组简化实现,只需要在原先的 IFFT 之后加入多相结构模块,其实现结构如图 4.35 所示。

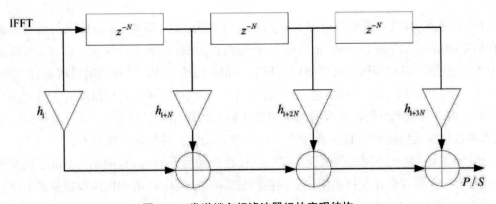

图 4.35　发送端多相滤波器组的实现结构

虽然新型原型滤波器可以在一定程度上保证不相邻滤波器之间互不干扰,但相邻滤波器之间的干扰依然存在。为了和 OFDM 原型滤波组有相同的码率,FBMC 采用了 OQAM 调制,如图 4.36 所示。对于 OQAM 调制,在发送端,FBMC 将原始信号的实部和虚部分开处理,在相邻子载波间交替发送来降低干扰;在接收端,对实部和虚部分别进行处理来去除干扰项,恢复原信号。

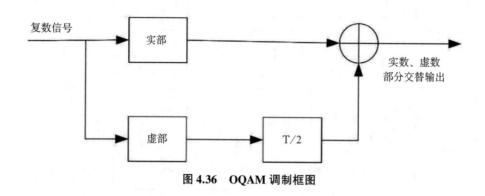

图 4.36　OQAM 调制框图

与 OFDM 系统相比,FBMC 系统具有的优势可以总结如下:

(1)FBMC 的带外频谱信号泄漏少,可以充分利用碎片频谱;

(2)FBMC 的调制技术抗干扰能力强,在与其他系统共存方面表现较好;

(3)FBMC 对同步频率和时间要求低,不必考虑对全网信号进行严格同步或正交;

(4)FBMC 可以对不同的信道特性进行分析,并在此基础上完成原型滤波器的设计,从而更好地满足应用场景的设计要求,减少使用保护带与循环前缀,最终使得频谱效率更高。

2.交织多址技术(IDMA)

交织多址技术[30]作为一种完全非正交多址技术被提出,即用户完全叠加,共用全部时频域资源。IDMA 在 CDMA 的基础上演变而来,是 CDMA 技术的非正交化,所以,交织多址技术继承了 CDMA 诸多优点,特别是在最坏的情况下可以衰减和减少其他小区中的用户干扰。而且 IDMA 也沿用了 CDMA 的部分技术,例如保留了扩频思想以实现低码率的编码,但又与 CDMA 中的扩频技术不同。IDMA 为每个用户分配唯一的交织器,交织器是辨别用户的唯一标识。

IDMA 系统,其发射机结构如图 4.37 所示。一般情况下,IDMA 系统的发射机主要包括前向纠错(Forward Error Correction, FEC)编码器、扩频器(Spreader)和交织器(Interleaver)。在 IDMA 系统中,FEC 编码器可以使用卷积码、Turbo 码或 LDPC 码获得编码增益;扩频器中可以用一个简单的重复码对码字进行扩频,相当于一个重复编码器;交织器对于每个用户必须是唯一的并且彼此不同。交织器用于对低比特率扩频序列进行加扰,使序列相关性最小化,既可以减少通信过程中的连续错误,又可以实现接收机的低复杂度检测。

IDMA 系统的接收机原理如图 4.38 所示,接收机采用了 Turbo 检测结构。除了解交织器和交织器之外,接收器还包括多用户检测器(Multi-User Detection, MUD)和后验概率译码器(Decoder, DEC)。MUD 检测器的作用是估计所有用户发射信号的软信息。每个用户的解码器对应发射端的 FEC 编码器和扩频设备,进行相应的解扩和解码,生成每个用户序列的软信息。MUD 检测器通过解交织器和交织器与 DEC 解码器连接,这两个解交织器和交织器将用户的软信息互相传递。IDMA 系统的 Turbo 型迭代检测结构能够分离多址干扰和编码约束,所以能够很大程度上降低接收端信号检测的计算复杂度。

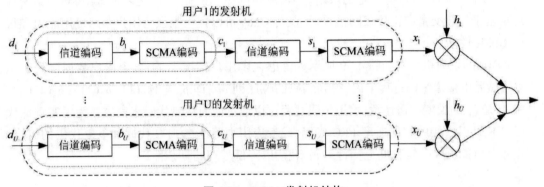

图 4.37 IDMA 发射机结构

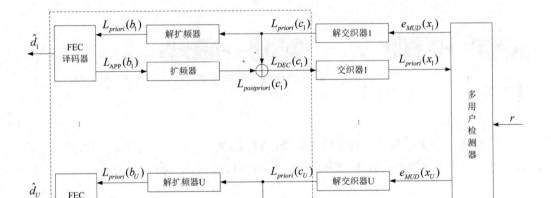

图 4.38 IDMA 接收机结构

以用户 μ 为例,基站接收到的数据 r 与先验软信息 $e_{DEC}(x_\mu)$ 一起作为起始条件经过多用户检测器。接下来,利用与发射机对应的每个用户的解交织器对软信息以对数似然比 $e_{MUD}(x_\mu)$ 进行解交织,得到解交织之后的对数似然比 $L_{priori}(x_\mu)$ 。然后,将解交织之后的输出送入 DEC 译码器。首先由解扩频器执行解扩,输出数据 b_μ 的先验概率 $L_{priori}(b_\mu)$,再由 FEC 译码器完成软译码,输出 b_μ 的后验信息 $L_{APP}(b_\mu)$,对 $L_{APP}(b_\mu)$ 进行扩频操作,得到后验概率 $L_{postpriori}(c_\mu)$,最后用后验概率减去先验概率,输出 DEC 的外信息 $e_{DEC}(x_\mu)$,这就完成了一次 DEC 译码器的操作。当接收器达到初始设置的迭代次数时,DEC 解码器将对每个用户的数据位执行直接硬判决,以输出最终结果 0 或 1。当接收机没有达到设置的迭代次数时,译码后的数据 $e_{DEC}(x_\mu)$ 将被送入交织器,再次作为先验信息被送入 MUD,进行下一次迭代。

3.交织网格多址接入(IGMA)

为了满足对用户密度/网络吞吐量更高的要求,传统的正交多址方案只将资源配置为一个用户,从而对用户容量有一定的限制。本书介绍一种先进的非正交多址方案,即交错网格多址。基于位级交错和符号级网格映射过程,IGMA 可以提供很强的用户多路复用能力和很好的 BLER 性能。

IGMA 的发射机结构如图 4.39 所示。考虑在多用户情况下,第 k 个用户数据序列表示为 d_k,然后由信道编码过程编码,得到编码的位序列 b_k,即 $b_k = [\,b_k(1)\ \ b_k(2)\cdots b_k(M)\,]$,其中 M 是 b_k 的长度。请注意,信道编码过程可以通过前向纠错代码来完成。为了实现低代码率,UE 可以直接应用低速率 FEC 代码,或者应用中等速率 FEC 代码和重复代码的组合。使用重复可能会在一定程度上牺牲编码增益,以降低处理的复杂性。

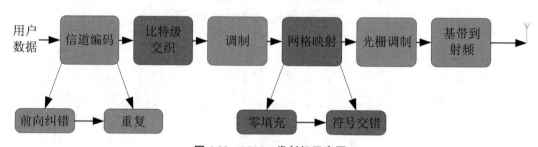

图 4.39　IGMA 发射机示意图

(1)交织过程

序列 b_k 由一个表示为 θ_{k-b} 的位级交织器排列,其中 θ_{k-b} 的长度等于 b_k 的长度。交错可以表示为一个基于置换矩阵 α_I 的过程,例如,当 $M=4$,θ_{k-b}、α_I 可以是:

$$\theta_{k-b}=\{4,2,3,1\}\rightarrow\alpha_I=\begin{bmatrix}0&0&0&1\\0&1&0&0\\0&0&1&0\\1&0&0&0\end{bmatrix}\qquad(4.50)$$

其中,Tθ_{k-b} 中的值表示"1"元素在排列矩阵 α_I 的每一列中的位置。因此,交错的位序列变成了 $c_k = b_k \cdot \alpha_I$。在所提出的 IGMA 方案中,位级交织器是用户多路复用的一维数组,这意味着系统可以仅根据位级交织器来分离不同的用户。在这种情况下,所分配的交互程序必须是特定于用户的。在实际应用中,交错过程也可以被具有类似功能的置乱过程所取代。

(2)网格映射

调制后,生成的符号序列 $s_k = [\,s_k(1)\ \ s_k(2)\cdots s_k(N)\,]$ 基于网格映射模式进行处理,其中 N 为 s_k 的长度。通常,网格映射过程的目标是将调制的符号稀疏地映射到分配的资源元素(Res)。在这种稀疏性之上,进一步的符号级交错/置乱可以用于进一步的干扰随机化。因此,这里使用零填充和符号级交错处理器 θ_{k-s} 的执行来说明网格映射的过程。

在网格映射模式中，密度 ρ_k 被定义为实际占用的资源元素数 N_{used} 除以总体分配的 RE 编号 N_{all}，即 $\rho_k = N_{used}/N_{all}$。通过设置不同的 ρ_k 值，可以为用户灵活地探索不同层次的多样性顺序。所得到的符号序列表示为 $v_k = [\,v_k(1)\;\;v_k(2)\cdots v_k(L)\,]$，其中 L 为 v_k 的长度。因此，v_k 中的"0"元素的数量是 $(L-N)$。图 4.40 给出了 $N=4$、$\rho_k = 0.5$ 和 $L=8$ 时网格映射过程的一个例子。首先，根据符号级处理器 θ_{k-s} 和密度 ρ_k，将排列矩阵 α_{GM} 表示为：

$$\begin{cases} \theta_{k-s} = \{4,0,2,0,0,3,0,1\} \\ \rho_k = 0.5 \end{cases} \rightarrow \alpha_{GM} = \begin{bmatrix} 0 & 0 & 0 & 0 & 0 & 0 & 0 & 1 \\ 0 & 0 & 1 & 0 & 0 & 0 & 0 & 0 \\ 0 & 0 & 0 & 0 & 0 & 1 & 0 & 0 \\ 1 & 0 & 0 & 0 & 0 & 0 & 0 & 0 \end{bmatrix} \tag{4.51}$$

其中，θ_{k-s} 中的非零值表示"1"元素在排列矩阵 α_{GM} 对应列中的位置，零值表示排列矩阵 α_{GM} 对应的全"0"列。此外，v_k 由 $s_k = [\,s_k(4)\;\;0\;\;s_k(2)\;\;0\;\;0\;\;s_k(3)\;\;\;0\;\;0\;\;s_k(1)\,]$ 获得。当密度为 0.5 时，v_k 需要两倍 s_k 的长度。通过这样做，可以实现编码增益和复杂性之间的平衡，并为实际部署场景提供了在单元之间设计正交 MAS 的灵活性。图 4.40 给出了网格映射过程的图形说明。

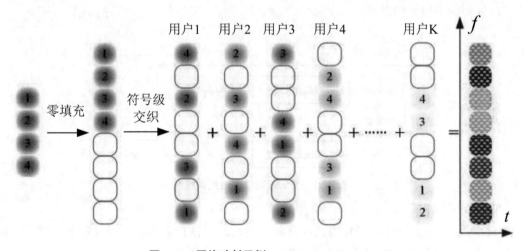

图 4.40　网格映射示例，$N=4$，$\rho_k = 0.5$，$L=8$

尽管考虑到对不同终端的不同需求，密度可能会有所不同，但仍然首选为在相同资源下的用户多路复用配置相同的密度。其原因在于实际场景中降低接收机的检测和解码复杂度；即使有数学证明，正则稀疏映射也是相对更有益的[31]。

4.3　信道编码

在无线通信系统中，由于噪声等干扰的存在，通信传输质量受到了一定的影响，导致信道往往呈现非理想状态。为提高通信可靠性提出了信道编码技术，这项技术的原理是在数字信息中添加冗余信息以达到保护信息的目的。具体方法就是在信息中增加冗余校验，传输过程中利用其本身拥有的检错纠错能力进行自检自纠，从而使传输错误概率降低。近年来,人们的通信应用量逐渐增加,对信道编码的传输速率也提出了越来越高的要求,为此,学者们一直在寻求一种编码方法,使得信道容量能够无限逼近甚至达到香农限。在本节,我们将介绍目前主流的几种信道编码技术,并对其译码方式做简单的介绍。

4.3.1 Turbo 码

Turbo 码又称为并行级联卷积码,由 Berrou 等人在 ICC'93 会议上提出[32,33]。它将卷积码和随机交织器结合起来,并利用软输出迭代解码来逼近最大似然解码。关于 Turbo 码的发展历程,Berrou 曾给出了详细的说明[34]。Turbo 码的几个关键成分是并行级联编码、递归卷积编码器、伪随机交织器以及迭代软译码。

1.Turbo 码编码原理

经典 Turbo 码由两个递归系统卷积(Recursive Systematic Convolutional, RSC)码并行级联,并通过 Turbo 码的内部交织器连接。当使用两个不同的卷积编码器时,Turbo 码具有更好的性能[35,36]。与通常用的前向式卷积码不同,Turbo 分量编码器是递归的,有自反馈,这是 Turbo 码性能优越的一个重要原因,另一个重要原因是 Turbo 码具有内部交织器。图 4.41 是 Turbo 码编码器结构框图。

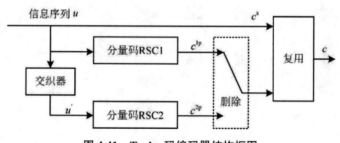

图 4.41　Turbo 码编码器结构框图

对于长为 K 的二进制序列,用整数集合 $\mathcal{I}=\{1,2,\cdots,K\}$ 表示其比特位置索引,则长为 K 的交织器可以被定义为索引集合 $\mathcal{I}$ 上的置换:

$$\pi : \mathcal{I} \rightarrow \mathcal{I} \tag{4.52}$$

通常,用 $\pi(k)$ 与 k 分别表示一个元素(比特)在原序列与交织后序列中的位置索引。所以交织器也经常用置换向量 $\pi = (\pi(1), \pi(2), \cdots, \pi(K))$ 来表示。

令 $u = (u_1, u_2, \cdots, u_K)$, $u_k \in \{0,1\}$ 是长度为 K 的输入信息序列,它一方面直接进入第一个分量编码器 RSC1 进行卷积编码,另一方面经过交织后变为长度相同但比特位置重新排列的序列。令 $u' = (u'_1, u'_2, \cdots, u'_K)$ 表示 $u = (u_1, u_2, \cdots, u_K)$ 经过比特交织后的序列,其中 $u'_k = u_{\pi(k)}$, $1 \leq k \leq K$ 。交织后的序列 u' 进入第二个分量编码器 RSC2 进行编码,这样信息序列 u 就得到了两个不同的校验序列 c^{1p} 和 c^{2p} 。假定图 4.41 中两个分量编码器的码率均是 1/2,由于编码器是系统形式的且对应相同的输入信息序列,因此,信息序列只需要传输一次,在不采用删余的情况下,整体码率 $R = 1/3$,整个码字 c 由 $c^s = u$ 和两个校验比特序列 c^{1p} 和 c^{2p} 组成。输出码字表示为 $c = (c_1, c_2, \cdots, c_K)$,其中 $c_k = (c_k^s, c_k^{1p}, c_k^{2p})$, $1 \leq k \leq K$ 。令 N 表示卷积码网格图的长度,在没有结尾处理或采用咬尾卷积码的情况下,有 $N=M$,输出码字序列的长度为 $K/R=3K$ 比特。如果采用尾比特进行归零处理,则通常有 $N=K+m$,其中 m 为分量卷积码的存储级数。

为了提高码率,还可以通过删余技术周期性地从两个校验序列中删除一些校验位,然后与信息序列 $c^s=u$ 复用发送给数据调制器。在图 4.41 中,为了令 Turbo 码率为 $R=1/2$,可以根据下面的删余矩阵对校验序列进行打孔删余。

$$P = \begin{bmatrix} 1 & 0 \\ 0 & 1 \end{bmatrix} \tag{4.53}$$

其中,矩阵 P 的第 m 行中的 0 表示第 m 个校验序列的对应位置比特将不被发送,即上述 P 矩阵表示删去来自 RSC1 的校验序列 c^{1p} 的偶数位置比特与来自 RSC2 的校验序列 c^{2p} 的奇数位置比特。这样,采用删余技术后,Turbo 编码器在 k 时刻的输出为 $c_k=(c_k^s,c_k^p)$,其中 c_k^p 由 c_k^{1p} 和 c_k^{2p} 组成。

$$c_k^p = \begin{cases} c_k^{1p}, & k \text{ 是偶数} \\ c_k^{2p}, & k \text{ 是奇数} \end{cases} \tag{4.54}$$

注意,从图 4.41 中可以看出,在 Turbo 编码方案中,两个分量码是并行级联的,并且编码器结构是递归的。递归编码器有以下两个特征:

(1)一个 RSC 编码器具有无限冲激响应。

(2)任意输入序列将以很大概率产生一个"好的"(高重量)输出序列。

一个生成多项式为 $(37,21)$(八进制表示)的 16 状态 RSC 编码器结构如图 4.42 所示。其生成矩阵表示为:

$$G(D) = \left[1, \frac{1+D^4}{1+D+D^2+D^3+D^4} \right] \tag{4.55}$$

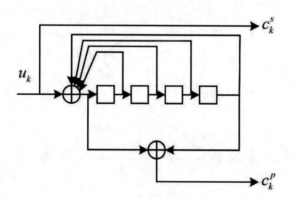

图 4.42 $G=(37,21)$ 的 RSC 编码器结构

可以利用一个十分简单的例子对 Turbo 码编码器的工作过程进行具体描述。Turbo 码编码器如图 4.43 所示,其中两个分量编码器均为 4 状态,码率为 $1/2$ 的 $(7,5)_8$ RSC 编码器,其生成矩阵为:

$$G(D) = \left[1, \frac{1 + D^2}{1 + D + D^2} \right] \qquad (4.56)$$

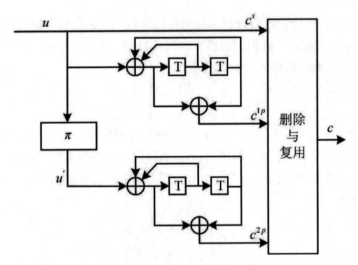

图 4.43　(7,5) Turbo 码编码器

分量编码器的网格图如图 4.44 所示。令 u 表示 Turbo 编码器的输入信息比特序列，u' 表示交织器的输出序列。假定采用一个大小为 7 的伪随机交织器

$$\pi_7 = (4,1,6,3,5,7,2) \qquad (4.57)$$

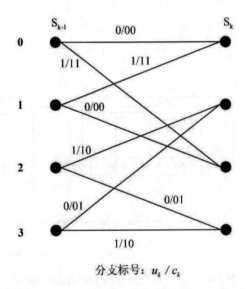

分支标号：u_k / c_k

图 4.44　(7,5) Turbo 码分量编码器的网格图

则有 $u'_1 = u_4$、$u'_2 = u_1$ 等。如果输入序列 $u = (1011001)$，则 $c^s = (1011001)$，图 4.45 中 RSC 编码器的状态转移为：

$$0 \xrightarrow{1/11} 2 \xrightarrow{0/01} 3 \xrightarrow{1/10} 3 \xrightarrow{0/01} 1 \xrightarrow{0/00} 2 \xrightarrow{1/10} 1 \qquad (4.58)$$

对应的输出校验序列 $c_1^p = (1100100)$ 。经过交织后的序列 $u' = (1101010)$ ，所以，RSC 编码器的输出校验序列 $c_2^p = (1000000)$ 。未经删余的码率为 1/3 的 Turbo 码编码器输出码字为 $c = (111,010,100,100,010,000,100)$ 。若采用 $P = \begin{bmatrix} 1 & 0 \\ 0 & 1 \end{bmatrix}$ 的删余矩阵，则删余后的码率为 1/2 的 Turbo 码的输出码字为 $c = (11,00,10,10,01,00,10)$ 。

注意，Turbo 码的分量编码器并不局限于卷积码，也可以使用其他的码，例如，BCH 码、RM 码等。文献［37］研究了（扩展）汉明码、Hadamard 码作为分量码的 Turbo 码。其研究结果显示，对于使用扩展汉明码作为分量码的 Turbo 码，其性能离香农限为 1dB 左右。

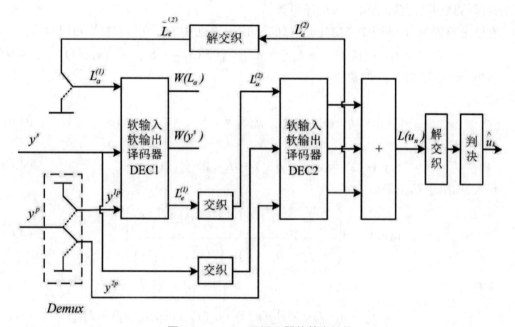

图 4.45　Turbo 码译码器的基本结构

2.Turbo 码译码原理

Turbo 码译码有两个特点：(1)工作在软比特和软信息上；(2)迭代译码。具体体现就是外信息在双引擎子译码器（Double Turbo Engine，也是选用 Turbo 一词的原因）之间逐步刷新，置信度越来越高。

Turbo 码译码器的基本结构如图 4.45 所示，其中 y^s 是接收的系统比特序列；y^{mp}（$m=1$，2）是对应第 m 个分量编码器的接收校验比特序列。译码器由两个软输入和软输出译码器 DEC1 和 DEC2 串联构成。译码器 DEC1 对分量码 RSC1 进行 MAP 译码，生成信息序列 u 中每个比特的后验概率信息，并将"新信息"交织到 DEC2；译码器 DEC2 将此信息作为先验信息，对分量码 RSC2 进行 MAP 译码，生成交织后的信息序列中每个比特的后验概率信息，解交织后将"新信息"发送给 DEC1 进行下一次解码。这样，经过多次迭代，新生成的 DEC1 或 DEC2 的外部信息趋于稳定，译码性能接近全码的最大似然译码。

在接收端，Turbo 译码器接收到的软信息序列为 $y_1^N = (y_1, y_2, \cdots, y_k, \cdots, y_N)$ ，其中 $y_k =$

107

(y_k^s, y_k^p)。利用贝叶斯规则,则有:

$$L(u_k) = \ln\frac{p(y_1^N \mid u_k = 1)}{p(y_1^N \mid u_k = 0)} + \ln\frac{P(u_k = 1)}{P(u_k = 0)}$$

$$= \ln\frac{p(y_1^N \mid u_k = 1)}{p(y_1^N \mid u_k = 0)} + L_a(u_k) \tag{4.59}$$

其中,$L_a(u_k)$ 是关于 u_k 的先验信息。在解码方案中,一般考虑先验等概率,因而 $L_a(u_k) = 0$。而在迭代译码方案中,来自另一个译码器的外信息 $L_e(u_k)$ 能被用作先验信息 $L_a(u_k)$。为了继续迭代,当前译码器使用逐符号映射解码算法从上述公式的第一项中提取新的外部信息,并将其提供给下一个译码器。

在分量码的 MAP 译码中考虑先验信息后,BCJR 算法中的分支转移概率可以写为:

$$\gamma_k^i(s',s) = A_k\exp\{iL_a(u_k) + L_c y_k^s c_k^s + L_c y_k^p c_k^p\} P(S_k = s \mid S_{k-1} = s', u_k = i) \tag{4.60}$$

其中,A_k 是独立于 u_k 的常数。

假设:

$$\gamma_{k,e}^i(s',s) = \exp\{L_c y_k^p c_k^p\} \cdot P(S_k = s \mid S_{k-1} = s', u_k = i) \tag{4.61}$$

那么可以得到:

$$\gamma_k^i(s',s) \propto \exp\{iL_a(u_k) + iL_c y_k^s\} \cdot \gamma_{k,e}^i(s',s) \tag{4.62}$$

代入 BCJR 算法的最后公式:

$$L(u_k) = \ln\left(\frac{\sum\limits_{\forall (s',s) \in B_k^1} \tilde{\alpha}_{k-1}(s') \cdot \gamma_k^1(s',s) \cdot \tilde{\beta}_k(s)}{\sum\limits_{\forall (s',s) \in B_k^0} \tilde{\alpha}_{k-1}(s') \cdot \gamma_k^0(s',s) \cdot \tilde{\beta}_k(s)}\right) \tag{4.63}$$

则有:

$$L(u_k) = \ln\frac{\sum\limits_{\forall (s',s) \in B_k^1} \tilde{\alpha}_{k-1}(s') \cdot \gamma_{k,e}^1(s',s) \cdot \tilde{\beta}_k(s) \cdot \exp\{L_a(u_k) + L_c y_k^s\}}{\sum\limits_{\forall (s',s) \in B_k^0} \tilde{\alpha}_{k-1}(s') \cdot \gamma_{k,e}^0(s',s) \cdot \tilde{\beta}_k(s)}$$

$$= L_c y_k^s + L_a(u_k) + \ln\frac{\sum\limits_{\forall (s',s) \in B_k^1} \tilde{\alpha}_{k-1}(s') \cdot \gamma_{k,e}^1(s',s) \cdot \tilde{\beta}_k(s)}{\sum\limits_{\forall (s',s) \in B_k^0} \tilde{\alpha}_{k-1}(s') \cdot \gamma_{k,e}^0(s',s) \cdot \tilde{\beta}_k(s)} \tag{4.64}$$

$$= L_c y_k^s + L_a(u_k) + L_e(u_k)$$

式(4.64)右边的第一项是加权的信道值,第二项是前一个译码器提供的关于 u_k 的先验信息,第三项表示这个译码器提供给下一个译码器的外信息。注意,只有外信息包含当前译码器的新信息。

由式(4.64)可以得到 Turbo 码译码器的另一种实现结构,如图 4.46 所示。

特别地,我们将 Turbo 原理总结如下:

(1)每一个译码器为数据比特 u 产生外信息;

$$L_{extrinsic}(u) = L_{output-APP}(u) - L_{input}(u) \tag{4.65}$$

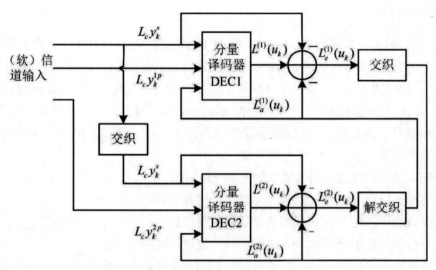

图 4.46 Turbo 码译码器的另一种实现结构

（2）外信息为其他译码器的先验信息；

（3）迭代译码进行迭代。

这里给出 Turbo 码与卷积码在误码率性能上的比较。图 4.47 展示了 MAP 算法 8 次迭代后的误码性能[38]，码长为 512、码率为 1/3 的 Turbo 码和卷积码，交织器类型为线性同余交织器。从图中可以看出，分量码的限制长度不论是 2 还是 3，Turbo 码的性能都远远优于卷积码，在误比特率为 10^{-5} 时，Turbo 码比卷积码的性能要好约 3.7dB。

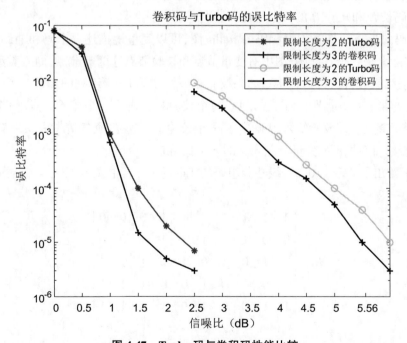

图 4.47 Turbo 码与卷积码性能比较

4.3.2　LDPC 码

低密度校验(Low Density Parity-Check，LDPC)码是一种具有近似信道容量的线性分组码，其校验矩阵是一个稀疏矩阵。LDPC 码最早是由 Gallager 在 20 世纪 60 年代初的论文中提出的[39]。1981 年 Tanner 普及了 LDPC 码,并介绍了 LDPC 码的图形表示,即现在的 Tanner 图[40]。在 20 世纪 90 年代中期,MacKay、Spielman 等人发现具有稀疏校验矩阵的线性分组码在迭代译码算法下具有逼近信道容量的性能,并且这种码的线性复杂度较低[41,42],于是 LDPC 码重新引起了人们极大的兴趣。

与 Turbo 码相比,LDPC 码的多个优点可以总结如下：

(1)没有复杂的交织器,可以降低系统复杂度和时延;

(2)误帧率性能更优,可以满足移动通信的需求;

(3)误码率大大降低,可以满足极低误码率通信系统的需求;

(4)译码算法具有线性复杂度、更低的功耗和更高的数据吞吐量。

1.LDPC 码的基本概念

LDPC 码是一种线性分组码,可以由奇偶校验矩阵 H 或者生成矩阵 G 唯一确定。假设有 n 维向量 $v = (v_1, v_2, \cdots, v_n)$,当且仅当 $vH^T = 0$ 时,可以认为 v 是一个由 H 矩阵确定的码字。也就是说,每一个码字必须满足由 H 矩阵的所有行组成的奇偶校验方程组。

当校验矩阵 H 的行重和列重是常数值时,称为规则 LDPC,否则为非规则 LDPC,非规则 LDPC 码的行重和列重取值是可变的。规则 LDPC 码的奇偶校验矩阵 H 有以下特征:

(1)行列重都是不为零的常数;

(2)任意两列之间相同位置的非零值个数不超过 1;

(3)与码长 N 和矩阵 H 的行数相比,行列权重的值很小。

LDPC 码的 Tanner 图类似卷积码的 trellis 图,可以完整地描述一个码和辅助译码算法。Tanner 图实际上是一个二部图,图中有变量节点和校验节点这两类节点,同一类型的节点不允许相互连接,只允许通过边连接。如果校验矩阵 H 中第 i 行第 j 列的元素 h_{ij} 为 1,那么第 i 个校验节点与第 j 个变量节点相连。所以,每个校验方程对应一个校验节点,每个码字比特对应一个变量节点。即校验矩阵 H 确定了 m 个校验节点连接,而矩阵 H 的 n 列确定了 n 个变量节点连接。因此,n 个变量节点表示的 n 个比特是一个码字。

图 4.48 给出了一个 (10,5) 线性分组码的 Tanner 图,其中 $d_v = 3$, $d_c = 6$,对应的校验矩阵为：

$$H = \begin{bmatrix} 1 & 1 & 1 & 1 & 0 & 1 & 1 & 0 & 0 & 0 \\ 0 & 0 & 1 & 1 & 1 & 1 & 1 & 1 & 0 & 0 \\ 0 & 1 & 0 & 1 & 0 & 1 & 0 & 1 & 1 & 1 \\ 1 & 0 & 1 & 0 & 1 & 0 & 0 & 1 & 1 & 1 \\ 1 & 1 & 0 & 0 & 1 & 0 & 1 & 0 & 1 & 1 \end{bmatrix} \tag{4.66}$$

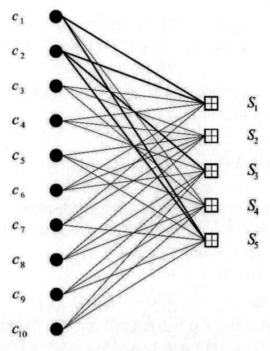

图 4.48 （10，5）线性分组码的 Tanner 图

在图 4.48 的 Tanner 图中,符号变量用圆圈表示,校验节点用方块表示。连接到某个节点的边数定义为该节点的度。变量节点的度等于它参与的局部验证的数量,约束节点的度等于它涉及的变量节点的数量。令 c 表示 LDPC 码的码字。从 $cH^T = 0$ 可见,对于每一个校验节点,其所有相邻变量节点之和等于 0,即校验节点是零和约束。

由于原始 LDPC 码是完全随机的,结构特性很少,编译码的复杂度较高。因此,人们对具有结构特征的 LDPC 码展开了深入研究。其中,结构特性最明显的是循环码,其特点是校验矩阵 H 为循环矩阵。校验矩阵的稀疏循环结构特性对 LDPC 码的译码复杂度有很大的影响。因为每个校验方程和其前后处理器紧密相连,不仅循环结构的译码器有明显简化,它还具有很大的最小距离和极低的迭代译码差错平台。

准循环 LDPC 码有非常好的结构特性,不仅有利于简化编译码器的设计和实现方式,码的设计也更加灵活。一个准循环码的校验矩阵 H 通常用一个循环矩阵表示:

$$H = \begin{bmatrix} A_{1,1} & \cdots & A_{1,N} \\ \vdots & & \vdots \\ A_{M,1} & \cdots & A_{M,N} \end{bmatrix} \tag{4.67}$$

其中,每个矩阵 $A_{i,j}$ 都是一个 $Z \times Z$ 的稀疏循环矩阵或全零矩阵。事实上,重量为 1 的循环矩阵(称为循环置换矩阵)是很常见的,这就意味着其每行和每列的重量都等于 1。准循环 LDPC 码的编码可以用简单的移位寄存器实现,译码器也能够得到简化,因而在工程实践中得到了广泛应用。

2.LDPC 码编码原理

作为一种线性分组码,LDPC 码可以按照一般线性分组码的编码方法,基于生成矩阵 G 进行编码,即首先通过 Gauss-Jordan 消去法对给定的校验矩阵 H 进行如下变换:

$$H = [P \quad I_{n-k}] \tag{4.68}$$

其中,P 是一个 $(n-k) \times k$ 的二元矩阵,I_{n-k} 是大小为 $(n-k) \times (n-k)$ 的单位阵。这样就可以得到系统形式的生成矩阵:

$$G = [I_k \quad P^T] \tag{4.69}$$

然后,根据下式就可以完成由 H 定义的 LDPC 码的编码:

$$c = uG = [u \quad uP^T] \tag{4.70}$$

注意:在校验矩阵 H 得到生成矩阵 G 的高斯消元和变换过程中,如果涉及了矩阵列置换,需要记下置换顺序,并对 H 做相同的置换得到矩阵 H_P,其中下标"P"代表"Permutation(置换)"的意思。最后,LDPC 码的译码是用矩阵 H_P 进行译码,或者在码字发送前置换码字中的符号顺序,译码时用 H 译码。

3.LDPC 码译码原理

LDPC 码的译码算法可以分为软判决和硬判决两类迭代译码算法,即和积算法(Sum-Product Algorithm, SPA)和比特翻转算法。在目前的无线通信系统中,主要应用的是软判决译码算法,因此下面主要介绍 SPA[43]。

若校验矩阵 H 的维度为 $M \times N$,令 $M(j)$ 表示与变量节点 j 相连的校验节点的集合,$N(i)$ 表示参与第 i 个校验方程的变量节点的集合,$N(i) \backslash j$ 表示从集合 $N(i)$ 中去掉元素 j 之后的子集,$M(j) \backslash i$ 表示从集合 $M(j)$ 中去掉元素 i 之后的子集。令 f_j^a 表示信道初始接收消息,它代表 x_j 取值为 $a \in \{-1, +1\}$ 的可信度。令 R_{ij}^a 表示校验节点 z_i 向变量节点 v_j 传递的校验消息,它代表 z_i 根据其他变量节点 $\{v_k : k \neq j, k \in N(i)\}$ 的当前状态向 v_j 宣称的"使得 z_i 满足 $x_j = a$"的可信度。令 Q_{ij}^a 表示变量节点 v_j 向校验节点 z_i 传递的变量消息,它代表 v_j 根据其他校验节点 $\{z_k : k \neq i, k \in M(j)\}$ 和 f_j^a 向 z_i 宣称的"$x_j = a$"的可信度。

在概率域下,变量消息和校验消息分别定义为 $Q_{ij}^a \equiv P(x_j = a \mid y_j, \{z_k : k \in M(j) \backslash i\})$ 和 $R_{ij}^a \equiv P(z_i \mid x_j = a)$,且 R_{ij}^a 初始化为 1。初始概率消息 f_j^a 表示 $x_j = a$ 的先验信息,假设+1 和 −1 是等概传输,那么定义 $f_j^a \equiv P(x_j = a \mid y_j) = \alpha f(y_j \mid x_j = a)$,其中 a_j 表示归一化常数,用来确保 $f_j^{+1} + f_j^{-1} = 1$。在高斯信道下,似然函数可以表示为:

$$f(y \mid x = a) = \frac{1}{\sqrt{2\pi\sigma_n^2}} \exp\left\{-\frac{(y-a)^2}{2\sigma_n^2}\right\} \tag{4.71}$$

给定信道输出为 y,对于 $j = 1, \cdots, N$,可得:

$$f_j^a = 1/(1 + \exp\{-2ay_j/\sigma_n^2\}), \quad a \in \{+1, -1\} \tag{4.72}$$

变量消息 Q_{ij}^a 和校验消息 R_{ij}^a 的更新公式推导如下：

$$Q_{ij}^a = P(x_j = a \mid y_j, \{z_k : k \in M(j) \backslash i\}) = \frac{P(x_j = a, y_j, \{z_k : k \in M(j) \backslash i\})}{P(y_j, \{z_k : k \in M(j) \backslash i\})}$$

$$= \frac{P(x_j = a \mid y_j) P(\{z_k : k \in M(j) \backslash i\} \mid y_j, x_j = a)}{P(\{z_k : k \in M(j) \backslash i\} \mid y_j)}$$

$$= \frac{P(x_j = a \mid y_j) P(\{z_k : k \in M(j) \backslash i\} \mid x_j = a)}{P(\{z_k : k \in M(j) \backslash i\})}$$

$$= \frac{P(x_j = a \mid y_j) \prod_{k \in M(j) \backslash i} P(z_k \mid x_j = a)}{P(\{z_k : k \in M(j) \backslash i\})}$$

$$= \alpha_{ij} f_j^a \prod_{k \in M(j) \backslash i} R_{kj}^a$$

$$R_{ij}^a = P(z_i \mid x_j = a) = \sum_{x : x_j = a} P(z_i, x \mid x_j = a)$$

$$= \sum_{x : x_j = a} P(z_i \mid x_j = a, x) P(x \mid x_j = a)$$

$$= \sum_{x : x_j = a} P(z_i \mid x) P(x \mid x_j = a) \qquad (4.73)$$

$$= \sum_{x : x_j = a} P(z_i \mid x) \prod_{k \in N(i) \backslash j} P(x_k)$$

$$= \sum_{x : x_j = a} P(z_i \mid x) \prod_{k \in N(i) \backslash j} Q_{ik}^{x_k}$$

其中，α_{ij} 为确保 $Q_{ij}^{+1} + Q_{ij}^{-1} = 1$ 的归一化常数，R_{ij}^a 是从上一次迭代中传递来的函数消息，首次迭代时为初始值。$P(x_k)$ 指的是特定求和组合 x 中各分量 x_k 取相应值时的概率。显然，R_{ij}^a 是一个似然概率。那么，用于逐符号判决的符号接收概率消息为：

$$Q_j^a = \alpha \cdot f_j^a \prod_{i \in M(j)} R_{ij}^a \qquad (4.74)$$

其中，α 依旧表示归一化因子。这里，相应的判决准则可以写为：

$$\hat{v}_j = \underset{a \in \{+1, -1\}}{\operatorname{argmax}} Q_j^a \qquad (4.75)$$

根据文献[44]，在高斯信道下用 BPSK 调制，采用迭代次数为 20 的概率域 SPA 的仿真结果。在码率均为 0.5，码长分别为 36、56、512 的情况下，系统传输的误码性能如图 4.49 所示。从图中可以看到，采用概率域的迭代译码性能较好，误码性能大大提升。其中，码长为512 的 LDPC 码纠错性能最好。由此可知，在仿真条件相同的情况下，LDPC 码的纠错性能随着码长的增加而提升。

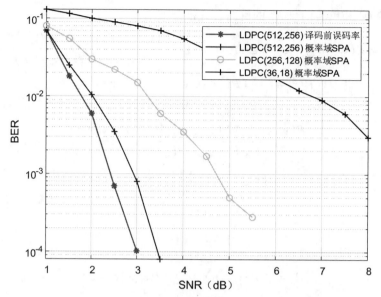

图 4.49　LDPC 码采用 SPA 算法在不同码长时的性能

4.3.3　Polar 码

极化(Polar)码是由 E. Arikan 于 2008 年基于信道极化现象而提出的一类线性分组码[45],这是最早在理论上被证实可以达到任意二进制输入离散无记忆通道(Binary-Input Discrete Memoryless Channels, BI-DMC)容量的通道码,并且具有较低的编解码复杂度和确定性结构,因此近年来受到了广泛关注。

1.Polar 码的基本概念

Polar 码构造的核心是信道极化。通过信道极化,将一组独立的二元输入信道转化为容量接近 1 的无噪信道或容量接近 0 的无用信道,信息可以直接在容量接近 1 的无噪信道上传输。

令 a_1^N 表示序列 $(a_1, a_2, \cdots, a_N)$,其子序列记为 $a_i^j = (a_i, a_{i+1}, \cdots, a_j)$,$1 \leqslant i, j \leqslant N$。设 $W: X \to Y$ 是一个二元输入离散无记忆信道,其输入字符集 $X = \{0, 1\}$,输出字符集 Y 为离散值集合或实数集。W 的信道转移概率为 $W(y|x)$,$x \in X$,$y \in Y$。对于具有输入输出对称性的对称信道,如二元对称信道(Binary Symmetric Channel, BSC)和二元删除信道(Binary Erasure Channel, BEC),其(对称)信道容量为:

$$C(W) \triangleq I(X; Y)$$

$$= \sum_{y \in Y} \sum_{x \in X} \frac{1}{2} W(y|x) \log \frac{W(y|x)}{\frac{1}{2} W(y|0) + \frac{1}{2} W(y|1)} \tag{4.76}$$

其中 X 在 $\{0, 1\}$ 上等概分布。如果对数以 2 为底,则有 $0 \leqslant C(W) \leqslant 1$。
Bhattacharyya 参数定义为:

$$Z(W) \triangleq \sum_{y \in Y} \sqrt{W(y|0) W(y|1)} \tag{4.77}$$

当 W 的输入分布等概时,$C(W)$ 是可达的最高码率。如果每使用一次信道 W 就发送一个编码比特,则 $Z(W)$ 是最大似然译码错误概率的上界。$C(W)$ 和 $Z(W)$ 可以作为衡量信道速率和可靠性的参数。

记 W^N 为信道 W 的 N 次使用,即 $W^N : X^N \rightarrow Y^N$。这样 W^N 就是由 N 个独立的 W 副本组成的矢量信道,其信道转移概率为:

$$W^N(y_1^N | x_1^N) = \prod_{i=1}^{N} W(y_i | x_i) \qquad (4.78)$$

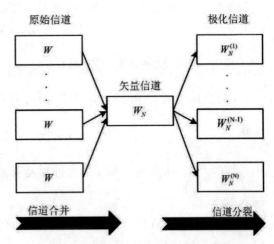

信道极化是指将 N 个独立的 BI-DMC 信道 W 的副本经过信道合并和分裂操作形成 N 个新的比特信道 $\{W_N^{(i)} : 1 \leq i \leq N\}$ 的过程。随着 N 的增大,N 个比特信道中的一部分会变成 $C(W_N^{(i)}) \rightarrow 0$ 的纯噪声信道,另一部分变成 $C(W_N^{(i)}) \rightarrow 1$ 的无噪声信道。在这样的极化信道上,信道编码是非常简单的:只需要将所要传输的数据加载在 $C(W)$ 趋近于 1 的那些信道上,而 $C(W)$ 趋近于 0 的那些信道不使用(传输收发双方已知信号),就可以实现数据的可靠传输。图 4.50 给出了一个信道合并和分裂示意图。

图 4.50　信道合并和信道分裂示意图

2.Polar 码编码原理

信道极化后,比特信道的容量产生极化现象。利用极化现象进行信息传输,在 $C(W_N^{(i)})$ 趋近于 1 的“好”比特信道上发送信息比特,在 $C(W_N^{(i)})$ 趋近于 0 的“坏”信道上传送收发双方已知的比特,这种编码方式称为极化编码。

Polar 码是陪集码的一种特例。令码长 $N = 2^n$,$n \geq 0$。对于一个给定的 N,每个码字都以相同的编码方法生成,即:

$$x_1^N = u_1^N G_N \qquad (4.79)$$

其中,x_1^N 为码字,u_1^N 为信息序列,G_N 为 $N \times N$ 的生成矩阵。

定义比特信道索引集合 $I = \{1, 2, \cdots, N\}$,令 A 为索引集合 I 的任意一个子集,那么式(4.79)可以写为:

$$x_1^N = u_A G_N(A) \oplus u_{A^c} G_N(A^c) \qquad (4.80)$$

其中,$A^c = \{1, 2, \cdots, N\} - A$ 是 A 的补集;$G_N(A)$ 为 G_N 的子矩阵,由 G_N 中以集合 A 中的元素为序号的行向量组成;$u_A = \{u_i, i \in A\}$。

如果固定集合 A 和序列 u_{A^c},把 u_A 作为需要传送的任意信息比特,就能设定从 u_A 到码字 x_1^N 之间的映射,这样生成的码称为 G_N 陪集码,它是以 $G_N(A)$ 为生成矩阵的线性分组码的一个陪集,其陪集由固定的向量 $u_{A^c} G_N(A^c)$ 确定,一个 G_N 陪集码由参数向量 (N, K, A, u_{A^c}) 决定,其中 $K = |A|$ 为码的维数(信息位长度),K/N 为码率,A 为信息比特索引集合(称为信息集合),u_{A^c} 为冻结比特。例如,由 $(4, 2, \{2, 4\}, (1, 0))$ 确定的码字可以写为:

$$x_1^4 = u_1^4 \, G_4 = (u_2, u_4) \begin{bmatrix} 1 & 0 & 1 & 0 \\ 1 & 1 & 1 & 1 \end{bmatrix} + (1,0) \begin{bmatrix} 1 & 0 & 0 & 0 \\ 1 & 1 & 0 & 0 \end{bmatrix} \tag{4.81}$$

当信息序列 $(u_2, u_4) = (1,1)$ 时，对应的码字为 $x_1^4 = (1,1,0,1)$。

Polar 码的编码就是将信息比特放置在集合 A 索引的比特信道，其他比特信道放置事先确定好的冻结比特，组成待编码的输入序列 $u_1^N = \{u_A, u_{A^c}\}$，经过生成矩阵得到码字 $x_1^N = u_1^N$ G_N，$N = 2^n$。Arikan 证明，对于对称信道，冻结比特可以任意选择，码性能是相同的。因此，我们一般简单地将冻结比特 u_{A^c} 全部设置为 0。在实际编码时，为了便于与 Polar 译码算法的递归结构结合，Polar 码的生成矩阵通常采用如下形式：

$$G_N = B_N \, F^{\otimes n} \tag{4.82}$$

其中，B_N 是反序置换矩阵，极化核 $F = \begin{bmatrix} 1 & 0 \\ 1 & 1 \end{bmatrix}$。此时，有以下 2 种编码实现方法。

(1) 直接生成 G_N 矩阵：G_N 中的第 (i, j) 项 $g_{i,j}$ 为：

$$(G_N)_{b_1 \cdots b_n, b_1' \cdots b_n'} = \prod_{k=1}^{n} (1 \oplus b_k' \oplus b_{n-k+1} b_k') \tag{4.83}$$

其中，$(b_1 \cdots b_n)$ 是下标 i 的二进制表示，即 $i = \sum_{k=1}^{n} b_k 2^{n-k} + 1$；$(b_1' \cdots b_n')$ 是下标 j 的二进制表示。

(2) 输入比特置换：基于 $G_N = B_N \, F^{\otimes n}$，首先将输入信息比特 u_1^N 经过比特反序置换，得到 $\tilde{u}_1^N = u_1^N B_N$；然后生成码字 $x_1^N = \tilde{u}_1^N F^{\otimes n} = u_1^N G_N$。这里的比特反序置换是：若 u_i 的下标 i 的二进制表示为 $(b_1, b_2, \cdots, b_n)$，则 $\tilde{u}_{b_1 \cdots b_n} = u_{b_n \cdots b_1}$。

例如，当 $N = 8$，$K = 4$ 时，通过计算确定信息位集合 $A = \{4,6,7,8\}$，冻结比特 (u_1, u_2, u_3, u_5) 全部置 0，得到信源序列 u_1^8，先经过比特翻转操作，再将翻转后的序列与 $F^{\otimes 3}$ 相乘后得到码字序列 x_1^8，上述编码过程可以用图 4.51 表示。

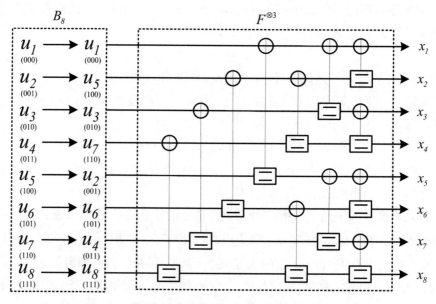

图 4.51　$N=8$ 的 Polar 码编码过程

Polar 码就是通过特定的规则计算等效比特信道的可靠性,然后选取信息集合 A 。可以通过计算比特信道参数 $Z(W_N^{(i)})$ 或 $C(W_N^{(i)})$ 并进行排序,选择可靠性最高的 K 个位置作为信息位索引集合。常用的构造方法有巴氏参数构造、蒙特卡罗构造、密度进化构造和高斯近似构造等,这里我们主要对巴氏参数构造方法进行介绍。

巴氏参数 $Z(W)$ 是最大似然译码错误概率的上界,因此可以作为衡量信道可靠度的参数。对于任意的 BI-DMC,信道容量 $C(W)$ 和巴氏参数 $Z(W)$ 有如下关系:

$$C(W) \geq \log(2/(1 + Z(W))) \tag{4.84}$$

$$C(W) \leq \sqrt{1 - Z(W)^2} \tag{4.85}$$

对于删除概率为 ε 的 BEC 信道,信道分裂得到的等效比特子信道的巴氏参数 $Z(W_N^{(i)})$ 可以通过以下的递推方式计算:

$$Z(W_N^{(2i-1)}) = 2Z(W_{N/2}^{(i)}) - Z(W_{N/2}^{(i)})^2 \tag{4.86}$$

$$Z(W_N^{(2i)}) = Z(W_{N/2}^{(i)})^2 \tag{4.87}$$

其中,递归的初始条件为 $Z(W_1^{(1)}) = \varepsilon$ 。并且,$Z(W_N^{(i)})$ 为等效比特子信道 $W_N^{(i)}$ 的删除概率,$W_N^{(i)}$ 的信道容量 $C(W_N^{(i)}) = 1 - Z(W_N^{(i)})$ 。然后根据计算出的 $Z(W_N^{(i)})$ 或 $C(W_N^{(i)})$,对 N 个等效比特子信道进行排序,选出可靠度最高的 K 个子信道作为信息位,得到码率为 $R = K/N$ 的 Polar 码。图 4.52 给出了 $N = 8$、$R = 1/2$ 的 Polar 码结构、可靠度排序,以及基于蝶形结构表示的比特信道。

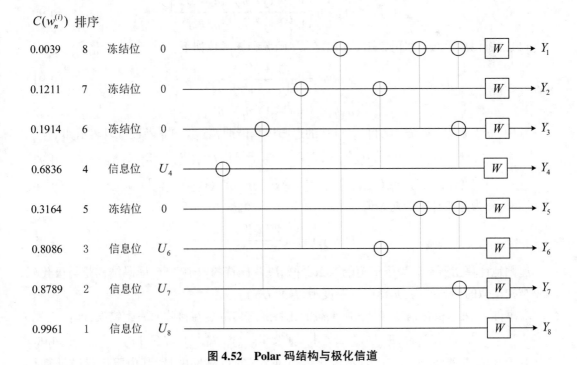

图 4.52 Polar 码结构与极化信道

3.Polar 码译码原理

根据极化现象的信道分裂过程,很自然地,Arikan 提出了逐次抵消(Successive Cancellation,SC)译码算法对 Polar 码进行译码[45],这是 Polar 码最经典的译码算法。后续众多改进版本也均是基于 SC 译码。此外,在实际应用中,经常会使用对数域的译码算法来降低存储和计算复杂度。因此,在这里我们主要介绍基于对数似然比(Log-Likelihood Ratio, LLR)的 SC 译码算法。

假设采用 SC 译码器对一个参数为 (N,K,A,u_{A^c}) 的 G_N Polar 码进行译码。编码器输入为二元序列 $u_1^N = \{u_A, u_{A^c}\}$,经过输入比特反序置换和编码,产生的码字记为 $x_1^N \in \{0,1\}^N$。x_1^N 通过转移概率为 $W(y|x)$ 的无记忆对称信道传输,信道的输出序列为 y_1^N。译码器的任务就是根据接收到的 y_1^N 和确定的 u_{A^c} 对信息序列 u_1^N 进行估计,产生 $\hat{u}_1^N$。

对于 $i \in \{1,2,\cdots,N\}$,各个比特的估计值可以由下式计算:

$$\hat{u}_i = \begin{cases} u_i, & i \in A^c \\ h_i(y_1^N, \hat{u}_1^{i-1}), & i \in A \end{cases} \tag{4.88}$$

其中,当 $i \in A^c$ 时,该比特为冻结比特,即收发端事先约定的比特,因此直接判决为 $\hat{u}_i = u_i$;当 $i \in A$ 时,该比特为承载信息的信息比特,判决函数表示为:

$$h_i(y_1^N, \hat{u}_1^{i-1}) = \begin{cases} 0, & L_N^{(i)}(y_1^N, \hat{u}_1^{i-1}) \geq 0 \\ 1, & L_N^{(i)}(y_1^N, \hat{u}_1^{i-1}) < 0 \end{cases} \tag{4.89}$$

定义信息比特 u_i 的 LLR 函数为:

$$L_N^{(i)}(y_1^N, \hat{u}_1^{i-1}) \triangleq \ln\left(\frac{W_N^{(i)}(y_1^N, \hat{u}_1^{i-1}|u_i = 0)}{W_N^{(i)}(y_1^N, \hat{u}_1^{i-1}|u_i = 1)}\right) \tag{4.90}$$

LLR 的计算可以通过递归完成。现定义 f 函数和 g 函数如下:

$$f(a,b) = \ln\left(\frac{1 + e^{a+b}}{e^a + e^b}\right) \tag{4.91}$$

$$g(a,b,u_s) = (-1)^{u_s} a + b \tag{4.92}$$

其中,$a,b \in R$,$u_s \in \{0,1\}$。LLR 的递归运算借助 f 函数和 g 函数可以表示如下:

$$L_N^{(2i-1)}(y_1^N, \hat{u}_1^{2i-2}) = f(L_{N/2}^{(i)}(y_1^{N/2}, \hat{u}_{1,o}^{2i-2} \oplus \hat{u}_{1,e}^{2i-2}), L_{N/2}^{(i)}(y_{N/2+1}^N, \hat{u}_{1,e}^{2i-2})) \tag{4.93}$$

$$L_N^{(2i)}(y_1^N, \hat{u}_1^{2i-1}) = g(L_{N/2}^{(i)}(y_1^{N/2}, \hat{u}_{1,o}^{2i-2} \oplus \hat{u}_{1,e}^{2i-2}), L_{N/2}^{(i)}(y_{N/2+1}^N, \hat{u}_{1,e}^{2i-2}), \hat{u}_{2i-1}) \tag{4.94}$$

同时,作为递归计算的初始值,有:

$$L_1^{(1)}(y_j) = \ln\frac{W(y_j|0)}{W(y_j|1)} \tag{4.95}$$

递归地计算出所有分裂子信道的 LLR,并判决各比特的取值。SC 译码结构是与极化码编码结构类似的递归结构,其译码复杂度为 $O(N\log N)$。

令事件 A_i 表示极化信道 $W_N^{(i)}$ 所承载的比特经过传输后在接收时发生错误,即:

$$A_i = \{u_1^N, y_1^N : W_N^{(i)}(y_1^N, u_1^{i-1} \mid u_i) < W_N^{(i)}(y_1^N, u_1^{i-1} \mid u_i \oplus 1)\} \tag{4.96}$$

对于 BEC,概率 $P(A_i)$ 可以表示极化信道 $W_N^{(i)}$ 的可靠性度量,其由巴氏参数计算得到,即:

$$P(A_i) = 0.5 \cdot Z(W_N^{(i)}) \tag{4.97}$$

式中系数为 0.5 是由于在信道接收符号为删除符号时,依然能够以 0.5 的概率通过猜测的方式正确译码。

此外,令事件 B_i 表示译码过程中第一个错误判决发生在第 i 个比特,即:

$$B_i = \{u_1^N, y_1^N : u_1^{i-1} = \hat{u}_1^{i-1}, W_N^{(i)}(y_1^N, u_1^{i-1} \mid u_i) < W_N^{(i)}(y_1^N, u_1^{i-1} \mid u_i \oplus 1)\} \quad (4.98)$$

那么,事件"SC 译码出现码块错误"可以定义为 $E = \bigcup_{i=1}^{N} B_i$。由于 $B_i \subset A_i$,则 $E \subset \sum_{i \in A} P(A_i)$。那么,Polar 码在 SC 译码下误块率的上限可以表示为:

$$P(E) \leqslant \sum_{i \in A} P(A_i) \quad (4.99)$$

图 4.53 给出了 Polar 码在 SC 译码下的误块率结果以及得到的上界,其中 Polar 码的码率均为 0.5,码长分别为 512、1024 和 2048。从图中可以看到,在误块率小于 0.1 的中、高信噪比区域,得到的上界曲线可以近似与实际仿真曲线相吻合。相对于 Turbo 码和 LDPC 码等,在码长有限的场景下,Polar 码在 SC 译码下的误块率可以直接通过计算估计得到。

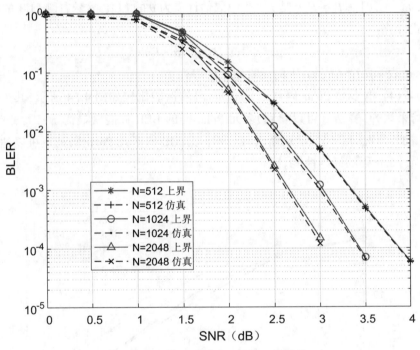

图 4.53 Polar 码在 SC 译码下的性能

4. 多元 Polar 码

E.Arikan 的最初提案是针对二进制输入信道提出的,但仍可以扩展到任意离散无记忆信道。将极化核扩展到伽罗华域 $GF(q)$ 可以表示为:

$$F = \begin{bmatrix} 1 & 0 \\ \gamma & 1 \end{bmatrix} \quad (4.100)$$

其中,$\gamma \in GF(q) \backslash 0$ 表示 $GF(q)$ 上的非零元素。

如此一来,将二元 Polar 编码中的模 2 运算均用 $GF(q)$ 上的运算代替,可以得到多元

Polar 码字。注意,此时多元 Polar 码的信息位选择不可以用传统的巴氏参数方法进行构造,一般使用蒙特卡罗方法。

对于多元 Polar 码的 SC 译码,在因子图的每个节点 (λ, n') 都存储着向左传递的软信息 LLR 和向右传递的硬估计,分别表示为 $L_\lambda^{(n')}$ 和 $R_\lambda^{(n')}$。此外,我们用 $L_\lambda = [L_\lambda^{(1)}, L_\lambda^{(2)}, \cdots, L_\lambda^{(N')}]$ 和 $R_\lambda = [R_\lambda^{(1)}, R_\lambda^{(2)}, \cdots, R_\lambda^{(N')}]$ 分别表示第 λ 列的 LLR 信息数组和估计数组,其中 N' 为码长。那么,多元 Polar 码 SC 译码的消息升级规则可以表示为:

$$L_\lambda^{(n')}[\theta] = \max_{\varphi \in F_q}\left\{-\sum_{i=1}^{2} L_{\lambda-1}^{(n')}\left[\widetilde{\omega}_{(0,\varphi)}^i\right]\right\} - \max_{\varphi \in F_q}\left\{-\sum_{i=1}^{2} L_{\lambda-1}^{(n'+2w-\lambda)}\left[\widetilde{\omega}_{(\theta,\varphi)}^i\right]\right\} \quad (4.101)$$

$$L_\lambda^{(n'+2w-\lambda)}[\theta] = \sum_{i=1}^{2} L_{\lambda-1}^{(n'+2w-\lambda)}\left[\widetilde{\omega}_{(R_\lambda^{(n')},\theta)}^i\right] - \sum_{i=1}^{2} L_{\lambda-1}^{(n')}\left[\widetilde{\omega}_{(R_\lambda^{(n')},0)}^i\right] \quad (4.102)$$

$$R_{\lambda-1}^{(n')} = R_\lambda^{(n')} + \gamma \cdot R_\lambda^{(n'+2w-\lambda)} \quad (4.103)$$

$$R_{\lambda-1}^{(n'+2w-\lambda)} = R_\lambda^{(n'+2w-\lambda)} \quad (4.104)$$

其中,$L_\lambda^{(n')}[\theta]$($\theta \in F_q$)是 $L_\lambda^{(n')}$ 中取估计值为 θ 的 LLR,等号右侧 LLR 的估计值 $\widetilde{\omega}_\alpha^i$ 可以由下式计算:

$$\widetilde{\omega}_\alpha = [\widetilde{\omega}_\alpha^1, \widetilde{\omega}_\alpha^2] = \alpha \cdot G_2 \quad (4.105)$$

其中,α 表示两个 $GF(q)$ 上的元素组成的序列。

基于 $GF(4)$ 的多元 Polar 码与二元 Polar 码的性能比较如图 4.54 所示,其中码率均为 1/2,译码均采用 SC 算法。可以看到,多元 Polar 码的 BER 性能明显优于二元 Polar 码。随着码长的增加,两者的误码性能逐渐改善。码长为 512 的四元 Polar 码基本可以达到码长为 1024 的二元 Polar 码的译码性能。

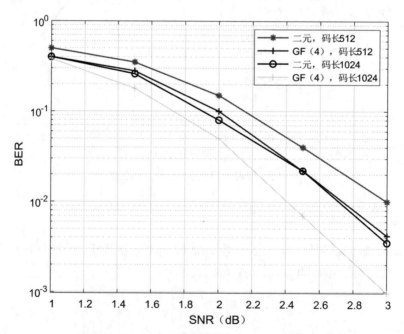

图 4.54 多元 Polar 码与二元 Polar 码的性能比较

4.4 信道估计与均衡技术

由于无线信道的复杂性和多变性,信号在传输时会受到各种干扰,导致接收信号的幅度、相位和频率失真,产生符号间干扰等。为了准确地恢复原始传输信号,尤其是在高复杂性、高传输速率以及高频谱利用率的5G无线通信系统中,信道估计与均衡算法的选择显得尤为重要。

4.4.1 信道估计

信道估计分析物理信道对输入信号的影响的过程。这里主要讨论OFDM系统在接收端获取导频位置信道状态信息的方法。

1.频域LS算法

频域最小二乘算法是OFDM系统中信道估计最基本的算法[46]。假设导频位置发送的子载波信息为X_p,接收到的导频位置子载波信息为Y_p,相应的频域信道衰落系数为H_p。则三者之间的关系可以表示为:

$$Y_p = X_p H_p + N \tag{4.106}$$

在LS估计算法中,使$Y - diag(X) H$最小,则信道冲激相应的估计值可以表示为:

$$\hat{H} = \mathrm{argmin} \ \| Y - diag(X) H \|^2 \tag{4.107}$$

则基于LS准则的信道估计算法可以表示为:

$$\hat{H}_{P,LS} = \mathrm{argmin} \left[(Y_P - X_P H_{P,LS})^T (Y_P - X_P H_{P,LS}) \right] \tag{4.108}$$

对其求偏导数,令其偏导数为0,即:

$$\frac{\partial (Y_P - X_P H_{P,LS})^T (Y_P - X_P H_{P,LS})]}{\partial H_{P,LS}} = 0 \tag{4.109}$$

基于LS准则的信道估计为:

$$\hat{H}_{P,LS} = (X_P^T X_P)^{-1} (X_P^T Y_P) = X_P^{-1} Y_P = H_P + \frac{N_P}{X_P} \tag{4.110}$$

所以$\hat{H}_{P,LS}$可以表示为:

$$\hat{H}_{P,LS} = [H_{P,LS}(0) \quad H_{P,LS}(1) \quad \cdots \quad H_{P,LS}(N_P - 1)]^T$$
$$= \left[\frac{Y_P(0)}{X_P(0)} \quad \frac{Y_P(1)}{X_P(1)} \quad \cdots \quad \frac{Y_P(N_P - 1)}{X_P(N_P - 1)} \right]^T \tag{4.111}$$

由式(4.111)可以看出,基于LS准则的信道估计方法算法结构简单,适用于实际应用系统。然而,由于LS估计不涉及信道频域和时域的相关特性,并且忽略了噪声影响,所以在噪声较大时会影响子信道的参数估计。

2.MMSE算法

为了减少噪声对信道估计的影响,可以采用最小均方误差(Minimum Mean Squared Error, MMSE)准则来设计信道估计算法[47]。假设$\hat{H}$为信道估计值,H为真实值,信道估计的均方误差为：

$$MSE = E[(H - \hat{H})^H (H - \hat{H})] \qquad (4.112)$$

接收端参考信号与信道之间的互相关矩阵表示为：

$$R_{HY} = E[H_p Y_p^H] = E[H_p (X_p H_p + N_p)^H] = R_{HH} X_p^H \qquad (4.113)$$

接收端导频的自相关矩阵表示为：

$$R_{\eta Y} = E[Y_p Y_p^H] = E[(X_p H_p + N_p)(X_p H_p + N_p)^H] = X_p R_{HH} X_p^H + \sigma_N^2 I_N \qquad (4.114)$$

其中，X_P 是由导频信号构成的对角矩阵，R_{HH} 为信道的自相关矩阵，σ_N^2 为信道的加性噪声方差。

根据 MMSE 准则，得到 MMSE 算法信道的频域响应为：

$$\begin{aligned}
\hat{H}_{MMSE} &= R_{HY} R_{YY}^{-1} Y_P \\
&= R_{HH} X_P^H (X_P R_{HH} X_P^H + \sigma_N^2 I_N)^{-1} Y_P \\
&= R_{HH} [R_{HH} + \sigma_N^2 (X_P^H X_P)^{-1}]^{-1} X_P^{-1} Y_P \\
&= R_{HH} [R_{HH} + \sigma_N^2 (X_P^H X_P)^{-1}]^{-1} \hat{H}_{LS}
\end{aligned} \qquad (4.115)$$

由上式可知，MMSE 算法以 LS 算法为基础，同时考虑了噪声带来的影响，所以性能要远远好于 LS 算法。但是，MMSE 算法的计算量大，矩阵 $(X_P^H X_P)^{-1}$ 和 $[R_{HH} + \sigma_N^2 (X_P^H X_P)^{-1}]^{-1}$ 的求逆过程都很复杂。并且求解信道响应矩阵所需要的参数 R_{HH} 与 σ_N^2 需要实时更新，这在实际应用中很难实现。因此，需要对 MMSE 算法进行优化和改进。

3. LMMSE 算法

线性最小均方误差（Linear MMSE，LMMSE）算法是以 MMSE 算法为基础的[48]。其核心思想是将式中的 $(X_P^H X_P)^{-1}$ 用 $E\{(X_P^H X_P)^{-1}\}$ 来代替，而在等概率调制时，我们有：

$$E\{(X_P^H X_P)^{-1}\} = E\{|1/X(k)|^2\} I \qquad (4.116)$$

因此，可以将 LMMSE 信道估计矩阵表示为：

$$H_{LMMSE} = R_{HH} \left[R_{HH} + \frac{\beta}{SNR} I \right]^{-1} \hat{H}_{LS} \qquad (4.117)$$

其中，$\beta = E\{|X(k)|^2\} E\{|1/X(k)|^2\}$ 是一个与星座图有关的常数，不同的调制方式对应不同的 β 值，比如 BPSL 和 QPSK 调制时，$\beta = 1$；16QAM 调制时，$\beta = 1.8889$；64QAM 调制时，$\beta = 2.6854$；$SNR = \dfrac{E\{|X(k)|^2\}}{\sigma_N^2}$ 为平均信噪比；信道相关矩阵 $R_{HH} = E\{HH^H\} = [r_{m,n}]$，其中：

$$H = [H_1 \quad H_2 \quad \cdots \quad H_N]^H \qquad (4.118)$$

上式中，H_k（$1 \leq k \leq N$）表示第 k 个子载波的信道冲激响应，用公式表示为：

$$H_k = \sum_{i=0}^{M-1} \alpha_i e^{-j\frac{2\pi k}{N}\tau_i} \qquad (4.119)$$

其中，α_i 表示相互独立的高斯随机变量；N 为多径数目；τ_i 为各径的时延。因此，可以将 R_{HH} 中的元素表示为：

$$r_{m,n} = E\{H_m H_n^*\} = E\left\{\sum_{i=0}^{M-1} \alpha_i e^{-j\frac{2\pi m}{N}\tau_i} \sum_{k=0}^{M-1} \alpha_k e^{-j\frac{2\pi n}{N}\tau_k}\right\}$$

$$= \frac{1 - e^{-L\left(\frac{1}{\tau_{rms}} + \frac{2\pi j(m-n)}{N}\right)}}{\tau_{rms}(1 - e^{-L/\tau_{rms}})\left(\frac{1}{\tau_{rms}} + \frac{2\pi j(m-n)}{N}\right)} \tag{4.120}$$

上式中,τ_{rms} 为信道各径平均时延,L 为信道冲激响应的最大长度。

由式(4.120)可以看到,在信道状况已知的情况下,R_{HH} 和 SNR 可设为常数,当 X_P 变化时,$R_{HH}[R_{HH} + (\beta/SNR)I]^{-1}$ 无须重复计算,这样就大大减少了计算量。然而在实际的工程应用中,信道的状态特性往往是未知的。因此,便产生了通过奇异值分解(Singular Value Decomposition, SVD)来简化 R_{HH} 的计算的 SVD-LMMSE 信道估计算法。

4.SVD-LMMSE 算法

SVD-LMMSE 算法[49]的关键是将信道相关矩阵 R_{HH} 作 SVD 分解,即:

$$R_{HH} = U\Lambda U^H \tag{4.121}$$

其中,U 为满秩酉矩阵,对角阵 Λ 的对角线奇异值满足 $\lambda_n \geq \lambda_1 \geq \cdots \geq \lambda_{N-1} \geq 0$。将 Λ 对角线上的部分元素置 0(当作噪声处理),可以得到基于 SVD 的 LMMSE 信道响应矩阵为:

$$\hat{H}_{SVD} = U\begin{bmatrix} \Delta_m & 0 \\ 0 & 0 \end{bmatrix} U^H \hat{H}_{LS} \tag{4.122}$$

这里,Δ_m 的对角线元素为

$$\varepsilon_k = \begin{cases} \dfrac{\lambda_s}{\lambda_k + \beta/SNR} & k = 0,1,\cdots,m-1 \\ 0 & k = m,m+1,\cdots,N-1 \end{cases} \tag{4.123}$$

式中,$\beta = E\{|X(k)|^2\}E\{1/|X(k)|^2\}$,$SNR = \dfrac{E\{|X(k)|^2\}}{\sigma_N^2}$。而 m 的选择一般与循环前缀的长度相关,通过选择合适的 m,可以降低计算复杂度。

5.时域 LS 算法

前面所提的算法都是直接在频域估计信道响应的算法,而另外一种信道估计方法是先估算出信道的时域冲激响应,然后,通过傅里叶变换得到频域信道信息。我们将此方法称为时域 LS 算法[50]。

式(4.106)可以重写为:

$$Y_p = X_p H_p + N = X_p F_p h_p + N = Q h_p + N \tag{4.124}$$

其中,$h_p = [h(\tau_0),h(\tau_1),\cdots,h(t_{L-1})]^T$ 为时域冲激响应,L 为径数。

按照 LS 准则,可以获得时域 LS 算法的估计:

$$\hat{h}_{p,LS} = QY_p \tag{4.125}$$

估计出时域响应后,按照径的位置信息作傅里叶变换,可得频域信道信息。其信道估计误差为:

$$MSE = \frac{L}{K} \frac{1}{SNR} \tag{4.126}$$

其中，L 和 K 分别为径数和子载波数，SNR 为导频符号的信噪比。

6.ML 算法

最大似然（Maximum Likelihood，ML）算法[51]采用迭代的方法，首先利用导频或前一个 OFDM 符号计算信道的初始状态，然后采用直接判决方式跟踪信道的变化。用 X,h 和 Y 分别表示发送信号、信道冲激响应和接收信号。在给定 X 和 h 的情况下，Y 的似然函数可以表示为：

$$f(Y|X,h) = \frac{1}{2\pi\sigma^2}\exp\left(-\frac{|Y-HX|^2}{2\sigma^2}\right) \tag{4.127}$$

最大似然就是根据接收信号的概率密度函数，看星座图符号集中在哪个符号使概率密度函数最大，就判决为哪个符号，则信道冲激响应的传统 ML 估计[52]为：

$$\hat{h}_m = (F^H F)^{-1} F^H X^{-1} Y \tag{4.128}$$

7.基于联邦学习的方案

机器学习由于其低复杂度和鲁棒性，在信道估计领域同样引起了广泛的研究兴趣。通过机器学习进行信道估计需要在数据集上进行模型训练，其包括接收到的导频信号作为输入以及信道数据作为输出。通常，模型训练大多是通过集中学习完成的，其中整个训练数据集从基站的用户处收集。这种方法为数据收集带来了巨大的通信开销。最近有研究表明，基于联邦学习的框架可以用于信道估计技术，从而解决这一问题。

在训练数据收集阶段，可以将接收的导频数据 $G_k[m]$ 和估计的信道数据 $\hat{H}_k[m]$ 存储在用户的内部存储器中。随后，用户通过上行链路传输将估计的信道数据反馈给基站。因此，在传送了 $i = 1,\cdots,D_k$ 个数据块后，可以在第 k 个用户处收集本地数据集 D_k。一旦收集到训练数据，就对全局模型进行训练。这样，每个用户可以简单地通过向训练后的神经网络反馈 $G_k[m]$ 来估计自己的信道，并获得 $\hat{H}_k[m]$。这种方法可以允许收集不同信道相干时间的训练数据。

在联邦学习框架中，本地数据集 $D_{k\in K}$ 是保存在用户处的，而不会被传输到基站。因此，基于联邦学习模型的训练可以通过解决下述问题来实现：

$$\underset{\theta}{minimize} \quad \bar{\mathcal{L}}(\theta) = \frac{1}{K}\sum_{k=1}^{K}\mathcal{L}_k(\theta) \tag{4.129}$$
$$subject\ to: \quad f(X_k^{(i)} \mid \theta) = Y_k^{(i)}, i = 1,\cdots,D_k, k \in K$$

其中，$\mathcal{L}_k(\theta) = \frac{1}{D_k}\sum_{i=1}^{D_k}\|f(X_k^{(i)} \mid \theta) - Y_k^{(i)}\|_F^2$。对于 $k \in K = \{1,\cdots,K\}$，$X_k^{(i)}$ 表示第 i 个输入数据（导频信号），$Y_k^{(i)}$ 表示第 i 个输出/标签数据（信道矩阵）。$f(X \mid \theta) = Y$ 为输入输出在全局神经网络下构建的非线性关系，$\theta \in \mathbb{R}^P$ 表示可学习参数。

通过使用梯度下降法，迭代求解上述问题。每个用户分别将梯度计算为 $g_k(\theta_t) = \nabla\mathcal{L}_k(\theta_t)$，随后将其发送至基站。在基站侧，模型参数会更新为：

$$\theta_{t+1} = \theta_t - \eta\frac{1}{K}\sum_{k=1}^{K}g_k(\theta_t) \tag{4.130}$$

需要注意的是，学习模型的收敛取决于无线因素，例如发送和接收模型更新的信噪比。特别是由于训练期间的数据包错误，收敛速度还会变慢。此外，在每一轮通信中，信道统计信息都会发生变化,这就需要对每一轮进行信道状态信息进行捕获。

对于全局神经网络,其输入为前序阶段接收到的导频信号。那么,在第 k 个用户处接收到的导频信号可以写为:

$$\overline{Y}_k[m] = \overline{W}^{\mathrm{H}}[m] H_k[m] \overline{F}[m] \overline{S}[m] + \widetilde{N}_k[m] \qquad (4.131)$$

其中,$\overline{F}[m]$ 和 $\overline{W}[m]$ 为波束赋形矩阵,$\overline{S}[m]$ 为导频信号,$\widetilde{N}_k[m]$ 为有效噪声矩阵。

此外,全局神经网络的输出可以写为:

$$Y_k = [vec\{\mathrm{Re}\{H_k[m]\}\}^T, vec\{\mathrm{Im}\{H_k[m]\}\}^T]^T \qquad (4.132)$$

因此,全局神经网络可以将接收到的导频信号 $G_k[m]$ 映射到信道矩阵 $H_k[m]$ 。对于上述用于信道估计的全局神经网络构建和详细训练流程,可以参考文献[53]和[54]。

8.性能比较

根据文献[55]的实验结果,采用 5 径准静态瑞利衰落信道仿真,对应的时延分别为0ns、25ns、100ns、200ns 和 400ns。OFDM 系统的子载波数设置为128,循环前缀点数是 32,基带系统带宽为 40MHz,系统采样率为 40MHz,最大多普勒频移为 40Hz,数字调制方式为 16QAM,信道检测采用迫零检测,使用块状导频,用 100 个随机生成的 OFDM 符号作为数据源,分别采用 LS、LMMSE、SVD−LMMSE 进行信道估计,算法性能对比如图 4.55 所示。

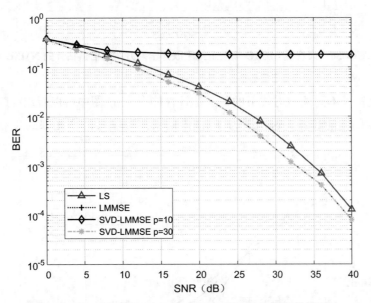

图 4.55 LS、LMMSE、SVD−LMMSE 信道估计算法性能对比

图 4.55 中比较了使用块状导频时,LS 算法、LMMSE 算法、SVD−LMMSE 算法的性能。可以观察到,当 SVD−LMMSE 算法的秩数较低时,性能不会随着信噪比的增加产生明显的变化。LMMSE 算法性能总体优于 LS 算法,但差距很小。所以在高信噪比的条件下,复杂度较低的 LS 算法是合适的选择。采用 SVD−LMMSE 算法时,阶数越大时算法的性能越好,和LMMSE 算法越接近。

文献[53]给出了联邦学习方案与 LS 等其他方案的归一化均方误差(Normalized Mean

Squared Error，NMSE)性能比较,如图 4.56 所示。仿真考虑用户数量为 8,每个用户的本地数据集包括 100 个不同的信道实现。在大规模 MIMO 场景中,天线数量设置为 32。此外,仿真中还加入了使用集中学习框架的结果。从图 4.56 可以看出,基于联邦学习的方案具有可靠的信道估计性能。具体来看,联邦学习和集中学习在信噪比 ≤ 25dB 时有相似的 NMSE,联邦学习的性能在高信噪比时会达到上限。此外,联邦学习方案相比其他几种方案都显示出了更小的 NMSE。

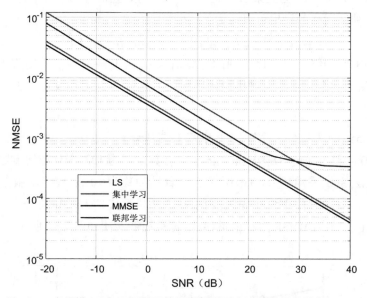

图 4.56　大规模 MIMO 场景下基于联邦学习方案的信道估计的 NMSE

　　图 4.57 比较了不同插值方式下的信道估计性能[55]。从图中可以看出,线性插值的性能最差,三次插值的性能最好。这是因为,线性内插只需要参考两个相邻的导频信息,很容易

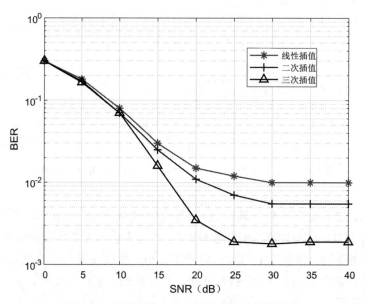

图 4.57　不同插值方式下的信道估计性能对比

实现。二次内插需要利用三个相邻的导频信息,利用二次多项式进行拟合,复杂度有所增加,但是相对于线性内插性能也有所提高。三次样条插值至少需要四个导频信息,同时利用 Cubic 样条曲线进行拟合,性能提升更加明显。

4.4.2 信道均衡

信道均衡是为了消除或削弱宽带通信中多径时延引起的符号间干扰(ISI)问题,达到提高衰落信道下的系统传输性能的目的。根据均衡准则,可以将信道均衡技术分为迫零(Zero force, ZF)均衡[56]、MMSE 均衡[57]和 ML 均衡[58]。理论上,ML 算法性能是较优的,但其算法复杂度过高,在实际应用中受限。因此,本节主要对 ZF 均衡和 MMSE 均衡技术进行介绍。

1.ZF 均衡

ZF 均衡算法是一种从峰值失真准则推导出的线性均衡算法。将 OFDM 系统接收端的频域输出方程用矩阵表示为:

$$Y = HS + N \tag{4.133}$$

式中,N 为高斯加性噪声,为求得输入信号 S,一个最直接的办法就是等式两边乘以信道冲激响应矩阵的逆,得到解调后的输入信号:

$$\tilde{S} = H^{-1}Y = S + H^{-1}N \tag{4.134}$$

上式就是迫零均衡的基本思想,因此迫零均衡器为:

$$W_{ZF} = H^{-1} \tag{4.135}$$

当传输信道具有较深的频谱凹陷点时,H^{-1} 一般不存在,此时一般由其伪逆 H^+ 来代替,即:

$$W_{ZF}' = H^+ = (H^H H)^{-1} H^H \tag{4.136}$$

2.MMSE 均衡

MMSE 均衡的思想是通过计算得到一个均衡器 W_{MMSE},使得恢复出来的输入信号与实际发送的输入信号的均方差最小,即:

$$MSE = \operatorname{argmin}\{E[(S - \tilde{S})^H(S - \tilde{S})]\} \tag{4.137}$$

将上式中的 $\tilde{S}$ 用 $W_{MMSE}Y$ 替换得到:

$$MSE = \operatorname{argmin}\{E[(S - W_{MMSE}Y)^H(S - W_{MMSE}Y)]\} \tag{4.138}$$

最后导出最小均方误差的均衡器为:

$$W_{MMSE} = H^H \left(HH^H + \frac{P_N}{P_S}I\right)^{-1} = H^H \left(HH^H + \frac{1}{SNR}I\right)^{-1} \tag{4.139}$$

其中,$P_S = \sigma_s^2$ 是发送信号的平均功率;$P_N = \sigma_N^2$ 是加性高斯白噪声的平均功率。

3.性能比较

图 4.58 比较了 ZF 均衡和 MMSE 均衡算法分别在 EPA-5Hz、EVA-70Hz 和 ETU-300Hz 信道环境下的误码性能仿真[59]。从图 4.58 可以看出,三种信道环境下 ZF 均衡与 MMSE 均衡的误码性能无明显差别。这是因为 OFDM 系统可以将高速数据流分解为并行的低速数据流,这将显著延长 OFDM 的符号周期以减少符号间干扰。由于加入了循环前缀,可以进一步

减少多径衰落带来的影响。

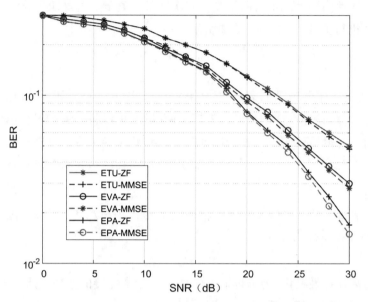

图 4.58　LS、LMMSE、SVD-LMMSE 信道估计算法性能对比

4.5　极化码行业应用分析

可见光通信技术(Visible Light Communication,VLC)是指利用可见光波段的光作为信息载体,不使用光纤等有线信道的传输介质,而在空气中直接传输光信号的通信方式。

VLC 将 LED 灯的亮灭代表二进制的"0"和"1",通过 LED 灯的高速闪烁来发送数据。开关键控(OOK)是光通信中最简单、最传统的调制方法,具有复杂度低、能够实现足够带宽等优点。利用曼彻斯特码和补偿符号(全 0 或全 1 比特)来抑制闪烁和控制调光,可以实现任意的调光率并确保不会产生闪烁抑制,但会严重降低 VLC 系统的传输效率。为了提高系统的传输效率,文献[60]介绍了基于整形极化码的调光控制方案,在文献[61]中,该方案在 VLC 实验环境下得到验证。

基于整形极化码的可调光 VLC 系统框图如图 4.59 所示。

在发射端,调光控制模块包括两部分:预编码器和极化码编码器,它的输入包括待编码序列 u 和调光率 d,而 u 包含 k 个信息比特和 $(n-k)$ 个冻结比特。首先,调光控制模块将 u 编码成码字中"1"所占比例等于调光率 d 的整形极化码 c;然后,OOK 光调制模块将整形极化码码字中的"1"和"0"分别调制成 LED 灯的开和关两种状态,即得到了目标的调光率。

OOK 调制后的光信号经过自由空间信道传输后到达接收端。在接收端,通过 OOK 光解调模块得到接收序列 y,此处假设传输信道为高斯信道,则 $y=c+n$,其中 n 为加性高斯白噪声。最后,经过极化码译码器译码后得到待编码序列的估计值 $\tilde{u}$。

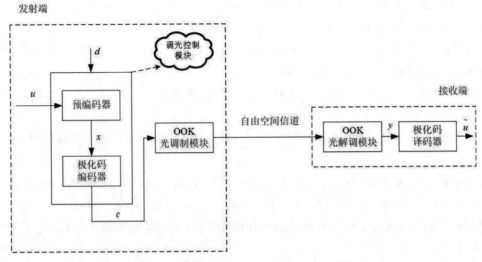

图 4.59　基于整形极化码的可调光 VLC 系统框图

4.6　本章小结

本章主要围绕调制技术、信道编码技术、信道估计与均衡技术进行讲解。首先介绍了调制技术,重点介绍了扩频调制、OFDM 调制、非正交多址调制以及其他新型调制技术。随后介绍了信道编码中的主流信道编码技术,如 Turbo 码、LDPC 码和 Polar 码。最后介绍了多种常见的 OFDM 通信系统在接收端获取导频位置信道状态信息的方法以及 ZF 均衡和 MMSE 均衡技术。

参考文献

[1]查光明,熊贤祚.扩频通信[M].西安:西安电子科技大学出版社, 2000.

[2]樊昌信,曹丽娜.通信原理[M].北京:国防工业出版社, 2012.

[3]张辉,曹丽娜.现代通信原理与技术[M].西安:西安电子科技大学出版社, 2013.

[4]石云墀.中频解扩数字接收机设计[D].上海:上海交通大学, 2005.

[5]张邦宁,魏安全,郭道省.通信抗干扰技术[M].北京:机械工业出版社, 2006.

[6]暴宇,李新民.扩频通信技术及应用[M].西安:西安电子科技大学出版社, 2011.

[7]王守亚.直接序列扩频通信系统伪码同步技术的研究[D].合肥:合肥工业大学, 2013.

[8]陶崇强,杨全,袁晓. m 序列、Gold 序列和正交 Gold 序列的扩频通信系统仿真研究[J].电子设计工程, 2012, 20(18):148-150.

[9]GOLAY M J. Multi-slit spectrometry[J]. Journal of the optical society of America, 1949, 39(6):437-444.

[10]GOLAY M J E. Static multislit spectrometry and its application to the panoramic display of infrared spectra[J]. Journal of the optical society of America, 1951, 41(7):468-472.

［11］SUEHIRO N, TORII H, MATSUFUJI S, et al. Quadriphase M－ary CDMA signal design without co－channel interference for approximately synchronized mobile systems［C］//Proceedings Third IEEE Symposium on Computers and Communications. ISCC'98. (Cat. No. 98EX166). Los Alamitos, CA：IEEE, 1998：110-114.

［12］丁凌琦,穆道生,蒋太杰.OFDM 技术应用现状分析［J］.软件,2016,37(10):130-134.

［13］唐昊,韩东洪,周蕊.浅析 OFDM 技术及其应用［J］.网络安全技术与应用,2019(5)：62-64.

［14］HUANG M, HUANG L, SUN W Z, et al. Accurate signal detection for BPSK-OFDM systems in time-varying channels［J］. Digital signal processing,2017,60:370-379.

［15］刘策伦,罗靖杰,王芳.一种适用于 QAM-OFDM 自适应分配算法［J］.微电子学与计算机,2021,38(03):61-65+71.

［16］COVER T M, THOMAS J A. Elements of informtion theory［M］. Hoboken, NJ：John Wiley & Sons, Inc.,2006.

［17］DING Z G, PENG M G, POOR H V, et al. Cooperative non－orthogonal multiple access in 5G systems［J］. IEEE communications letters, 2015,19(8):1462-1465.

［18］CAI Y, QIN Z, CUI F, et al. Modulation and multiple access for 5G networks［J］. IEEE communications surveys & tutorials, 2018, 20(1):629-646.

［19］WANG B, WANG K, LU Z, et al. Comparison study of non－orthogonal multiple access schemes for 5G［C］// 2015 IEEE International Symposium on Broadband Multimedia Systems and Broadcasting, Ghent：IEEE, 2015:1-5.

［20］CHEN S, REN B, GAO Q, et al. Pattern division multiple access—a novel nonorthogonal multiple access for fifth-generation radio networks［J］. IEEE transactions on vehicular technology, 2017,66(4):3185-3196.

［21］TANG W, KANG S, FU X, et al. On the performance of PDMA with decode－and－forward relaying in downlink network［J］. IEEE access, 2018:1-1.

［22］TANG W, KANG S, REN B. Performance analysis of cooperative pattern division multiple access(Co-PDMA) in uplink network［J］. IEEE access, 2017, PP(99):1-1.

［23］NIKOPOUR H, BALIGH H. Sparse code multiple access［C］//IEEE International Symposium on Personal Indoor & Mobile Radio Communications. London：IEEE, 2013.

［24］YUAN Z, YU G, LI W, et al. Multi－user shared access for Internet of things［C］// 2016 IEEE 83rd Vehicular Technology Conference(VTC Spring). Nanjing：IEEE, 2016.

［25］YOON H G, CHUNG W G, JO H S, et al. Spectrum requirements for the future development of IMT-2000 and systems beyond IMT-2000［J］. Journal of communications & networks, 2012, 8(2):169-174.

［26］CHEN S, REN B, GAO Q, et al. Pattern division multiple access—a novel nonorthogonal multiple access for fifth-generation radio networks［J］. IEEE transactions on vehicular technology, 2017,66(4):3185-3196.

［27］任斌.面向 5G 的图样分割非正交多址接入（PDMA）关键技术研究［D］.北京:北京邮电大学,2017.

［28］SALTZBERG B R. Performance of an efficient parallel data transmission system［J］. IEEE transactions on communications, 1967, 15(6):805-811.

［29］CHEN D, QU D, JIANG T, et al. Prototype filter optimization to minimize stopband energy with NPR constraint for filter bank multicarrier modulation systems［J］.IEEE transactions on signal processing, 2012,61(1):159-169.

［30］何燃燃.未来移动通信中的交织多址技术研究［D］.成都:电子科技大学, 2020.

［31］SHENTAL O, ZAIDEL B M, SHAMAI S. Low-density code-domain NOMA:better be regular［J］. IEEE international symposium on information theory(ISIT), 2017:2628-2632.

［32］BERROU C, GLAVIEUX A, THITIMAJSHIMA P. Near Shannon limit error-correcting coding and decoding:Turbo - codes. 1［C］//Proceedings of ICC'93 - IEEE International Conference on Communications. Geneva:IEEE, 1993, 2:1064-1070.

［33］BERROU C, GLAVIEUX A. Near optimum error correcting coding and decoding:Turbo-codes［J］. IEEE transactions on communications, 1996, 44(10):1261-1271.

［34］BERROU C, GLAVIEUX A. Reflections on the prize paper:near optimum error correcting coding and decoding:turbo codes［J］. IEEE IT society newsletter, 1998, 48(2):23-31.

［35］MASSEY P C, COSTELLO D J. New developments in asymmetric turbo codes［J］. International symposium on turbo codes and related topics, 2000.

［36］TAKESHITA O Y, COLLINS O M, MASSEY P C, et al. Asymmetric turbo-codes［C］// IEEE International Symposium on Information Theory. Cambridge:IEEE, 1998:179.

［37］邓家梅. Turbo 码几个关键问题的研究［D］.上海:上海大学,1999.

［38］金香文. Turbo 码原理与交织技术研究［D］.西安:西安电子科技大学,2014.

［39］GALLAGER R. Low-density parity-check codes［J］. IRE transactions on information theory, 1962, 8(1):21-28.

［40］TANNER R. A recursive approach to low complexity codes［J］. IEEE transactions on information theory, 1981, 27(5):533-547.

［41］MACKAY D J C. Good error-correcting codes based on very sparse matrices［J］. IEEE transactions on information theory, 1999, 45(2):399-431.

［42］SIPSER M, SPIELMAN D A. Expander codes［J］. IEEE transactions on information theory, 1996, 42(6):1710-1722.

［43］KSCHISCHANG F R, FREY B J, LOELIGER H A. Factor graphs and the sum-product algorithm［J］. IEEE transactions on information theory, 2001, 47(2):498-519.

［44］李秀花,高永安,马雯.LDPC 码译码算法及性能分析［J］.现代电子技术,2014,37(1):1-4.

［45］ARIKAN E. Channel polarization:a method for constructing capacity-achieving codes for symmetric binary-input memoryless channels［J］. IEEE transactions on information theory, 2009, 55(7):3051-3073.

［46］HOEHER P. A statistical discrete-time model for the WSSUS multipath channel［J］. IEEE transactions on vehicular technology, 1992, 41(4): 461-468.

［47］MORELLI M, MENGALI U. A comparison of pilot-aided channel estimation methods for OFDM systems［J］. IEEE transactions on signal processing, 2001, 49(12): 3065-3073.

［48］OZDEMIR M K, ARSLAN H, ARVAS E. Toward real-time adaptive low-rank LMMSE channel estimation of MIMO-OFDM systems［J］. IEEE transactions on wireless communications, 2006, 5(10): 2675-2678.

［49］HAMMARBERG P, EDFORS O. A comparison of DFT and SVD based channel estimation in MIMO OFDM systems［C］//2006 IEEE 17th International Symposium on Personal, Indoor and Mobile Radio Communications. Helsinki: IEEE, 2006: 1-5.

［50］卢鑫,蔡铁,徐骏.基于 DFT 的时域 LS 信道估计算法［J］.计算机工程, 2010, 36(11):3.

［51］马淑芬.离散信号检测与估计［M］.北京:电子工业出版社, 2010.

［52］CHEN P, KOBAYASHI H. Maximum likelihood channel estimation and signal detection for OFDM systems［C］//2002 IEEE International Conference on Communications. New York: IEEE, 2002, 3: 1640-1645.

［53］ELBIR A M, COLERI S. Federated learning for channel estimation in conventional and RIS-assisted massive MIMO［J］. IEEE transactions on wireless communications, 2021, 21(6): 4255-4268.

［54］HOU W, SUN J, GUI G, et al. Federated learning for DL-CSI prediction in FDD massive MIMO systems［J］. IEEE wireless communications letters, 2021, 10(8): 1810-1814.

［55］严瑛.高速通信系统的物理层技术研究与实现［D］.成都:电子科技大学,2020.

［56］COURVILLE M D, DUHAMEL P, MADEC P, et al. Blind equalization of OFDM systems based on the minimization of a quadratic criterion［C］//Proceedings of ICC/SUPERCOMM'96-International Conference on Communications. Dallas: IEEE, 1996, 3: 1318-1322.

［57］LUISE M, REGGIANNINI R, VITETTA G M. Blind equalization/detection for OFDM signals over frequency-selective channels［J］. IEEE journal on selected areas in communications, 1998, 16(8): 1568-1578.

［58］THOMAS T A, VOOK F W. Broadband MIMO-OFDM channel estimation via near-maximum likelihood time of arrival estimation［C］//2002 IEEE International Conference on Acoustics, Speech, and Signal Processing. Orlando: IEEE, 2002, 3: III-2569-III-2572.

［59］陈金鹏. LTE 下行系统信道估计与均衡技术的研究与实现［D］.成都:电子科技大学,2017.

［60］YANG F, FANG J F, XIAO S L, et al. Shaped polar codes for dimmable visible light communication［J］. Optics communications, 2021, 496: 127126.

［61］杨帆,方佳飞,肖石林,等.基于整形极化码的可调光 VLC 系统实验研究［J］.光通信技术,2022,46(2):24-27.

5 大规模多输入多输出技术

5.1 引言

随着通信系统的飞速发展,下一代移动通信系统对于系统吞吐量、频谱效率以及覆盖范围等的要求不断提高,多输入多输出技术是第四代(4th Generation,4G)移动通信系统中的核心技术之一,其基本原理是在无线通信的发送端和接收端同时使用多个发送天线或接收天线,具体来说,发送机采用多个天线进行独立传输,反过来,接收机则同样利用多个天线来恢复发射端的原始信息[1]。实验证明,发射机或者接收机配备的天线数目越多,就会造成越多可能的信号路径,因此在数据速率和链路可靠性方面的性能越来越好。针对未来通信系统的超高速率、超低时延和超大吞吐量的数据服务,基站的设计概念逐渐向大规模 MIMO 技术演进,大规模 MIMO 是指在蜂窝基站装配大量天线原件,比传统 MIMO 技术使用的天线增加几个数量级,信号传输路径增多使得信道产生更高的自由度,通信数据速率和系统容量指标都会更好,并且大规模 MIMO 与其他技术的结合还能提高峰值下行链路吞吐量,大幅改善上行链路性能以及增强覆盖能力等。

传统天线(例如传统基站天线或传统一体化有源天线)与大规模 MIMO 天线在形态上有所不同,具体来说,大规模 MIMO 的阵列数量十分庞大,且单元有能力独立进行收发,相反,传统天线阵列数量很小,且单元没有能力进行独立收发,而是众多天线单元同时进行数据的发送和接收。高频大规模 MIMO 天线在实际生活中有很高的利用价值,往往能够被利用在无线回传、热点地区或室内容量等方面。若能对混合高低频组网加以利用,就能够实现更高质量的频谱利用率。

图 5.1 展示了一个典型的 MIMO 通信系统模型。在该模型中,发送端有 Nt 个天线,接收端有 Nr 个天线。每个天线发送的信号通过信道被传输到接收天线,信道矩阵包含了从每个发送天线到每个接收天线的信道响应。接收端的信号为通过信道矩阵传输的信号和噪声的叠加。

贝尔实验室的 Marzetta 教授最先提出了大规模 MIMO 的传输方案,在该传输方案里,小区基站配备的天数数量远远大于小区中的用户数量,并且每个用户都只配备单天线。基站想要获取这些用户的上下行信道参数估值来实施上行多用户接收处理和下行多用户预编码传输,就要利用上行链路正交导频和时分双工(Time Division Duplexing,TDD)系统,实现上行信道和下行信道之间的互换。

在传输方案中,Marzetta 教授假设各用户信道矢量是独立同分布的。这是因为有实验证明:当基站的天线数量趋于无穷大时,多用户的信道之间正交性变得越来越明显,同时高斯

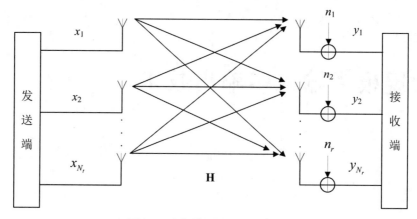

图 5.1 大规模 MIMO 原理框图

噪声和不相关的小区间干扰渐渐消失。结合这种情况,用户在进行数据传输时可以用任意低的发送功率,用户的容量仅受其他小区中采用相同导频序列的用户的干扰(即导频污染)限制,大规模 MIMO 系统容量可以实现 4G 系统容量的 24 倍[2]。

表 5.1 对比了传统 MIMO 和大规模 MIMO 的不同特性,涵盖了天线数量、信道状况、信道相关性、信道稳定性、信号处理复杂度等多个方面的差异。

表 5.1 传统 MIMO 与大规模 MIMO 性能比较

技术内容	传统 MIMO	大规模 MIMO
天线数	≤8	≥100
信道角域值	不确定	随着矩阵的增长形成一个确定函数
信道矩阵	要求低	要求高
信道容量	小	大
分集增益	少	多
链路稳定性	低	高
抵御噪声能力	弱	强
阵列分辨率	低	高
天线相关性	弱	强
耦合	低	高
SER	高	低
导频污染	无	无

5.2 大规模 MIMO 信道模型

5.2.1 窄带大规模 MIMO 信道模型

对一个 TDD 单小区大规模 MIMO 传输系统进行分析,其中基站侧配置 M 根天线,小区内用户数量为 $K(K < M)$,为每个用户配备单天线。假设一个随时间变化服从块状衰落的平衰落信道模型,在一个相干时间块内,信道特性保持不变,而在不同的相干时间块间,信道的变化相互独立,且服从既定的随机过程。

我们通过射线跟踪对信道建模,则用户 k 对基站的上行信道可以建模为:

$$g_k = \int_A \upsilon(\theta) \ g_k(\theta) \, \mathrm{d}\theta$$
$$= \int_{\theta^{\min}}^{\theta^{\max}} \upsilon(\theta) \ g_k(\theta) \, \mathrm{d}\theta \in \mathbb{C}^{M \times 1} \tag{5.1}$$

式中,$g_k(\theta)$ 和 $\upsilon(\theta) \in \mathbb{C}^{M \times 1}$ 分别表示(复数值)角度域信道增益函数和基站侧对应入射角 θ 的阵列响应矢量。假定信道满足功率约束条件 $\| \upsilon(\theta) \| = \sqrt{M}$。此外,不失一般性,可以假定信道到达角 θ 位于区间 $A = [\theta^{\min}, \theta^{\max}]$ 之内。

假定信道的随机相位服从均匀分布,因此 $E\{g_k\} = 0$。此外,位于不同物理方向的信道是统计不相关的,即 $E\{g_k(\theta) g_k^*(\theta')\} = \beta_k S_k(\theta) \cdot \delta(\theta - \theta')$,其中 β_k 代表信道大尺度衰落因子,$S_k(\theta)$ 表示信道角度域功率谱函数。所以,信道协方差矩阵可以表示为:

$$R_k = E\{g_k g_k^H\}$$
$$= \beta_k \int_{\theta^{\min}}^{\theta^{\max}} \upsilon(\theta) \ (\upsilon(\theta))^H S_k(\theta) \, \mathrm{d}\theta \in \mathbb{C}^{M \times M} \tag{5.2}$$

假定信道功率谱满足归一化条件 $\int_{-\infty}^{\infty} S_k(\theta) \, \mathrm{d}\theta = 1$,则信道协方差矩阵满足:

$$\mathrm{tr}(R_k) = \beta_k M \int_{\theta^{\min}}^{\theta^{\max}} S_k(\theta) \, \mathrm{d}\theta \tag{5.3}$$

当基站天线数量趋于无穷大时,大规模天线阵列对角度域信道有很强的分辨能力,此时大规模天线阵列响应矢量的渐进特性可以表示为[3]:

$$\mathrm{tr}(R_k) = \beta_k M \int_{\theta^{\min}}^{\theta^{\max}} S_k(\theta) \, \mathrm{d}\theta \tag{5.4}$$

基于上式,信道空间协方差矩阵的渐进特性可以被进一步推导,具体过程如下所示。

引理 5.1 定义矩阵 $V \in \mathbb{C}^{M \times M}$ 和矢量 $r_k \in \mathbb{C}^{M \times 1}$ 如下:

$$V = \frac{1}{\sqrt{M}} [\upsilon(\vartheta(\psi_0)) \quad \upsilon(\vartheta(\psi_1)) \quad \cdots \quad \upsilon(\vartheta(\psi_{M-1}))] \tag{5.5}$$

$$[r_k]_m = \beta_k M \cdot S_k(\vartheta(\psi_{m-1})) [\vartheta(\psi_m) - \vartheta(\psi_{m-1})], \quad m = 1, 2, \cdots, M \tag{5.6}$$

式中,$\psi_m = m'/M$,是定义在区间 $[0,1]$ 上的严格单调递增连续函数且满足 $\vartheta(0) = \theta^{\min}$ 和 $\vartheta(1) = \theta^{\max}$。那么当基站侧天线数目充分大时,矩阵 $V^H V$ 和 R_k 对于给定的正整数 i 和 j

分别具有如下渐进特性:

$$\lim_{M \to \infty} \left[V^H V - I_M \right]_{i,j} = 0 \tag{5.7}$$

$$\lim_{M \to \infty} \left[R_k - V \mathrm{diag}(r_k) V^H \right]_{i,j} = 0 \tag{5.8}$$

引理 5.1 表明,当基站天线数目 M 趋于无穷大时,信道协方差矩阵可以表示为:

$$R_k \simeq V \mathrm{diag}(r_k) V^H \tag{5.9}$$

当基站天线数目趋于无穷时,矩阵 V 的酉正交特性越来越明显,这表明信道空间协方差矩阵与信道功率谱之间具有渐进关系。

具体而言,在大规模 MIMO 信道当中,不同用户信道协方差矩阵的特征向量逐渐趋于相同,特征向量的结构取决于阵列响应矢量,而其特征值依赖于相应的信道角度功率谱函数。

当基站侧配备的阵列为均匀线阵,且天线间距为波长的一半时,相应的阵列响应矢量可表示为:

$$\upsilon(\theta) = \left[1, \quad e^{-j\pi\sin(\theta)}, \quad \cdots, \quad e^{-j\pi(M-1)\sin(\theta)} \right]^T \tag{5.10}$$

对于半波长均匀线阵,证明其阵列响应矢量满足式(5.4)所给出的渐进特性并不困难。令 $\theta = \vartheta(\psi_m') = \arcsin(2\psi - 1)$,那么对于变量 $m' = 1, 2, \cdots, M$,函数 $\vartheta(\psi_m')$ 可表示为 $\vartheta(\psi_m') = \arcsin(2m'/M - 1)$。因此对于 $i = 1, 2, \cdots, M$ 和 $j = 1, 2, \cdots, M$,矩阵 V 的元素可表示为 $[V]_{i,j} = 1/\sqrt{M} \cdot e^{-j2\pi(i-1)(j-1-M/2)/M}$。上述结果表明在半波长均匀线阵的基础上,若天线数目足够大,可用经过适当的矩阵初等变换的 DFT 矩阵近似表示信道协方差矩阵的特征向量矩阵。引理 5.1 中的结果适用于更一般的阵列结构。此外,引理 5.1 从理论上证明了信道协方差矩阵特征值与信道角度功率谱之间的关系。

基于式(5.4)中的条件,我们建立引理 5.1 中的信道模型以及式(5.10)的半波长均匀线阵情形下的信道模型,在模型中均假设天线阵列尺寸与天线阵列对信道的角度域分辨率成正比。正因如此,引理 5.1 中的信道模型与具有足够大尺寸的大规模天线阵列更为适配。虽然在实际中无线通信系统天线阵列的尺寸往往会受到一定限制,但对于一个给定的尺寸来说,基站可以配置的天线往往较多。

例如,对于载波频率为 30 GHz 的毫米波频段,假设基站天线数目为 128,则采用半波长间距的均匀线阵时,其相应的阵列尺寸仅为 0.64 m。值得注意的是,式(5.10)中给出的半波长均匀线阵情形下的大规模 MIMO 信道模型,在实际天线数目为 128 左右的情形下,已经被证明仍然具有较好的近似性。基于上述原因,我们认为引理 5.1 所得到的信道模型具有重要的理论意义和实践价值。

上述信道模型采用了广义平稳信道假设[4],所以信道协方差矩阵可以由基站侧获得。然而,实际的无线信道只是局部具有平稳性,信道协方差矩阵也随时间变化而变化。因此,信道协方差矩阵也需要周期性的估计,这导致大规模 MIMO 信道协方差矩阵的估计也会是一个相对困难的问题。如果利用引理 5.1,那么仅需要估计信道协方差矩阵的特征值,从而大大减少需要估计的参数数量。考虑信道统计量的慢变特性,可以通过平均化信道时域样本获得信道协方差矩阵。在较宽的频率范围内,信道空间协方差矩阵可以近似保持恒定,基于这一特性,对于宽带信道来说,信道协方差矩阵的估计值同样可以通过平均化频域信道样本来获得。在实际的宽带无线通信系统中,有足够的时频资源以供利用,实现对信道空间协方差的高精度估计。

基于大数定律,推测信道元素都服从联合高斯分布,即 $g_k \sim CN(0, R_k)$。除此之外,我们假设不同用户的信道满足统计不相关特性,所有用户的上行信道可以被记为 $G = [g_1 \quad g_2 \quad \cdots \quad g_K] \in \mathbb{C}^{M \times K}$。

5.2.2　宽带(OFDM)大规模 MIMO 信道模型

将大规模 MIMO 和 OFDM 技术相结合便得到了大规模 MIMO-OFDM,它的主要作用是处理频率选择性信道效应,从而在无线通信中传输数据。结合其每个子载波上的信号能够窄带衰落的特点,OFDM 将频率选择性衰落信道转换为并行的平坦信道,使得大规模 MIMO 技术在大规模 MIMO 技术与 OFDM 技术的结合下能够应用于宽带传输。

对 MIMO-OFDM 系统传输的主要流程描述如下:基站将由 OFDM 调制的数据同时发送到多个天线,接收端接收后经过 OFDM 解调,最终对来自所有发射天线的子信道解码以恢复原本的信号。除此之外,通过 MIMO 和 OFDM 的结合,系统的吞吐量可大大提高。

MIMO-OFDM 的基本结构如图 5.2 所示。信号首先经过 OFDM 调制器调制,随后由 MIMO 系统发送,最后 OFDM 解调器将信号进行恢复。MIMO-OFDM 提供了更高的高频谱效率,增加了系统吞吐量,并且减少了用户间干扰。

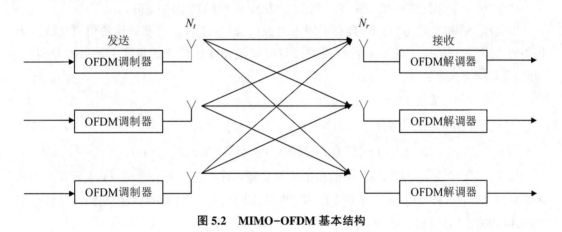

图 5.2　MIMO-OFDM 基本结构

假设有一个单小区 TDD 宽带大规模 MIMO 无线通信系统,基站配备 M 根天线,小区内包含 K 个配置单根天线的用户,不同用户的信道之间满足统计不相关特性,用户集合记为 $K = \{0, 1, \cdots, K - 1\}$,其中 $k \in K$ 表示用户符号。

如果基站侧配备一维均匀线阵且天线间距为半波长,入射方向为 θ,那么阵列响应矢量可表示为:

$$v_{M,\theta} = [1, \quad e^{-j\pi \sin(\theta)}, \quad \cdots, \quad e^{-j\pi(M-1)\sin(\theta)}]^T \in \mathbb{C}^{M \times 1} \tag{5.11}$$

为了不失一般性,假定信道到达角 θ 位于区间 $A = [-\pi/2, \pi/2]$ 之内。

假设采用基于循环前缀的 OFDM 调制,其中子载波数目为 N_c,循环前缀长度为 $N_g(\leqslant N_c)$。令 $T_{sym} = (N_c + N_g)T_s$ 表示包含循环前缀长度的 OFDM 时间间隔,$T_c = N_c T_s$ 表示不包含循环前缀长度的 OFDM 时间间隔,其中 T_s 表示系统采样间隔。$T_g = N_g T_s$ 为 OFDM 循环前缀长度,为了对抗信道时延扩散特性,它被设置为大于或等于各用户的最大信道时延。

假设信道在一个 OFDM 码元内保持不变,而在相邻 OFDM 码元之间随时间不断变化。假设第 l 个符号第 n 个子载波上用户 k 与基站第 m 根天线之间的上行信道为 $[g_{k,l,n}]_m$,那么依据射线跟踪信道建模法,可得信道响应矢量 $g_{k,l,n} \in \mathbb{C}^{M\times 1}$ 的表达式如下:

$$
\begin{aligned}
g_{k,l,n} &= \sum_{q=0}^{N_g-1} \int_{-\infty}^{\infty} \int_{-\frac{\pi}{2}}^{\frac{\pi}{2}} \boldsymbol{v}_{M,\theta} \cdot e^{-j2\pi\frac{n}{T_c}\tau} \cdot e^{j2\pi v l T_{sym}} \cdot g_k(\theta,\tau,v) \cdot \delta(\tau - qT_s) \, \mathrm{d}\theta \mathrm{d}v \\
&= \sum_{q=0}^{N_g-1} \int_{-\infty}^{\infty} \int_{-\frac{\pi}{2}}^{\frac{\pi}{2}} \boldsymbol{v}_{M,\theta} \cdot e^{-j2\pi\frac{n}{N_c}q} \cdot e^{j2\pi v l T_{sym}} \cdot g_k(\theta,qT_s,v) \, \mathrm{d}\theta \mathrm{d}v
\end{aligned}
\tag{5.12}
$$

式中,$\boldsymbol{v}_{M,\theta}$ 表示用户 k 的信道角度(复数值)时延多普勒增益函数。由于信道的时延域主径数通常远小于 $\boldsymbol{v}_{M,\theta}$,我们采用式(5.12)作为适用于所有用户的通用信道表达式。

将用户 k 在第 l 个符号所有子载波上的信道表示为:

$$
G_{k,l} = \begin{bmatrix} g_{k,l,0}, & g_{k,l,1}, & \cdots, & g_{k,l,N_c-1} \end{bmatrix} \in \mathbb{C}^{M\times N_c}
\tag{5.13}
$$

将 $G_{k,l}$ 称为空间频率域信道响应矩阵。由式(5.12)可得:

$$
vec\{G_{k,l}\} = \sum_{q=0}^{N_g-1} \int_{-\infty}^{\infty} \int_{-\frac{\pi}{2}}^{\frac{\pi}{2}} [f_{N_c,q} \otimes \boldsymbol{v}_{M,\theta}] \cdot e^{j2\pi v l T_{sym}} \cdot g_k(\theta,qT_s,v) \, \mathrm{d}\theta \mathrm{d}v
\tag{5.14}
$$

式中,$f_{N_c,q}$ 表示矩阵的第 $\sqrt{N_c} F_{N_c}$ 列;F_{N_c} 表示 N_c 维的酉 DFT 矩阵。

由文献[5]和文献[6]可得,具有不同入射方向、时延或者多普勒频偏的信道是统计不相关的,并且信道的空间频率域联合相关性与时域相关性在统计的角度上是可以分离的。因此,可得如下关系:

$$
\begin{aligned}
&E\{g_k(\theta,\tau,v) \, g_k^*(\theta',\tau',v')\} \\
&= S_k^{ADD}(\theta,\tau,v) \cdot \delta(\theta - \theta') \, \delta(\tau - \tau') \, \delta(v - v') \\
&= S_k^{AD}(\theta,\tau) \cdot S_k^{Dop}(v) \cdot \delta(\theta - \theta') \, \delta(\tau - \tau') \, \delta(v - v')
\end{aligned}
\tag{5.15}
$$

其中,$S_k^{ADD}(\theta,\tau,v)$ 表示用户 k 的信道角度时延多普勒功率谱,$S_k^{AD}(\theta,\tau)$ 表示用户 k 的角度时延功率谱,$S_k^{Dop}(v)$ 表示用户 k 的多普勒功率谱函数。空间频率域信道的统计特性根据(5.14)和(5.15)可以表示为:

$$
E\{vec\{G_{k,l+\Delta_l}\} vec^H\{G_{k,l+\Delta_l}\}\} = \rho_k(\Delta_l) \cdot R_k
\tag{5.16}
$$

其中,$\rho_k(\Delta_l)$ 为信道时域相关函数,表达式如下:

$$
\rho_l(\Delta_l) \triangleq \int_{-\infty}^{\infty} e^{j2\pi v \Delta_l T_{sym}} \cdot S_k^{Dop}(v) \, dv
\tag{5.17}
$$

R_k 为空间频率域信道相关矩阵,表达式如下:

$$
R_k \triangleq \sum_{q=0}^{N_g-1} \int_{-\frac{\pi}{2}}^{\frac{\pi}{2}} [f_{N_c,q} \otimes \boldsymbol{v}_{M,\theta}] [f_{N_c,q} \otimes \boldsymbol{v}_{M,\theta}]^H \cdot S_k^{AD}(\theta,qT_s) \, \mathrm{d}\theta \in \mathbb{C}^{MN_c\times MN_c}
\tag{5.18}
$$

对于广泛采用的 Clarke-Jakes 信道多普勒功率谱[7],其相应的信道时域相关函数表达式为:

$$
\rho_l(\Delta_l) = J_0(2\pi v_k T_{sym}\Delta_l)
\tag{5.19}
$$

其中,$J_0(\cdot)$ 为第一类零阶贝塞尔函数,v_k 为用户 k 的多普勒频率。又因为 Clarke-Jakes 多普勒功率谱函数为偶函数，根据偶函数的定义，Clarke-Jakes 多普勒功率谱函数满足 $\rho_l(\Delta_l) = \rho_l(-\Delta_l)$，同时满足 $\rho_l(0) = 1$。此外，依据大数定律，信道元素服从联合高斯分布，即 $vec\{G_{k,l}\} \sim CN(0, R_k)$。

如上所述，大规模 MIMO-OFDM 信道空间频率协方差矩阵的渐进特征可以进一步被推导为以下命题。

命题 5.1 定义矩阵 $V_M \in \mathbb{C}^{M \times M}$ 为 $[V_M]_{i,j} \triangleq \dfrac{1}{\sqrt{M}} \cdot e^{-j2\pi \frac{i(j-M/2)}{M}}$，同时定义矩阵 $\Omega_k \in \mathbb{R}^{M \times N_g}$ 如下：

$$[\Omega_k]_{i,j} \triangleq MN_c(\theta_{i+1} - \theta_i) \cdot S_k^{AD}(\theta_i, \tau_j) \tag{5.20}$$

式中，$\theta_m \triangleq \arcsin(2m/M - 1)$，$\tau_n \triangleq nT_s$。那么当基站侧天线数目趋于无穷大时，对于给定的非负整数 i 和 j，R_k 的渐进特性可以表示为：

$$\lim_{M \to \infty} [R_k - (F_{N_c \times N_g} \otimes V_m) \, \text{diag}(vec\{\Omega_k\}) (F_{N_c \times N_g} \otimes V_m)^H]_{i,j} = 0 \tag{5.21}$$

理论上，命题 5.1 证实了当基站侧天线数目趋于无穷大时，大规模 MIMO-OFDM 信道空间频率协方差矩阵的特征向量对于不同圆弧来说往往是趋于相等的，同时其特征值取决于相应的信道角度时延功率谱函数。命题 5.1 表明，对于大规模 MIMO-OFDM 信道，当基站侧天线数目足够大时，其空间频率协方差矩阵可近似表示为：

$$R_k \simeq (F_{N_c \times N_g} \otimes V_m) \, \text{diag}(vec\{\Omega_k\}) (F_{N_c \times N_g} \otimes V_m)^H \tag{5.22}$$

空间频率协方差矩阵表达与当前文献[8]、[9]中的结果一致。该近似模型将被用于本节后续分析。

实际大规模 MIMO-OFDM 通信系统中，无线信道通常不满足广义平稳特性，空间频率协方差矩阵 R_k 也是随时间变化的，因此 R_k 的估计是一个更具挑战性的问题。然而，这个问题可以通过从空间频率域变换到角度时延域来简化。基于式(5.22)中给出的空间频率协方差矩阵的特征值分解表达，空间频率域信道响应矩阵可以被分解为：

$$G_{k,l} = V_M H_{k,l} F_{N_c \times N_g}^T \tag{5.23}$$

式中，

$$H_{k,l} = V_M^H G_{k,l} F_{N_c \times N_g}^* \in \mathbb{C}^{M \times N_g} \tag{5.24}$$

为第 l 个 OFDM 符号上用户 k 的角度时延域信道响应矩阵。V_M^H 相当于基站侧的波束赋形，因此 V_M^H 也被称为波束时延域信道响应矩阵。因此，我们可以推测角度时延域信道响应矩阵的统计特征：

命题 5.2：当基站侧天线数目趋于无穷大时，大规模 MIMO-OFDM 信道的角度时延域信道响应矩阵 $H_{k,l}$ 满足如下性质：

$$E\{[H_{k,l+\Delta_l}]_{i,j} [H_{k,l}]_{i',j'}^*\} = \rho_l(\Delta_l) \delta(i - i') \delta(j - j') \cdot [\Omega_k]_{i,j} \tag{5.25}$$

理论上，在命题 5.2 表面，对于大规模 MIMO-OFDM 信道，信道响应矩阵 $H_{k,l}$ 的不同元素在角度时延域是近似统计不相关的，这与它的物理解释是一致的。特别是，矩阵元素 $[\Omega_k]_{i,j}$ 能够描述无线信道在角度时延域的稀疏特性，且对应信道 $[H_k]_{i,j}$ 的平均功率。因此，矩阵 Ω_k 被称为用户 k 的角度时延域信道功率矩阵。考虑到 Ω_k 的维度比 R_k 的维度要小很多，同时，由于无线信道的近似稀疏特性，矩阵 Ω_k 的多数元素幅值近似为 0。此外，矩阵

Ω_k 的元素是由相互独立的角度时延域信道元素的方差所组成的,可以逐个估计它的元素。因此,在实际系统中,我们有足够的时频资源来实施估计高精度的 Ω_k。

本节结束之前,定义扩展角度时延域信道响应矩阵如下:

$$\overline{H}_{k,l,(N_c)} \triangleq H_{k,l} I_{N_c \times N_g}^T = \begin{bmatrix} H_{k,l} & 0_{M \times (N_c - N_g)} \end{bmatrix} \in \mathbb{C}^{M \times N_c} \tag{5.26}$$

类似地,定义扩展角度时延域信道功率矩阵如下:

$$\overline{\Omega}_{k,(N_c)} \triangleq \Omega_k I_{N_c \times N_g}^T = \begin{bmatrix} \Omega & 0_{M \times (N_c - N_g)} \end{bmatrix} \in \mathbb{R}^{M \times N_c} \tag{5.27}$$

这些定义将被用于简化后续分析。

5.2.3 毫米波/太赫兹大规模 MIMO 波束域信道模型

有一单小区宽带大规模 MIMO 无线通信系统,基站侧配备 M 根天线,小区内包含 U 个用户,每个用户配置 K 根天线。u 表示用户标号,$u = 0, 1, \cdots, U-1$。在毫米波/太赫兹大规模 MIMO 波束域物理信道模型中,无论是基站侧还是用户侧,都可以利用毫米波/太赫兹频段波长相对较短的特点来配置更多的目标天线,因此本节考虑基站侧与用户侧同时配备较多数目天线的情形。

1. 下行波束域信道模型

假设基站侧和用户侧均配备一维均匀线阵,天线间距为半波长,则基站侧和用户侧在给定到达方向和发射方向的前提下,阵列响应矢量可分别表示为:

$$v_{bs}(\theta) = \begin{bmatrix} 1, & e^{-j\pi\sin\theta}, & \cdots, & e^{-j\pi(M-1)\sin\theta} \end{bmatrix}^T \in \mathbb{C}^{M \times 1} \tag{5.28}$$

$$v_{ut}(\varphi) = \begin{bmatrix} 1, & e^{-j\pi\sin\varphi}, & \cdots, & e^{-j\pi(K-1)\sin\varphi} \end{bmatrix}^T \in \mathbb{C}^{K \times 1} \tag{5.29}$$

如文献[10]中所述,通常可以通过适当的系统配置来缓解线性阵列的相位模糊性。因此,本节假定到达方向角与发射方向角 θ 和 φ 均位于区间 $[-\pi/2, \pi/2]$ 内。

对于一个基于射线跟踪的无线信道模型,基站和不同用户之间的信道在统计上是不相关的,信道处在平稳散射环境,其时变主要由用户终端移动引起,假设用户 u 沿着平行于其阵列方向移动的速度为 v_u,沿着到达方向 φ 的信道传播路径将会经历多普勒频偏:

$$v_u(\varphi) = v_u \sin\varphi \tag{5.30}$$

式中,$v_u \triangleq f_c v_u / c$ 为用户 u 的最大多普勒频移,其中 f_c 为载波频率,c 为光速。毫米波/太赫兹稀疏性信道使得可以忽略不计两条不同路径具有相同的到达和发射方向的概率。因此,我们假定不存在两条路径具有相同的传播方向但是传播时延不同,所以可以假设到达接收方向 (φ, θ) 的路径时延为 $\tau_u(\varphi, \theta)$。在时刻 t 和频率 f 处的复基带下行天线域信道频率响应矩阵可表示为如下形式:

$$G_u^{dl}(t,f) = \int_{-\frac{\pi}{2}}^{\frac{\pi}{2}} \int_{-\frac{\pi}{2}}^{\frac{\pi}{2}} \sqrt{S_u(\varphi,\theta)} \cdot e^{j\zeta_{dl}(\varphi,\theta)} \cdot v_{ut}(\varphi) v_{bs}^T(\theta)$$
$$\cdot e^{j2\pi[tv_u(\varphi) - f\tau_u(\varphi,\theta)]} d\varphi d\theta \in \mathbb{C}^{K \times M} \tag{5.31}$$

式中,$[0, 2\pi)$ 为给定到达和发射方向对 (φ, θ) 上信道路径的平均功率,其数值取决于用户 u 的信道角度功率谱,$\zeta_{dl}(\varphi, \theta)$ 为一随机相位,其均匀分布于 $[0, 2\pi)$ 区间之内,且对于任意的 $\theta \neq \theta'$ 或 $\varphi \neq \varphi'$ 均有 $\zeta_{dl}(\varphi, \theta)$ 和 $\zeta_{dl}(\varphi', \theta')$ 相互独立。假定用户相对位置变化不

明显时，$v_u(\varphi)$、$\tau_u(\varphi,\theta)$ 和 $S_u(\varphi,\theta)$ 不随时间变化。

基于文献[11]中的 MIMO 信道建模方法，可以定义如下信道矩阵：

$$\bar{G}_u^{\mathrm{dl}}(t,f) \triangleq V_K^H G_u^{\mathrm{dl}}(t,f) V_M^* \in \mathbb{C}^{K \times M} \tag{5.32}$$

式中，矩阵 $V_K \in \mathbb{C}^{K \times M}$ 为酉 DFT 矩阵（经过适当的矩阵初等变换），其元素值为 $[V_K]_{i,j}$ $\triangleq 1/\sqrt{K} \cdot e^{-\mathrm{j}2\pi i(j-K/2)/K}$。变换矩阵 V_K 等价于在用户侧实施 DFT 波束赋形，V_M 等价于在基站侧实施 DFT 波束赋形。因此，在时刻 t 与频率 f 上，基站与用户 u 之间的下行波束域信道频率响应矩阵可以表示为矩阵 $\bar{G}_u^{\mathrm{dl}}(t,f)$。

根据波束域信道的渐进特性，定义矩阵 $\bar{G}_u^{\mathrm{ul}}(t,f)$ 如下：

$$[\bar{G}_u^{\mathrm{dl}}(t,f)]_{k,m} = \int_{\theta_m}^{\theta_{m+1}} \int_{\varphi_k}^{\varphi_{k+1}} \sqrt{S_u(\varphi,\theta)} \cdot e^{\mathrm{j}\zeta_{\mathrm{dl}}(\varphi,\theta)} \cdot e^{\mathrm{j}2\pi t v_u(\varphi)} \cdot \delta(\tau - \tau_u(\varphi,\theta)) \,\mathrm{d}\varphi\mathrm{d}\theta \tag{5.33}$$

2. 上行波束域信道模型

假设时间和频率相同，TDD 系统中的上行信道响应矩阵等效于下行信道响应矩阵的转置。因此，上述的下行波束域信道特性可以直接推广至上行情形。

然而在频分双工（Frequency Division Duplex，FDD）系统中，上/下行中心频率之差相对于上/下行中心频率通常很小，上/下行信道相应的物理信道参数大致相同。因此，上/下行信道的主要区别是随机相位项，上行波束域信道频域响应矩阵可以建模如下：

$$\bar{G}_u^{\mathrm{ul}}(t,f) \triangleq \int_{-\frac{\pi}{2}}^{\frac{\pi}{2}} \int_{-\frac{\pi}{2}}^{\frac{\pi}{2}} \sqrt{S_u(\varphi,\theta)} \cdot e^{\mathrm{j}\zeta_{\mathrm{ul}}(\varphi,\theta)} \cdot V_M^H v_{\mathrm{bs}}(\varphi) v_{\mathrm{ut}}^T(\theta) V_K^*$$
$$\cdot e^{\mathrm{j}2\pi[t v_u(\varphi) - f\tau_u(\varphi,\theta)]} \,\mathrm{d}\varphi\mathrm{d}\theta \in \mathbb{C}^{K \times M} \tag{5.34}$$

式中，$\zeta_{\mathrm{ul}}(\varphi,\theta)$ 为上行信道随机相位，其满足与下行信道随机相位 $\zeta_{\mathrm{dl}}(\varphi,\theta)$ 统计不相关，在区间 $[0,2\pi)$ 之间均匀分布，且对于任意的 $\theta \neq \theta'$ 或 $\varphi \neq \varphi'$ 均有 $\zeta_{\mathrm{ul}}(\varphi,\theta)$ 和 $\zeta_{\mathrm{ul}}(\varphi',\theta')$ 相互独立。

由于波束域信道的渐进特性，为了便于后续章节分析，定义上行波束域信道冲击响应矩阵 $\bar{G}_u^{\mathrm{ul}}(t,f)$ 如下：

$$[\bar{G}_u^{\mathrm{ul}}(t,f)]_{m,k} = \int_{\theta_m}^{\theta_{m+1}} \int_{\varphi_k}^{\varphi_{k+1}} \sqrt{S_u(\varphi,\theta)} \cdot e^{\mathrm{j}\zeta_{\mathrm{ul}}(\varphi,\theta)} \cdot e^{\mathrm{j}2\pi t v_u(\varphi)} \cdot \delta(\tau - \tau_u(\varphi,\theta)) \,\mathrm{d}\varphi\mathrm{d}\theta \tag{5.35}$$

5.3　大规模 MIMO 信道容量分析

5.3.1　理想信道下大规模 MIMO 的容量

1. 系统模型

如图 5.3 所示，在大规模 MIMO 蜂窝系统中有 L 个小区。每个小区有且只有一个基站，每个基站都配备 M 根天线。每个小区里有 K 个用户，每个用户配备单天线。假设系统里的

L 个小区都在相同的频段工作。假设上行和下行均采用 OFDM，并且我们以单个子载波为例，来描述大规模 MIMO 的原理。

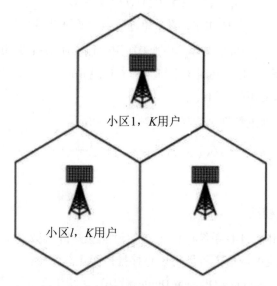

图 5.3　大规模 MIMO 蜂窝系统示意图

假设第 j 个小区的第 k 个用户到第 l 个小区的基站信道矩阵为 $g_{l,j,k}$，它可以建模为：

$$g_{l,j,k} \triangleq \sqrt{\lambda_{l,j,k}}\, h_{l,j,k} \tag{5.36}$$

其中 $\lambda_{l,j,k}$ 表示大尺度衰落，$h_{l,j,k}$ 表示第 k 个用户到第 l 个小区基站的小尺度衰落，假设小尺度衰落为瑞利衰落。因此，第 j 个小区的所有 K 个用户到第 l 个小区的基站所有天线间的信道矩阵可以表示为：

$$G_{l,j} = \left[g_{l,j,1}, \quad \cdots, \quad g_{l,j,K} \right] \tag{5.37}$$

2. 系统容量

小区 l 的基站接收到的上行链路信号可以表示为：

$$y_l = G_{l,l} x_l + \sum_{j \neq l} G_{l,j} x_j + z_l \tag{5.38}$$

其中，第 l 个小区的 K 个用户发送信号为 x_l。为了方便分析，假设 x_l 服从独立同分布（Independent Identically Distributed，IID）的循环对称复高斯分布，z_l 表示加性高斯白噪声矢量，其协方差矩阵为 $\varepsilon(z_l z_l^H) = \gamma_{UL} I_M$。

对于线性模型，根据最小均方误差（Minimum Mean Square Error，MMSE）多用户联合检测，发送信号的估计可以表示为：

$$\hat{x}_l = G_{l,l}^H \left(\sum_{j=1}^{L} G_{l,j} G_{l,j}^H + \gamma_{UL} I_M \right)^{-1} y_l \tag{5.39}$$

检测误差的协方差矩阵可以表示为：

$$\varepsilon \left[\left[(x_l - \hat{x}_l)(x_l - \hat{x}_l)^H \right] \right] \hat{x}_l = \left[I_K + G_{l,l}^H \left(\sum_{j=1}^{L} G_{l,j} G_{l,j}^H + \gamma_{UL} I_M \right)^{-1} G_{l,l} \right]^{-1} \tag{5.40}$$

将小区 l 上行多址介入和容量表示为：

$$C \triangleq \mathcal{L}(x_l, y_l \mid G_{l,1}, \cdots, G_{l,L})$$
$$= \mathcal{H}(x_l \mid G_{l,1}, \cdots, G_{l,L}) - \mathcal{H}(x_l \mid y_l, G_{l,1}, \cdots, G_{l,L}) \tag{5.41}$$

其中:

$$\mathcal{H}(x_l \mid G_{l,1}, \cdots, G_{l,L}) = \log_2 \det(\pi e I_K) \tag{5.42}$$

在已知 $G_{l,1}, \cdots, G_{l,L}$ 和接收信号 y_l 时, x_l 的不确定性可以由其 MMSE 检测的误差来决定。因此,

$$\mathcal{H}(x_l \mid y_l, G_{l,1}, \cdots, G_{l,L}) \leqslant \log_2 \det\left(\pi e\left[I_K + G_{l,l}^H\left(\sum_{j=1}^L G_{l,j}G_{l,j}^H + \gamma_{UL}I_M\right)^{-1}G_{l,l}\right]^{-1}\right) \tag{5.43}$$

那么,和容量的下界可以表示为:

$$C_{LB} = \log_2 \det\left(\sum_{j=1}^L G_{l,j}G_{l,j}^H + \gamma_{UL}I_M\right) - \log_2 \det\left(\sum_{j \neq l}^L G_{l,j}G_{l,j}^H + \gamma_{UL}I_M\right) \tag{5.44}$$

根据大数定理,我们知道:

$$\lim_{M \to \infty} \frac{1}{M} g_{l,j,k}^H g_{l,j,k'} = \begin{cases} \lambda_{l,l,k} & j = l \text{ 且 } k = k' \\ 0 & \text{其他} \end{cases} \tag{5.45}$$

即当基站的天线个数趋于无穷,

$$\lim_{M \to \infty} \frac{1}{M} G_{l,l}^H G_{l,j} = \begin{cases} \Lambda_{l,l} & j = l \\ 0 & \text{否则} \end{cases} \tag{5.46}$$

利用矩阵恒等式:

$$\det(I + AB) = \det(I + BA) \tag{5.47}$$

并根据式(5.46),我们可以得到,当基站的天线个数趋于无穷时,

$$C_{LB} - \sum_{k=1}^K \log_2\left(1 + \frac{M}{\gamma_{UL}}\lambda_{l,l,k}\right) \to 0 \tag{5.48}$$

可以定义:

$$C_{LB}^{\inf} = \sum_{k=1}^K \log_2\left(1 + \frac{M}{\gamma_{UL}}\lambda_{l,l,k}\right) \tag{5.49}$$

容易验证,当 $C_{LB}^{\inf}$ 也可以表示为当基站天线趋于无穷时,无小区间干扰的小区 l 的容量。

从上面的分析可以看出,接收端已知理想信道信息,当天线个数趋于无穷时,多用户干扰和多小区干扰消失,整个系统是一个无干扰系统,系统容量随天线个数以 $\log_2 M$ 增大,并趋于无穷大。当采用大比合并时,我们同样可以得到相同的结论。

5.3.2 大规模 MIMO 上行链路信道容量

在实际系统中,接收端和发射端受到各种非理想因素的影响通常不能获得完美的信道状态信息。对于大规模 MIMO 下行链路来说,如果每根天线均需要导频信号,则开销会非常大。因此,大规模天线应该尽量避免下行链路的每根天线一个导频的模式。对于上行链路传输,系统导频开销与基站天线个数无关,并且仅与用户个数及发送天线端口数量成正比。因此,考虑到 TDD 系统特有的上下行信道的互易性,大规模 MIMO 非常适宜 TDD 模式。

为了简化分析,假设 L 个小区采用相同的导频模式和相同的导频序列,即未采用任何小区间导频随机化处理。在这种导频模式下,小区间的干扰最为严重,这也是最坏情况下的导频模式。同时,假设同一小区内,多个用户采用时频正交导频(单位阵)。第 l 个小区的基站接收的导频信号可以表示为:

$$Y_{\mathrm{P},l} = \sum_{j=1}^{L} G_{l,j} + Z_{\mathrm{P},l} \tag{5.50}$$

其中,$Y_{\mathrm{P},l}$ 表示基站 l 的 $M \times K$ 的接收导频信号矩阵(假设基站天线数量为 M,每个终端天线数量为 1),$Z_{\mathrm{P},l}$ 表示 $M \times K$ 的最小二乘信道估计后等效的高斯白噪声矩阵,其每个元素的方差为 γ_{p}。进一步,针对 $g_{i,j,k}$ 的 MMSE 信道估计可以表示为:

$$\hat{g}_{l,j,k} = \frac{\lambda_{l,j,k}}{\sqrt{q_{l,k}}} \hat{h}_{l,k} \tag{5.51}$$

其中,

$$q_{l,k} = \sum_{j=1}^{L} \lambda_{l,j,k} + \gamma_{\mathrm{P}} \tag{5.52}$$

$$\hat{h}_{l,k} \triangleq \frac{1}{\sqrt{q_{l,k}}} y_{\mathrm{P},l,k} \tag{5.53}$$

$y_{\mathrm{P},l,k}$ 是 $Y_{\mathrm{P},l}$ 的第 k 列。根据 MMSE 估计的特性,容易知道 $\hat{h}_{l,k}$ 的分布服从均值为 0、协方差矩阵为单位阵的复高斯随机矢量。因此,我们把式(5.51)中 $\hat{g}_{l,j,k}$ 的建模也称为 MMSE 信道估计后的等效信道。需要注意的是,由于导频污染,$\hat{g}_{l,j,k}$ 的等效信道中的小尺度衰落部分 $\hat{h}_{l,k}$ 与 j 无关。因此,对于 $j = 1, \cdots, L$,$g_{i,j,k}$ 是完全相关的,这是存在导频污染与没有导频污染的一个重要区别。

信道估计的误差定义为:

$$\tilde{g}_{l,j,k} = g_{l,j,k} - \hat{g}_{l,j,k} \tag{5.54}$$

其协方差矩阵可以表示为:

$$\mathrm{cov}(\tilde{g}_{l,j,k}, \tilde{g}_{l,j,k}) = \left(\lambda_{l,j,k} - \frac{\lambda_{l,j,k}^2}{q_{l,k}} \right) I_M = \varepsilon_{l,j,k} I_M \tag{5.55}$$

定义如下信道矩阵:

$$\hat{G}_{l,j} = \left[\hat{g}_{l,j,1}, \quad \cdots, \quad \hat{g}_{l,j,K} \right] \tag{5.56}$$

$$\tilde{G}_{l,j} = \left[\tilde{g}_{l,j,1}, \quad \cdots, \quad \tilde{g}_{l,j,K} \right] \tag{5.57}$$

那么,理想信道矩阵表示为:

$$G_{l,j} = \hat{G}_{l,j} + \tilde{G}_{l,j} \tag{5.58}$$

则收发之间的关系式变为:

$$y_l = \hat{G}_{l,l} x_{l,l} + \sum_{j=2}^{L} \hat{G}_{l,j} x_l + \tilde{z}_l \tag{5.59}$$

其中,

$$\tilde{z}_l = \sum_{j=1}^{L} \tilde{G}_{l,j} x_j + z_l \tag{5.60}$$

$\tilde{z}_l$ 的协方差矩阵可以表示为：

$$\mathrm{cov}\ (\tilde{z}_l, \tilde{z}_l) = \sum_{k=1}^{K} \sum_{j=1}^{L} \mathrm{cov}(\hat{g}_{l,j,k}, \hat{g}_{l,j,k}) + \gamma_{\mathrm{UL}} I_M = (\varepsilon_l + \gamma_{\mathrm{UL}}) I_M \tag{5.61}$$

其中，

$$\varepsilon_l = \sum_{k=1}^{K} \sum_{j=1}^{L} \varepsilon_{l,j,k} \tag{5.62}$$

与之类似，理想信道信息下，基站 l 采用 MMSE 接收机时，和容量的下界可以表示为：

$$\hat{C}_{\mathrm{LB}}^{\mathrm{U}} = \mathrm{logdet}\Big[\sum_{j=1}^{L} \hat{G}_{l,j} \hat{G}_{l,j}^{\mathrm{H}} + (\varepsilon_l + \gamma_{\mathrm{UL}}) I_M\Big] - \mathrm{logdet}\Big[\sum_{j \neq l}^{L} \hat{G}_{l,j} \hat{G}_{l,j}^{\mathrm{H}} + (\varepsilon_l + \gamma_{\mathrm{UL}}) I_M\Big] \tag{5.63}$$

根据等效信道类似理想信道下的推导以及大数定理，我们可以得到，当基站的天线个数趋于无穷时，

$$\hat{C}_{\mathrm{LB}}^{\mathrm{UL}} - \sum_{k=1}^{K} \log\left(1 + \frac{\lambda_{l,j,k}^2}{\sum_{j \neq l}^{L} \lambda_{1,j,k}^2 + \frac{1}{M}(\varepsilon_l + \gamma_{\mathrm{UL}})\, q_{l,k}}\right) \to 0 \tag{5.64}$$

定义：

$$\hat{C}_{\mathrm{LB}}^{\mathrm{UL,inf}} = \sum_{k=1}^{K} \log\left(1 + \frac{\lambda_{l,j,k}^2}{\sum_{j \neq l}^{L} \lambda_{l,j,k}^2 + \frac{1}{M}(\varepsilon_l + \gamma_{\mathrm{UL}})\, q_{l,k}}\right) \tag{5.65}$$

可以看出：

$$\hat{C}_{\mathrm{LB}}^{\mathrm{UL,inf}} \to \sum_{k=1}^{K} \log\left(1 + \frac{\lambda_{l,j,k}^2}{\sum_{j \neq l}^{L} \lambda_{l,j,k}^2}\right) \tag{5.66}$$

从式(5.66)可以看出，在非理想信道信息下，对于多小区多用户 MIMO，当基站天线个数趋于无穷大时，多用户之间的干扰主要来源于相邻小区采用相同导频的用户的干扰。如果不考虑导频开销，系统容量仍然随着用户数目的增加而增加。

5.3.3　大规模 MIMO 下行链路信道容量

在大规模 MIMO 中，基站根据接收的上行导频信号，得到上行信道参数 $\hat{G}_{l,i}$，然后再利用 TDD 的互易性，得到下行预编码矩阵 W_l。

在多用户 MIMO 中，通常在发射端采用下行预编码技术来抑制用户间干扰。第 l 个基站的下行预编码矩阵表示为 W_l，下行发送信号表示为 x_l，P_T 为基站的总发送功率，第 l 个小区的所有用户的接收信号可以表示为：

$$y_l = \sqrt{\rho_l}\, G_{l,l}^{\mathrm{H}} W_l x_l + \sum_{i \neq l} \sqrt{\rho_i}\, G_{i,l}^{\mathrm{H}} W_i x_i + z_l \tag{5.67}$$

其中功率归一化因子表示为：

$$\rho_l = \frac{P_{\mathrm{T}}}{\varepsilon\left[Tr(W_l W_l^{\mathrm{H}})\right]} \tag{5.68}$$

在 LTE 系统中，终端可以采用预编码导频估计出信道矩阵与预编码矩阵的复合信道矩

阵。在大规模 MIMO 中,理论上,当基站天线个数很多时,终端只需要已知统计信道信息,例如大尺度衰落信息,就可以得到较好的性能。下面,假设终端未知预编码矩阵 W_l。

考虑等效信道模型,根据文献[12],基站 l 采用 RZF(Regularized Zero-Forcing)预编码时,预编码矩阵可以表示为:

$$W_l = \Big[\sum_{j=1}^{L} (\hat{G}_{l,j}\hat{G}_{l,j}^{\mathrm{H}} + \varepsilon_{l,j}I_M) \Big]^{-1} \hat{G}_{l,l} \tag{5.69}$$

其中,

$$\varepsilon_{l,j} = \sum_{k=1}^{K} \left(\lambda_{l,j,k} - \frac{\lambda_{l,j,k}^{2}}{q_{l,k}} \right) \tag{5.70}$$

当用户端未知预编码矩阵时,第 l 个小区的第 k 个用户的接收信号可以表示为:

$$y_{l,k} = \sqrt{\rho_l}\,\varepsilon(g_{l,l,k}^{\mathrm{H}}W_{l,k})\,x_{l,k} + \sqrt{\rho_l}\,[\,g_{l,l,k}^{\mathrm{H}}W_{l,k} - \varepsilon(g_{l,l,k}^{\mathrm{H}}W_{l,k})\,]\,x_{l,k}$$
$$+ \sum_{\substack{i,j \\ (i,j)\neq(l,k)}} \sqrt{\rho_i}\,g_{i,l,k}^{\mathrm{H}}W_{i,j}x_{i,j} + z_{l,k} \tag{5.71}$$

式中,$W_{l,k}$ 表示 W_l 的第 k 列。从上式可以看到,接收端仅需要知道统计信息 $\varepsilon(g_{l,l,k}^{\mathrm{H}}W_{l,k})$,即可获得发送符号的估计。

当干扰加噪声服从高斯分布时,下行的容量的下界可以表示为:

$$C_{\mathrm{LB}}^{\mathrm{DL}} \triangleq \sum_{k=1}^{K} \log_2 \left(1 + \frac{\rho_l \, |\varepsilon(g_{l,l,k}^{\mathrm{H}}W_{l,k})\,|^2}{\rho_l \mathrm{var}[\,g_{l,l,k}^{\mathrm{H}}W_{l,k}\,] + \sum_{\substack{i,j \\ (i,j)\neq(l,k)}} \rho_i \varepsilon[\,|g_{i,l,k}^{\mathrm{H}}W_{i,j}|^2\,] + \gamma_{\mathrm{DL}}} \right) \tag{5.72}$$

当天线个数趋于无穷时,根据大数定理,我们可以得到如下几个关键的值:

$$|\varepsilon(g_{l,l,k}^{\mathrm{H}}W_{l,k})\,|^2 \to M^2 \beta_{l,l,k}^2 \mu_{l,k}^2 \tag{5.73}$$

$$\mathrm{var}[\,g_{l,l,k}^{\mathrm{H}}W_{l,k}\,] \to M(\lambda_{l,l,k} - \beta_{l,l,k})\beta_{l,l,k}\mu_{l,k}^2 \tag{5.74}$$

$$\sum_{\substack{i,j \\ (i,j)\neq(l,k)}} \rho_i \varepsilon[\,|g_{i,l,k}^{\mathrm{H}}W_{i,j}|^2\,] \to \sum_{i\neq l} \rho_i M^2 \beta_{i,l,k}\beta_{i,i,k}\mu_{i,k}^2 + \sum_{\substack{i,j \\ (i,j)\neq(l,k)}} \rho_i M(\lambda_{i,l,k} - \beta_{i,l,k})\beta_{i,i,j}\mu_{i,j}^2 \tag{5.75}$$

其中,

$$\beta_{i,l,k} = \frac{\lambda_{i,l,k}^2}{\sum\limits_{l=1}^{L} \lambda_{i,l,k} + \gamma_{\mathrm{P}}} \tag{5.76}$$

$$\mu_{i,k} = \left(\frac{M\sum\limits_{l=1}^{L} \lambda_{i,l,k}^2}{\sum\limits_{l=1}^{L} \lambda_{i,l,k} + \gamma_{\mathrm{P}}} + \sum_{l=1}^{L}\sum_{k=1}^{K} \left(\lambda_{i,l,k} - \frac{\lambda_{i,l,k}^2}{\sum\limits_{l=1}^{L} \lambda_{i,l,k} + \gamma_{\mathrm{P}}} \right) \right)^{-1} \tag{5.77}$$

另外,当天线个数趋于无穷时,

$$\rho_l \to \bar{\rho}_l = \frac{P_{\mathrm{T}}/M}{\sum\limits_{k=1}^{K} \beta_{l,l,k}\mu_{l,k}^2} \tag{5.78}$$

将上式代入式(5.72)，可得：

$$C_{\mathrm{LB}}^{\mathrm{DL}} = \sum_{k=1}^{K} \log_2 \left(1 + \frac{\bar{\rho}_l M^2 (\beta_{l,l,k}\mu_{l,k})^2}{M^2 \sum_{i \neq l} \bar{\rho}_i \beta_{i,l,k}\beta_{i,i,k}\mu_{i,k}^2 + M \sum_{i,j} \bar{\rho}_i (\lambda_{i,l,k} - \beta_{i,l,k})\beta_{i,i,j}\mu_{i,j}^2 + \gamma_{\mathrm{DL}}}\right)$$

$$(5.79)$$

同样，当天线个数趋于无穷时，上式可以进一步简化为：

$$\hat{C}_{\mathrm{LB}}^{\mathrm{DL,inf}} \to \sum_{k=1}^{K} \log_2 \left(1 + \frac{\bar{\rho}_l (\beta_{l,l,k}\mu_{l,k})^2}{\sum_{i \neq l} \bar{\rho}_i \beta_{i,l,k}\beta_{i,i,k}\mu_{i,k}^2}\right)$$

$$(5.80)$$

5.3.4　仿真分析

在存在导频污染的情况下，针对大规模 MIMO 采用 MMSE 检测，进行下行预编码系统频谱效率的仿真分析。仿真系数如下：7 个小区，小区半径归一化为 1，用户最小距离归一化为 0.03，小区间距离归一化为 $\sqrt{3}$，路径损耗因子为 3.7，不考虑阴影衰落。K 个用户均匀分布在小区内。假设系统中有 K 个正交导频，L 个小区复用导频序列组。考虑导频开销，假设资源块的大小固定，导频符号功率与数据相同，基站的发射功率为 20W。

1.上行链路信道容量仿真

如图 5.4 所示，大规模 MIMO 系统容量随着基站端的天线数量的增加而增大，仿真结果与理论值之间的误差随着天线数的增加而减小。理论上，天线数趋于无穷时，仿真结果应无限趋于理论值。

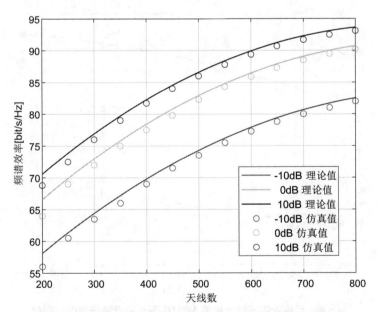

图 5.4　不同信噪比下大规模 MIMO 上行容量随天线数的变化

如图 5.5 所示，大规模 MIMO 系统容量随着信噪比(Signal-to-Noise Ratio，SNR)的增大

而增大。由于导频污染和小区间干扰的存在,当 SNR 较大时,系统容量进入饱和区,不再随着 SNR 的增大而持续增大。

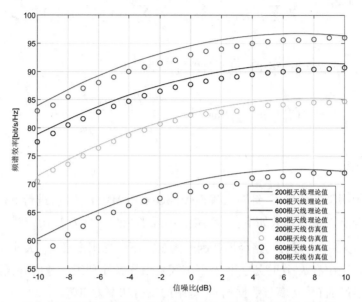

图 5.5　不同天线数下大规模 MIMO 上行容量随信噪比的变化

2. 下行链路信道容量仿真

图 5.6 是采用 RZF 下行预编码时,系统容量的仿真值与理论值的对比。

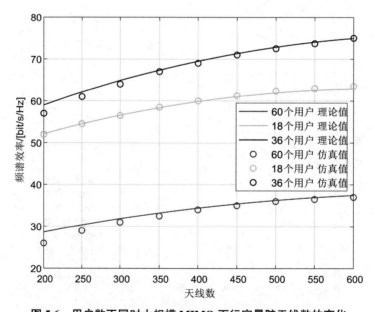

图 5.6　用户数不同时大规模 MIMO 下行容量随天线数的变化

从图 5.6 可以看出,随着天线数量的增加,系统下行链路的容量稳定增长。但是由于用户数量会影响信道估计和小区间干扰,因此用户数的增加并不一定引起容量的增大。

如图 5.7 所示,用户数 $K=60$ 时系统容量始终小于 $K=18$ 及 $K=36$ 时系统的容量。并且我们可以直观地看到,在以上仿真条件下,最优的用户数大约为 $K=35$。

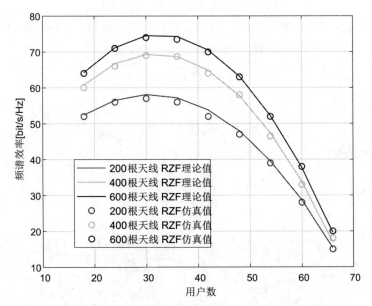

图 5.7　天线数不同时大规模 MIMO 的下行容量随用户数的变化

5.4　大规模 MIMO 发射端传输原理

5.4.1　预编码技术

预编码技术是一种大规模 MIMO 系统在发射端对信号的预处理。使用基站侧获取的信道状态信息指导对发射数据流的预处理,主要通过对发射信号的相位和幅度进行控制来达到消除干扰、获得系统的复用增益和增大分集增益的目的[13]。

我们将现存的预编码技术分为线性预编码和非线性预编码来介绍。

1.线性预编码技术

在大规模 MIMO 系统中,当基站侧的天线数目逐渐增大且趋于无穷时,简单的线性预编码算法就可以达到接近 DPC 预编码的最高容量限。在大规模 MIMO 系统中,在使用数字预编码时,通常选择使用线性预编码,因为它的复杂度现低,计算量更少[14]。

（1）ZF 预编码

ZF 预编码就是利用迫零(Zero Forcing,ZF)思想将用户间干扰完全消除[15]。假设 ZF 预编码矩阵为 F_k,以用户 k 为例,经过预编码处理之后用户 k 的接收信号为:

$$y_k = H_k F_k s_k + \underbrace{\sum_{i=1, i \neq k}^{K} H_k F_i s_i}_{\text{intererence}} + \underbrace{n_k}_{\text{noise}} \tag{5.81}$$

F 预编码思想就是设计预编码矩阵,使得 y_k 中干扰项为零,达到消除用户间干扰的目的。因此,理想的 F_k 应满足正交关系,$F_k \perp H_i$, $\forall i \neq k$,即 F_k 与除用户 k 以外的其他用户信道矩阵正交,F_k 一般通过对信道矩阵求逆来求出,即:

$$F_k = H_k^H (H_k H_k^H)^{-1}, k = 1, \cdots, K \tag{5.82}$$

因为发射信号满足功率限制 $tr(xx^H) = P$,P 为基站发射功率,可在 ZF 预编码中引入一个功率因子 β_{ZF},以使信号功率满足上述要求,归一化系数为:

$$\beta_{ZF} = \sqrt{P/tr(F_k F_k^H)} \tag{5.83}$$

即预编码矩阵为:

$$\tilde{F}_k = \beta_{ZF} H_k^H (H_k H_k^H)^{-1}, k = 1, \cdots, K \tag{5.84}$$

此时接收信号为:

$$y_k = \frac{1}{\beta_{ZF}}(H_k \tilde{F}_k s_k + \underbrace{\sum_{i=1, i \neq k}^{K} H_k \tilde{F}_i s_i}_{interference} + \underbrace{n_k}_{noise})$$

$$= \frac{1}{\beta_{ZF}}(H_k(\beta_{ZF} F_k) s_k + \underbrace{\sum_{i=1, i \neq k}^{K} H_k(\beta_{ZF} F_i) s_i}_{interference} + \underbrace{n_k}_{noise}) \tag{5.85}$$

$$= s_k + \frac{1}{\beta_{ZF}} n_k$$

由上式可以看出,用户间干扰项经过 ZF 预编码后已经被完全消除,只有噪声影响接收信号。但在实际系统中不存在完全消除噪声的情况,随着噪声的增加,ZF 预编码算法会放大噪声功率,因此导致系统性能降低,且噪声功率越大,损耗越严重。

(2) MMSE 预编码

虽然 ZF 预编码的中心思想是将用户间干扰完全消除,但是它只考虑消除数据流间的干扰,而忽略了噪声的影响。基于这个缺陷,研究人员们不仅考虑数据流间干扰,同时也考虑了信道噪声的影响,从而提出了一种新的线性预编码——MMSE 预编码。MMSE 预编码算法能够在发送功率恒定的前提下,根据最小化接收信号与发送信号的均方误差准则,找到能使收发信号间误差最小的预编码矩阵。

基于 MMSE 准则,可以得到用户 k 的 MMSE 预编码矩阵:

$$F_k = \beta_{MMSE} H_k^H (HH_k^H + \sigma^2 I)^{-1} \tag{5.86}$$

式中,σ^2 为噪声功率,β_{MMSE} 为归一化功率因子,假设 P 为发射信号总功率,则 β_{MMSE} 为:

$$\beta_{MMSE} = \sqrt{\frac{P}{\mathrm{tr}(TT^H)}} \tag{5.87}$$

其中 $T = H_k^H (HH_k^H + \sigma^2 I)^{-1}$。

此时,接收端信号为:

$$y_k = \frac{1}{\beta_{MMSE}} \Big(H_k F_k s_k + \underbrace{\sum_{i=1, i \neq k}^{K} H_k F_i s_i}_{\text{interference}} + \underbrace{n_k}_{\text{noise}} \Big)$$

$$= \frac{1}{\beta_{MMSE}} \big(H_k (\beta_{MMSE} H_k^H (H_k H_k^H + \sigma^2 I)^{-1}) s_k +$$

$$\underbrace{\sum_{i=1, i \neq k}^{K} H_k (\beta_{MMSE} H_i^H (H_i H_i^H + \sigma^2 I)^{-1}) s_i}_{\text{interference}} + \underbrace{n_k}_{\text{noise}} \big) \qquad (5.88)$$

$$= H_k^H (H_k H_k^H + \sigma^2 I)^{-1} s_k + \frac{1}{\beta_{MMSE}} n_k$$

（3）BD 预编码

研究人员对 ZF 编码改进后，提出了一种能够广泛应用于多用户大规模 MIMO 系统的线性预编码算法——块对角化（Block Diagonalization，BD）预编码算法[16]，它能够适用于用户端处理多路数据流的场景。其基本思想是根据基站端获取的 CSI，将多用户 MIMO 下行链路信道分成多个单用户信道，并且保证单用户信道之间相互正交，从而减少用户间的干扰[17]。BD 预编码算法的主要内容可以表示为：

$$H_k \sum_{i=1, i=k}^{K} F_i s_i = 0 \qquad (5.89)$$

式中，H_k 为基站到用户 k 之间的信道矩阵，F_i 为用户 i 的预编码矩阵，s_i 为基站发送给用户 i 的原始数据符号。式（5.89）通过在发送给接收用户的信号向量之前乘上其他用户信道矩阵的零空间矩阵来减少其他用户产生的干扰。BD 预编码算法与 ZF 和 MMSE 预编码算法相比，更加适用于用户端配备多根天线的情况。

根据上式可以得出，块对角化预编码算法矩阵解为：

$$H_i F_k = 0, k \neq i, 1 \leqslant k, i \leqslant K \qquad (5.90)$$

假设矩阵 $\tilde{H}_k = [\tilde{H}_1^T, \cdots, \tilde{H}_{k-1}^T, \tilde{H}_{k+1}^T, \cdots, \tilde{H}_K^T]$，表示用户 k 之外的 $K-1$ 个用户对用户 k 的干扰，接下来，对 $\tilde{H}_k$ 做矩阵的奇异值分解（Singular Value Decomposition，SVD），得到：

$$\tilde{H}_k = \tilde{U}_k \begin{bmatrix} \Sigma_k & 0 \\ 0 & 0 \end{bmatrix} \begin{bmatrix} \tilde{V}_k^1 \\ \tilde{V}_k^0 \end{bmatrix} \qquad (5.91)$$

进一步可以得到：

$$H_i \tilde{V}_k^0 = 0, k \neq i, 1 \leqslant k, i \leqslant K \qquad (5.92)$$

式（5.91）是基于干扰信道矩阵 $\tilde{V}_k^0$ 得到的关系式，表示只有 $H_k \tilde{V}_k^0$ 不为零向量时，对 $H_k \tilde{V}_k^0$ 还可以做进一步 SVD 分解，得到：

$$H_k \tilde{V}_k^0 = U_k \begin{bmatrix} S_k & 0 \\ 0 & 0 \end{bmatrix} \begin{bmatrix} V_k^1 \\ V_k^0 \end{bmatrix} \qquad (5.93)$$

首先提取第一次 SVD 分解得到的右奇异矩阵 $\tilde{V}_k^0$ 消除用户间干扰，然后提取第二次 SVD

分解得到的右奇异矩阵 $\tilde{V}_k^1$ 来获取最大的预编码增益,最终得到用户 k 的 BD 预编码矩阵:

$$F_k = \tilde{V}_k^0 V_k^1, 1 \leqslant k \leqslant K \tag{5.94}$$

①模拟预编码

传统 MIMO 系统广泛利用数字预编码来控制信号的相位和幅度,从而实现更好的性能。但是,大规模 MIMO 系统与传统 MIMO 系统的主要区别在于天线的数量。具体来说,大规模 MIMO 中部署的天线数量比传统 MIMO 中的天线数量远远要多,而数字基带预编码技术要求每根天线和一个专用的 RF 链连接,因此,基带数字预编码应用在大规模 MIMO 系统中存在空间和成本上的限制[18]。一方面,基站和用户设备的空间是有限的,所以配置与天线数目等同的 RF 链等硬件设备非常困难;另一方面,配置硬件设备以及相应的功率消耗都需要很大的开销。除此之外,在大规模 MIMO 通信场景中使用数字预编码大大增加了复杂度和计算量,因此研究人员将终点放在模拟域更简单的预编码技术。

模拟波束赋形是常见的模拟域预编码技术之一,其接收信号均在模拟域进行处理。

如图 5.8 所示,在模拟波束赋形的系统模型里,基站的 N_t 根发射天线通过 1 个 RF 链向配置有 N_r 根天线的用户发送数据流,假设 $f \in \mathbb{C}^{N_t \times 1}$ 为基站侧波束赋形矢量,$w \in \mathbb{C}^{N_r \times 1}$ 为基站侧模拟合并矢量,模拟赋形的目的为设计 f 和 w 来最大化系统信噪比,即:

$$(w^{opt}, f^{opt}) = \arg\max |w^H H f|^2$$

$$\text{s.t } w_i = \frac{1}{\sqrt{N_r}}e^{j\varphi}, \forall i \tag{5.95}$$

$$f_j = \frac{1}{\sqrt{N_t}}e^{j\varphi_j}, \forall j$$

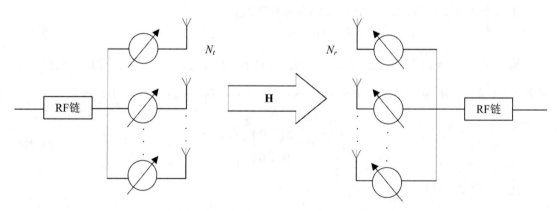

图 5.8　大规模 MIMO 模拟波束赋形系统模型

波束赋形将基站端和接收端的有限发射信号能量分别向指定方向汇聚,将原来空间全方位的发射或接收方向图转化为具有最大空间定向增益和有零点的波瓣图,形成可以在空间定向传输的波束,从而产生更多的阵列增益,提高目标用户的解调信噪比。

与数字预编码技术相比,模拟波束赋形技术只需要一个 RF 链,但由于其只能处理信号的相位,所以性能损耗很严重。更重要的是,模拟波束赋形技术只适用于单用户单流系统,这也意味着它不太适用于多流传输的 MIMO 系统。

近年来,随着可变移相器技术的发展,可以在大规模 MIMO 中配置移相器以对模拟域的信号相位进行控制。模拟预编码算法的设计过程中需要特别关注一个问题:由于一个 RF 链连接的所有天线共用一个数模转换器,模拟域预编码中还需要满足每一个天线单元的信号幅值都相同的要求。

②混合预编码

大规模 MIMO 系统为了具备良好的系统性能需要尽可能消除用户间的干扰并产生足够多的阵列增益。传统的解决方法是首先用数字预编码调整传输数据流的相位和幅度,然后再通过硬件设备(如 RF 链等)将低频信号转换到高频段,使能量向最大增益方向汇聚,最后通过天线发送高频信息流。这种传统方法具有高复杂度和高成本的缺点,使得它无法被直接用于大规模 MIMO 系统,所以研究人员转而研究适用于大规模 MIMO 系统的预编码算法,希望以此降低复杂度从而提升性能。因此,研究人员在大规模 MIMO 系统中引入了数字—模拟混合预编码模型,系统模型如图 5.9 所示。

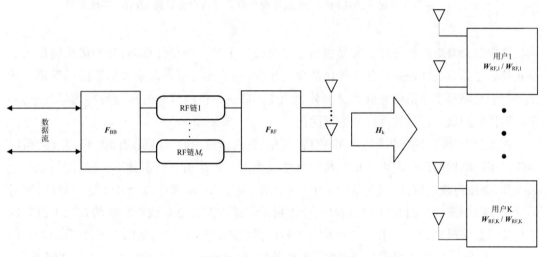

图 5.9　采用混合预编码的大规模 MIMO 系统模型

数字—模拟混合预编码模型的重点在于收发机如何设计发送端混合预编码以及接收端混合合并。不同结构的混合模拟数字收发机需要采用不同的混合波束成形技术,根据天线与 RF 链的连接方式,混合预编码架构划分成全连接结构和部分连接结构两种类型。

a. 全连接结构

早期关于混合波束成形技术的研究大多集中在全连接子阵结构上,全连接子阵结构作为混合模拟数字结构中最灵活的连接方式被 5G 标准所采纳。如图 5.10 所示,全连接结构的连接方式就是将每条基带射频链路加权连接至所有模拟天线单元。

系统收发方案的设计主要分为两种思路。第一种设计思路是联合设计模拟与数字预编码,其主要思想是共同考虑收发端的模拟与数字部分。首先将发送端和接收端的模拟预编码与数字预编码合并后的矩阵进行优化,然后再将优化后的合并矩阵进行拆分。通常情况下,第一步优化可以直接利用传统纯数字域的结论。然而,模拟端恒定幅度加权的限制导致

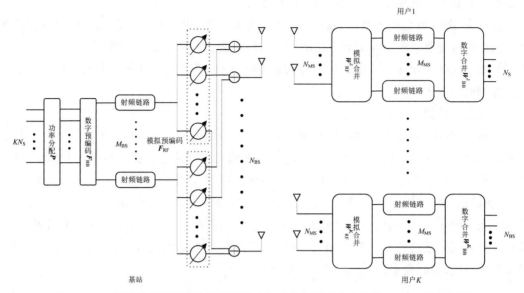

图 5.10   采用全连接子阵结构的模拟数字混合处理多用户大规模 MIMO 系统框图

第二步中的合并矩阵拆分并不容易进行。于是便有了第二种设计思路,分别优化模拟与数字预编码。该方法往往是从分步优化的角度出发,逐步改善混合波束成形系统的性能。其主要思想是将整个通信信号处理过程分为两个步骤——模拟信号处理与数字信号处理,并依次对模拟与数字信号处理部分进行优化。

图 5.11 展示了多用户大规模 MIMO 系统中,在两倍最少射频链路的前提下,基于两阶段全连接子阵结构的混合波束成形系统设计仿真效果。具体仿真数值如下,基站配备 256 根天线和 32 条射频链路,用户数量为 8 个,每个用户配备 16 根天线以及 4 条射频链路,同时传输 2 条数据流。从图 5.11 可以看出,全连接子阵结构混合波束成形算法的效果不仅要好于传统纯数字域 BD 算法,其性能还接近下行广播信道容量。此外,从图中还可看出,与 mm-Wave 信道相比,该算法更适合瑞利信道下的传输,以此推测出该算法更加适用于高频通信。

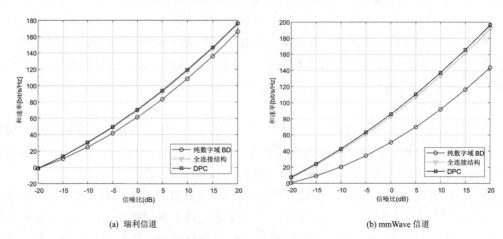

图 5.11   基于全连接子阵结构和速率在不同信噪比下的变化趋势

b.部分连接结构

尽管在对全连接子阵结构的混合波束成形系统进行了广泛而深入的研究后,它被证实性能接近传统纯数字域 MIMO 系统,但是全连接子阵结构难以驱动常用的天线阵列布线,如 ULA、UPA 等天线阵列,严重限制了基于全连接子阵结构的混合波束成形系统与毫米波的结合。因此,5G 标准提出了部分连接子阵结构,希望以牺牲部分性能为代价来实现一种更加实际可行的模拟天线与基带射频链路间的连接方式。

如图 5.12 所示,部分连接子阵结构是基于混合波束成形系统的收发机中每条基带射频链路通过加权连接至互不交叠的模拟天线单元子集。新结构的引入带来了新的限制条件,目前的研究思路大致为:在假设已知完全模拟信道信息的前提下,寻找理论最优解和寻找基于码本的实用解决方案。

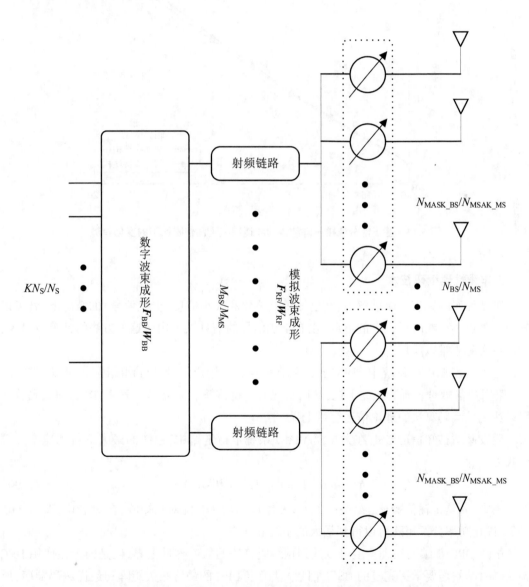

图 5.12 采用部分连接子阵结构的模拟数字混合收发机结构示意图

图 5.13 展示了多用户 MIMO 系统下,基于部分连接子阵结构的混合波束成形系统设计方案在不同信噪比下的和速率仿真结果。从图中可以看出,在大规模 MIMO 系统中采用部分连接子阵结构的混合模拟数字处理收发机,通过配合适当的高效算法可以有效地接近传统结构收发机最优的性能效果。然而实际应用中,由于电路布线的原因,一些实用系统只能采用基于全连接子阵结构的混合波束成形系统,这将带来系统性能的进一步损失。

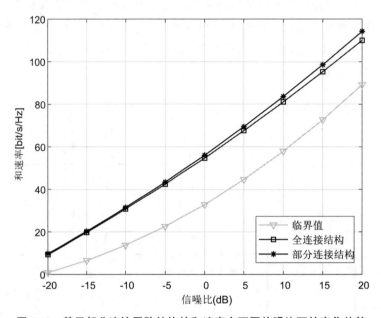

图 5.13　基于部分连接子阵结构的和速率在不同信噪比下的变化趋势

2.非线性预编码技术

脏纸编码的原理可以理解为,在已知墨点位置和大小信息(干扰信号)的情况下,就可以知道当墨点不存在时纸张上的信息(没有干扰信号的信息),但由于这种方法的计算量过大,所以在实际中难以应用。

在大规模 MIMO 系统中, DPC 预编码在对第 k 路用户信号进行预编码时,可以消除前 k − 1 路用户信号对它所造成的干扰,从而实现无干扰传输。研究结果表明,DPC 预编码算法可以达到预编码算法的理论信道容量上界。

假设基站已知信道 CSI,在大规模 MIMO 系统下行链路中,系统的最大下行和速率计算公式为[19]:

$$R = \max_{\mathrm{tr}(\Lambda)=1} \log_2(\det(I + \rho H \Lambda H^H)) \tag{5.96}$$

式中, ρ 是传输信噪比, Λ 是一个 $K \times K$ 维度的功率分配对角矩阵,在功率 $\mathrm{tr}(\Lambda) = 1$ 条件下,优化功率分配矩阵可以得到最大的系统和速率。

虽然 DPC 预编码在理论上可以达到预编码算法的信道容量上界,但是因为在使用 DPC 预编码时基站需要掌握完整的 CSI,并且很难确定 DPC 的最优相关矩阵和最优编码顺序,所以 DPC 算法在实际工程环境中很难办到。因此,为了发掘更实用的非线性预编码算法,研究人员研发出了汤姆林森·哈拉希玛(Tomlinson-Harashima Precoding,THP)预编码、基于矢量扰动(Vector Perturbation,VP)的预编码算法等,这些预编码的复杂度比 DPC 低,在实际工程中更容易实现。

（1）THP 预编码

最初,THP 预编码主要用来减少符号间干扰(Inter Symbol Interference, ISI),后来,研究人员把 THP 预编码应用在 MIMO 系统中来消除多用户所造成的干扰。THP 预编码的主要原理是通过后反馈的用户信息来消除先前反馈的用户之间的干扰,通过这种串行方式来提高预编码性能[20]。

其核心思想是在对第 k 路用户信号进行预编码时,通过前面 $k-1$ 路用户信号对第 k 路所造成的干扰进行均衡处理,这与 DPC 的思想是相似的。经过反馈环节之后,第二个用户可以消除来自第一个用户的干扰,第三个用户可以消除来自第一个和第二个用户的干扰[21],以此类推,就可以逐步消除各用户间产生的相互干扰,进而提高系统的误比特性能,并且,THP 预编码把判决反馈均衡器转移到了基站侧。

与 DPC 预编码相比,THP 预编码在系统和速率方面的表现仍然存在一些不足,但在降低发射功率、提高能量效率上有更好的表现[22]。因而,比起 DPC 预编码,THP 预编码算法仍然是一个非常实用的非线性预编码算法。然而,THP 预编码也存在一些不足,比如 THP 预编码算法也要求基站端已知完美 CSI,这点与 DPC 预编码相似,并且 THP 预编码运算的复杂度也仍旧非常高,可应用性仍然欠缺。

（2）VP 预编码

VP 预编码算法[23]是在传统 THP 预编码算法的基础上发展来的,某种程度上也是 DPC 预编码算法中的一种。其核心思想是在基站的发射信号中添加一个合适的扰动矢量 Δ ,使原发射信号具有最小的发射功率。将基站端发射信号表示为:

$$x = \beta H(H^H H)(s + \Delta) \tag{5.97}$$

式中, Δ 为扰动矢量, β 为功率归一化系数。VP 预编码算法通过添加扰动矢量,能够改变信号特性,降低接收端的噪声强度,达到提高系统信干噪比的目的。然而,VP 预编码算法通常是与 ZF 预编码算法、MMSE 预编码算法等结合在一起使用,而不是单独使用。

5.4.2 CSI 获取及反馈

在大规模 MIMO 系统中,使用预编码技术的前提是发送端能够获得与 CSI 相关的信息。目前主要有两种方式让发送端获得信道信息:在 FDD 系统中,发送端可以通过接收端反馈而获得 CSI;在 TDD 系统中,发送端通过下行信道与上行信道所具有的互易性而获得 CSI。

1.基于反馈的获取方式

基于反馈的 CSI 获取方式既可以用于 TDD,又可以用于 FDD 系统。一般情况下,发送端无法事先知道 CSI,只有接收端通过信道估计才能够获取 CSI。因此,通常在接收端利用导频做信道估计,再将信道信息反馈回发送端,基于反馈的 CSI 获取流程如图 5.14 所示。

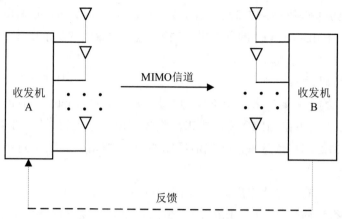

图 5.14　基于反馈的 CSI 获取流程

2.基于互易的获取方式

基于互易的获取方式一般用于 TDD 系统,这是因为 FDD 系统中前向和反向的频偏值之差会远大于信道的频域相干带宽,所以这种方式一般不适用于 FDD 系统。如果是全双工系统,如图 5.15 所示,利用收发机 A 到收发机 B(前向信道)的信息,就可以利用收发机 A 到收发机 B(前向信道)和收发机 B 到收发机 A(反向信道)的相似性,直接用前向信道的转置作为反向信道信息。

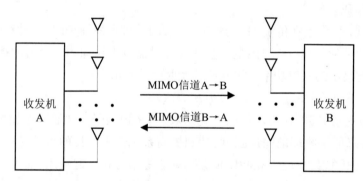

图 5.15　基于互易的 CSI 获取流程

5.5　大规模 MIMO 接收端设计

5.5.1　信道估计

在 5G 通信技术中,随着数据流量业务量的不断增多,通信网络已逐渐满足不了数据处理的要求,提高移动通信系统容量和可靠性的主要障碍之一是无线传播环境的复杂性导致的信道时变特性。信道估计技术可以有效提高信号处理的精确度和数据传输的效率,因此,需要研究快速准确的信道估计来改善系统的性能。信道估计技术能够有效提高通信网络的导频分配水平,通过对通信网络传输时延的估计来提取多径分量,进而提高延迟功率分布效率。

1.基于训练序列的信道估计算法

基于训练序列的信道估计算法的原理就是通过发送已知的训练序列,在接收端进行初始的信道估计,当发送有用的信息数据时,利用初始的信道估计结果进行一个判决更新,完成实时的信道估计。基于训练序列的信道估计算法能够提供较好的系统性能,但它也存在不足之处,即由于除了发射数据符号外,还需要发射前导或导频信号,因此,训练序列过长会降低频谱效率。

2.盲/半盲信道估计算法

从接收信号的结构和统计信息中获取信道状态信息或均衡器系数,无须或很少训练序列。该算法的优点是减少资源的开销,缺点是性能比基于训练序列的信道估计算法差。

(1)最小二乘信道估计算法

最小二乘信道估计是一种根据最小二乘准则的信道估计方法。在无线系统中,接收信号可表示为:

$$Y = XH + Z \tag{5.98}$$

其中,X 表示原始发射信号矢量,H 表示信道响应矢量,Z 表示噪声矢量,Y 表示接收信号矢量。

根据最小二乘准则,有如下目标函数:

$$
\begin{aligned}
J(\hat{H}) &= \parallel Y - X\hat{H} \parallel^2 \\
&= (Y - X\hat{H})^H (Y - X\hat{H}) \\
&= Y^H Y - Y^H X\hat{H} - \hat{H}^H X^H Y + \hat{H}^H X^H X\hat{H}
\end{aligned}
\tag{5.99}
$$

其中 $\hat{H}$ 表示 LS 信道估计结果,对上述目标函数求关于 $\hat{H}$ 的一阶偏导数和二阶偏导数,则一阶偏导数有:

$$
\begin{aligned}
\frac{\partial J(\hat{H})}{\partial(\hat{H})} &= \frac{\partial(Y^H Y - Y^H X\hat{H} - \hat{H}^H X^H Y + \hat{H}^H X^H X\hat{H})}{\partial(\hat{H})} \\
&= \frac{\partial(-Y^H X\hat{H})}{\partial(\hat{H})} + \frac{\partial(-\hat{H}^H X^H Y)}{\partial(\hat{H})} + \frac{\partial(\hat{H}^H X^H X\hat{H})}{\partial(\hat{H})} \\
&= -Y^H X - (X^H Y)^H + (X^H X\hat{H})^H + \hat{H}^H X^H X \\
&= -2X^H Y^H + 2(X^H X\hat{H})^K
\end{aligned}
\tag{5.100}
$$

二阶偏导数有:

$$
\frac{\partial}{\partial(\hat{H})} \left(\frac{\partial(J(\hat{H}))}{\partial(\hat{H})} \right)^H = 2X^H X > 0 \tag{5.101}
$$

由二阶偏导数大于零,可知目标函数存在最小值,令一阶偏导数为 0,则有:

$$-2(X^H Y)^H + 2(X^H XH)^H = 0 \tag{5.102}$$

由上式可以得到目标函数的最小值,即 LS 信道估计的解为:

$$\hat{H}_{LS} = (X^H X)^{-1} X^H Y$$
$$= X^{-1} Y \tag{5.103}$$

令 $\hat{H}_{LS}[k]$ 表示 $\hat{H}_{LS}$ 中的元素, $k = 0,1,2,\cdots,N-1$, 假设没有载波间干扰, 则每个子载波上的 LS 信道估计结果可以表示为:

$$\hat{H}_{LS}[k] = \frac{Y[k]}{X[k]}, k = 0,1,2,\cdots,N-1 \tag{5.104}$$

假设 $Y[k]$ 和 $X[k]$ 为复数, 且 $X[k]$ 已进行幅值归一化, 则有:

$$\hat{H}_{LS}[k] = Y[k]X[k], k = 0,1,2,\cdots,N-1 \tag{5.105}$$

虽然 LS 信道估计算法的计算复杂度低, 但是忽略了噪声的影响, 下面对此进行定量分析, LS 信道估计的均方误差(Mean Square Error, MSE)为:

$$\begin{aligned} MSE_{LS} &= E\{(H - \hat{H}_{LS})^H (H - \hat{H}_{LS})\} \\ &= E\{(H - X^{-1}Y)^H (H - X^{-1}Y)\} \\ &= E\{(X^{-1}Z)^H (X^{-1}Z)\} \\ &= E\{Z^H (X X^H)^{-1} Z\} \\ &= \frac{\partial_z^2}{\partial_x^2} \end{aligned} \tag{5.106}$$

从上式可以看出, LS 信道估计的 MSE 与 SNR 成反比, 这表明 LS 信道估计增强了噪声, 这导致在低 SNR 的情况下, 信道估计的精度会受到较大影响。即使如此, 最小二乘信道估计算法仍然因为其复杂度低的优点而被在实际大规模 MIMO 中广泛使用。

(2)MMSE 信道估计算法

对于 LS 信道估计的解

$$\hat{H}_{LS} = (X^H X)^{-1} X^H Y$$
$$= X^{-1} Y \tag{5.107}$$

使用加权系数 W, 定义 MMSE 信道估计为:

$$\hat{H} = W\tilde{H} \tag{5.108}$$

MMSE 的信道估计 $\hat{H}_{MMSE}$ 的 MSE 可表示为:

$$J(\hat{H}) = E[\|e\|^2] = E[\|H - \hat{H}_{MMSE}\|^2] \tag{5.109}$$

在 MMSE 信道估计中, 选择合适的加权系数 W 使得上式 MSE 最小, 可以证明估计误差向量 $e = H - \hat{H}_{MMSE}$ 与 $\tilde{H}$ 正交, 即满足

$$\begin{aligned} E[e\tilde{H}] &= E[(H - \hat{H})\tilde{H}^H] \\ &= E[(H - W\tilde{H})\tilde{H}^H] \\ &= E[H\tilde{H}^H] - WE[\tilde{H}\tilde{H}^H] \\ &= R_{H\tilde{H}}^H - W R_{\tilde{H}\tilde{H}} \\ &= 0 \end{aligned} \tag{5.110}$$

上式中，R_{HH}^{H} 为矩阵 H 和 $\tilde{H}$ 的互相关矩阵，$\tilde{H}$ 为 LS 信道估计，即：

$$\tilde{H} = X^{-1}Y = H + X^{-1}Z \tag{5.111}$$

由上式计算可以得到 $W = R_{HH}^{H} R_{\tilde{H}\tilde{H}}^{-1}$。

其中 $R_{\tilde{H}\tilde{H}}$ 为 LS 信道估计的自相关矩阵，即：

$$
\begin{aligned}
R_{\tilde{H}\tilde{H}} &= E[\tilde{H}\tilde{H}^{H}] \\
&= E[X^{-1}Y(X^{-1}Y)^{H}] \\
&= E[(H + X^{-1}Z)(H + X^{-1}Z)^{H}] \\
&= E[HH^{H} + X^{-1}ZH^{H} + HZ^{H}(X^{-1})^{H} + X^{-1}ZZ^{H}(X^{-1})^{H}] \\
&= E[HH^{H}] + E[X^{-1}ZZ^{H}(X^{-1})^{H}] \\
&= E[HH^{H}] + \frac{\sigma_z^2}{\sigma_x^2}I
\end{aligned}
\tag{5.112}
$$

$R_{H\tilde{H}}$ 是频域上真实信道向量和临时信道估计向量之间的互相关矩阵，MMS 信道估计可以表示为：

$$
\begin{aligned}
\hat{H}_{\text{MMSE}} &= W\tilde{H} \\
&= R_{HH}^{H} R_{\tilde{H}\tilde{H}}^{-1}\tilde{H} \\
&= R_{H\tilde{H}}\left(R_{HH} + \frac{\sigma_z^2}{\sigma_x^2}I\right)^{-1}\tilde{H}
\end{aligned}
\tag{5.113}
$$

（3）低复杂度的大规模 MIMO 信道估计

在大规模 MIMO 系统中，信道在相关条件下具有稀疏特征。结合这一特征，文献[24]提出了一种信道估计策略，策略以可靠支持检测为基础，将稀疏信道进行拆分，得到多个稀疏分量再进行估计。首先结合波束空间信道的结构特征对每个稀疏分量的支持度进行检测，从而消除该信道分量中的干扰，最后利用相对较少的导频得到整个波束空间信道。

图 5.16 比较了不同发射功率下，非线性预编码和线性预编码在系统频谱效率上的表现。从图中可以观察到，随着发射功率的提高，所有预编码策略的系统频谱效率都有所提高。其中，非线性预编码策略在高发射功率下的频谱效率表现优于线性预编码策略，显示了非线性预编码在高信噪比环境下的潜力。

文献[25]最早研究了 1-比特模拟数字转换（Analog to Digital Converter, ADC）条件下的大规模 MIMO 系统信道估计方法，基于期望最大化算法进行信道估计，借助信道稀疏性来实现高精度的信道估计。除此之外，在 1-比特 ADC 信道估计问题上利用广义近似消息传递算法，其在低 SNR 和中等 SNR 时的性能最好。

图 5.17 展示了不同信道估计技术在多种 ADCs 配置下的 MSE 性能。图中展示了 Lasso 算法、最大似然（ML）算法以及期望最大化（EM）算法在标准 ADCs 和 1-bit ADCs 下的 MSE 随 SNR 变化的曲线。可以观察到，在低信噪比环境下，所有方法的 MSE 较高，而随着信噪比的提高，MSE 逐渐降低。特别是 EM 算法在 1-bit ADCs 配置下表现出较好的鲁棒性，即使在

低信噪比下也能达到相对较低的 MSE。

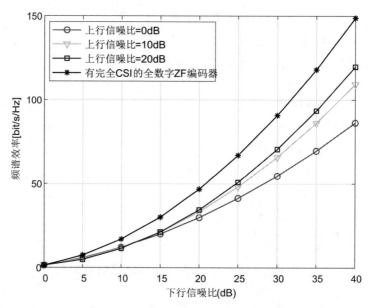

图 5.16　不同上行信噪比下,频谱效率随下行信噪比的变化趋势

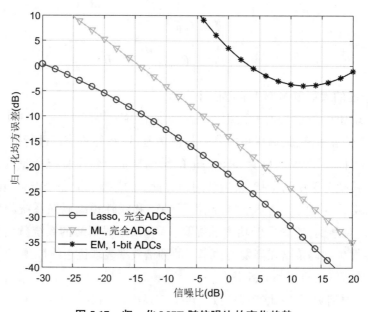

图 5.17　归一化 MSE 随信噪比的变化趋势

文献[26]充分利用了模型驱动的深度学习方法,按照神经网络的形式将现有的近似消息传递(Approximate Message Passing,AMP)迭代算法展开,网络的层数等价于 AMP 迭代算法的迭代次数,通过寻找 AMP 中的可训练参数,设计了一个模型驱动的神经网络。该模型可以使用较少数据集快速训练出理想的估计网络,显著改善了 AMP 迭代算法的估计性能。

图 5.18 展示了在不同 SNR 水平下,使用不同数量天线的系统 BER 表现。随着信噪比的提高,系统的误比特率显著降低。此外,从图中可以看出,使用更多数量的天线可以进一步降低误比特率,尤其是在高信噪比区域,这表明了通过增加天线数量可以显著改善系统性能。

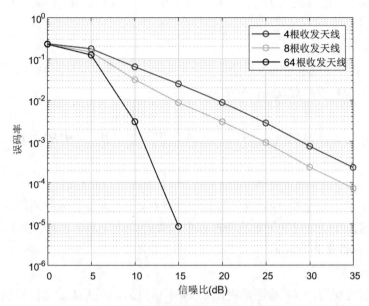

图 5.18　误码率随信噪比的变化趋势

5.5.2　检测技术

在大规模 MIMO 系统中,上行链路信号检测的任务是通过基站端接收到的信号来估计用户的发送信号。信号检测的计算复杂度和误码率都将直接影响系统的性能,如何在检测性能和计算复杂度之间做出折中的选择一直以来都是此类研究的热点。大规模 MIMO 信号检测算法根据天线规模划分为非线性和线性两类。其中,大规模 MIMO 系统的线性检测算法主要分为逼近法和迭代法两类。

1.线性检测算法

假设噪声向量为零, $y = Hx + n$ 可以视为线性方程组,MIMO 检测问题等价于"求 K 个未知变量 N 个线性方程组下的解"。所以,如果 H 是一个方阵(即 $N=K$)且 H 是一个满秩的矩阵,则这个线性方程组的解为 $x = H^{-1}y$ 。进一步推广,如果矩阵 H 满足 $N > K$ 且列满秩,我们可以得到 $x = H^{\dagger}y$,其中 $H^{\dagger} = (H^H H)^{-1} H^H$ 是 H 的广义逆矩阵。

(1)匹配滤波器检测

匹配滤波器(Matched Filter,MF)检测是所有 MIMO 检测中计算复杂度最低的线性检测。

MF 检测的加权矩阵为:

$$T_{\mathrm{MF}} = H^H \tag{5.114}$$

因此,我们可以得到发送信号估计值 $\hat{x}$:

$$\hat{x} = T_{MF}y = H^H Hx + H^H n \tag{5.115}$$

在存在加性随机噪声的情况下,MF 检测器可以最大化输出信噪比,是最优的线性滤波器。MF 检测器本质上是基于单用户检测理念的,因此严格来说,它不属于基于联合检测的 MIMO 检测范围,但在某些大规模 MIMO 系统中,MF 检测器能够接近最优 ML 检测的性能[27]。

（2）迫零检测

ZF 检测简单地处理未知的发送信号并且忽略噪声的影响,目标是将信道矩阵造成的干扰降为零[28][29]。ZF 检测对发送信号的估计为:

$$\hat{x} = T_{ZF}y = H^\dagger y = x + H^\dagger n \tag{5.116}$$

如果信道矩阵 H 满足列满秩条件,线性加权矩阵 $T_{ZF} = H^\dagger = (H^H H)^{-1} H^H$,估计误差的协方差矩阵为:

$$cov_{ZF} = E\{(\hat{x} - x)(\hat{x} - x)^H\} = \sigma^2 (H^H H)^{-1} \tag{5.117}$$

虽然消除了信道间干扰,但是线性加权矩阵的相乘,使得接收端噪声得到了增强。除此之外,$H^H H$ 小的特征值也可能导致检测过程中较大的估计误差。因此,尽管 ZF 检测的计算复杂度低,但检测性能相对较差。

（3）MMSE 检测

MMSE 算法可视为由 ZF 检测演进而来,基本思想是计算天线发送信号和检测输出的估计值之间的差异程度,让它们的均方误差期望值最小化[30]。即:

$$T_{MMSE} = \arg \min_T E \parallel Ty - x \parallel^2 \tag{5.118}$$

根据正交性原理得到:

$$E\{(T_{MMSE}y - x) y^H\} = 0 \tag{5.119}$$

经过进一步化简后得到:

$$T_{MMSE} = H^H (H^H H + \sigma^2 I_K)^{-1} = (H^H H + \sigma^2 I_K)^{-1} H^H \tag{5.120}$$

因此,通过滤波输出获得的估计信号为:

$$\hat{x}_{MMSE} = T_{MMSE}y = (H^H H + \sigma^2 I_K)^{-1} H^H y = W^{-1}\hat{y} \tag{5.121}$$

估计的协方差矩阵为:

$$cov_{MMSE} = E\{(\hat{x} - x)(\hat{x} - x)^H\} = \sigma^2 (H^H H + \sigma^2 I_K)^{-1} \tag{5.122}$$

MMSE 检测将信道中的干扰和噪声带来的总误差均进行减小,从而在增强噪声与消除干扰之间做到了平衡,这一特点是线性 ZF 检测不具备的。正因如此,在低信噪比时,线性 MMSE 检测器的检测性能优于 ZF 检测器。而在信噪比较高时,MMSE 检测性能收敛于 ZF 检测。

2.非线性检测算法

（1）最大似然检测

最大似然(Maximum Likelihood, ML)检测算法的原理通过信道矩阵 H 左乘所有可能的发送信号矢量,找出一个与接收矢量之间欧几里得距离最小的矢量,作为最终的估计结果[31]。目前,ML 检测算法是 MIMO 系统信号检测算法中表现出最优性能的检测算法。在大规模 MIMO 系统中,ML 检测算法对发射信号 x 估计的表达式为:

$$\hat{x}_{ML} = \arg \min_{x \in \mathbb{C}^{2K}} \| y - Hx \|^2 \tag{5.123}$$

其中，$\mathbb{C}$ 表示信号的星座集，$\| y - Hx \|^2$ 是 ML 度量。如果所有发射矢量的可能性相等，ML 检测就实现最大后验概率（Maximum A Posteriori，MAP）检测的最佳性。然而，ML 检测通过穷尽的方法遍历所有可能的解向量，因此其复杂度相对较高。

（2）干扰消除检测

另一类主要次优 MIMO 检测器为干扰消除（Interference Cancellation，IC），由于其非线性的特点，往往比线性 MIMO 检测器拥有更好的性能[32]。在多天线系统中，IC 检测在设计上更加灵活。虽然基于干扰消除的 MIMO 检测器比线性检测器拥有更好的性能，但往往要付出更高复杂度的代价。基于干扰消除的检测器在实际应用中拥有一个常见缺点，即误差传播，基于这一特性，其性能只有干扰用户信号强度远大于期望用户时才能与最佳的 ML 检测性能相比。

SIC 算法的基本步骤为首先在接收端检测出某根天线的发送信号，经过计算得到其干扰，并将干扰从接收信号中消除，再次进行迭代监测，最后检测出所有发送信号[33]。检测的顺序在信号检测中尤为重要，原因就是在信号检测中具有误差传播，整个系统的误差性能由最小信噪比的信号决定。因此，为了改善检测性能，串行干扰消除算法可以在每次迭代中优先将具有最小估计误差或者最大检测信噪比的信号检测出来，然后消除该信号，这样就得到了最优检测顺序。

并行干扰消除算法的操作思想为同时对所有符号进行检测。对于每一个符号，干扰符号的粗略初始估计可应用于再现干扰，然后将干扰从接收到的复合信号中消除。因为可以重复多次 PIC 检测，所以，PIC 检测有时也被认为是 MIC 检测技术。

当收发端天线数目较大时，就会出现信道硬化，这一现象方便了使用低复杂度的线性检测算法。在该算法中，矩阵求逆过程复杂度偏高，因此，为避免大规模矩阵的求逆过程采用逼近法和迭代法。诺伊曼级数（Neumann Series，NS）展开是逼近法的主要算法，将矩阵求逆用截短级数代替，计算复杂度因此从 $O(N_t^3)$ 降低至 $O(N_t^2)$，但是这样做的前提是只能展开到第二项，精度低，如果继续展开，复杂度又会回到 $O(N_t^3)$。与逼近法相比，迭代法的收敛速度更快，主要有高斯-赛德尔（Gauss-Seidel，GS）迭代检测、雅各比（Jacobi）迭代检测、牛顿迭代检测、逐次超松弛（Successive Over Relaxation，SOR）迭代检测等。这些迭代算法均能将复杂度降低至 $O(N_t^2)$，对大规模 MIMO 系统来说十分实用。

① 逼近法

逼近法的原理是利用级数展开来接近矩阵求逆的过程，其中比较有代表性的方法就是NS 展开。求得线性检测的滤波矩阵 A 的逆矩阵，并对其做 NS 展开，可以得到如下表达式：

$$A^{-1} = \sum_{i=0}^{\infty} (I - P^{-1}A)^i P^{-1} \tag{5.124}$$

其中 P 是非奇异矩阵。对于式（5.124），必须要满足如下要求：

$$\lim_{i \to \infty} (I - P^{-1}A)^i = 0 \tag{5.125}$$

更准确地说，Dengkui Zhu 认为在大规模 MIMO 系统中，$\beta = N_r/N_t > 5.83$ 时，可以将更高的收敛速率提供给 NS 展开。一般情况下，NS 展开的计算复杂度相对较低，这一特性也让

其受到更多关注。若只对级数展开的前 k 项进行保留,则可以将 A^{-1} 表示为:

$$A^{-1} \approx A_k^{-1} = \sum_{i=0}^{k-1} (I - P^{-1}A)^i P^{-1} \tag{5.126}$$

当展开级数 $k \leq 2$ 时, k 项 NS 展开的复杂度为 $O(N_t^2)$,而对于较大的 k 值,计算 NS 展开的复杂度可能比真实的矩阵求逆还要高。

② 迭代法

矩阵分裂(Matrix Splitting,MS)的定义如下。设 $A \in \mathbb{C}^{n \times m}$ 是非奇异矩阵,则称

$$A = M - N \tag{5.127}$$

为 A 的一个矩阵分裂,其中 M 为非奇异矩阵。

在大规模 MIMO 系统中,采用迭代的方式进行信号检测,可以理解为求解线性方程:

$$Ax = b \tag{5.128}$$

其中 b 是向量 $H^H y$ 。求解的基本思想是将 A 进行分解,取 $P = M$, $Q = -N$,可以得到 $A = P + Q$,最终的迭代公式为:

$$\begin{aligned} x^{(k)} &= B x^{(k-1)} + f \\ &= P^{-1}(- Q x^{(k-1)} + b) \end{aligned} \tag{5.129}$$

其中, $B = -P^{-1}Q = I - P^{-1}A$ 是迭代矩阵, $f = -P^{-1}b$, k 表示迭代的次数,如果想要迭代方法收敛,则必须满足:

$$\lim_{k \to \infty} B^k = 0 \tag{5.130}$$

假设初始值估计为 $x^{(0)} = P^{-1}b$,则第 k 次迭代可以表示成:

$$\begin{aligned} x^{(k)} &= P^{-1}((P - A) x^{(k-1)} + b) \\ &= \sum_{\iota=0}^{K} (I - P^{-1}A)^i P^{-1}b \end{aligned} \tag{5.131}$$

通过上述分析可以得到,相比于级数展开,迭代法在加快收敛方面表现更好,正因如此,迭代法在解决大规模 MIMO 线性检测矩阵求逆的问题上更为常见。迭代检测算法种类繁多,常见的有 Jacobi 检测、GS 检测、SOR 检测、Newton 检测、SSOR 检测、CG 检测等,其中,Jacobi 迭代[34]的向量更新速度相对较慢,但是方便分布式迭代;GS 算法[35,36]加快了更新速度,同时可以节约存储空间,但只能按照顺序迭代;通过引入松弛因子,SOR 迭代算法[37—39]使得算法收敛更加迅速;Newton 迭代算法则是其中收敛速度最快的迭代法[40]。

5.6 联邦学习和大规模 MIMO 技术

当前电信通信系统中使用的典型机器学习框架需要一个云中心来存储和处理由用户设备收集的原始数据。但是,这种集中式结构由于延迟久,无法支持实时应用。因此,引入移动边缘计算的概念,将数据在边缘节点处理,而不是在云中心处理。由于移动设备的计算能力正在显著提高,甚至有可能将网络计算进一步推到移动设备水平。另一方面,最近数据被第三方公司(例如 Facebook、苹果)处理,这引起了人们对数据隐私的严重担忧。因此我们迫切需要一种新型的机器学习框架,它不仅可以为机器学习应用程序开发终端的计算资源,还

可以确保数据隐私。最近开发的联邦学习(Federated Learning, FL)是此类机器学习框架的一个很有前途的技术。联邦学习过程是用户使用其本地数据训练更新本地模型,然后将更新发送到中心服务器的迭代过程。然后,中央服务器聚集这些更新来计算全局训练更新,然后将其发送回终端,以进一步协助其本地更新计算。当达到一定的学习精度水平时,这个迭代过程终止。为了保护数据隐私,不共享本地的训练数据,只使用本地计算资源在终端上计算得到本地的训练更新。与上传大量的原始数据相比,只上传本地的训练更新到中心服务器的延迟要低得多。这种分布式的方法有利于进行大规模的模型训练和更灵活的数据收集,尽管会以较高的用户资源为代价。

在毫米波大规模 MIMO 系统中,用户需要估计下行信道和相应的混合波束,然后通过有限的反馈技术将这些估计值通过上行信道发送到基站。然而,这些方法的性能主要依赖于信道状态信息的完美性,研究人员为了提供一个鲁棒的波束形成性能、解决传输开销问题,在大规模 MIMO 系统中引入了联邦学习策略[41],该策略在从信道数据中提取特征方面具有优势,并且在输入处有缺陷/损坏的情况下也能表现出稳健的性能。在联邦学习中,边缘设备不是将整个数据发送到基站,而是只发送神经网络模型的梯度信息[42]。然后,利用随机梯度下降(Stochastic Gradient Descent, SGD)算法对神经网络进行迭代训练。虽然这种方法引入了边缘设备上梯度计算的复杂性,但通过仅传输梯度信息就能显著降低数据收集和传输的开销。

文献[43]提出了一个用于混合波束形成的联邦学习框架,通过设计一个卷积神经网络架构接收信道矩阵作为输入,并在输出处产生射频波束形成器。然后用户利用梯度数据采集来训练深度网络。每个用户用其可用的训练数据(一对信道矩阵和相应的波束形成器索引)来计算梯度信息,然后将其发送到基站。基站接收来自用户的所有梯度数据并进行 CNN 模型的参数更新。通过数值模拟,与集中式机器学习相比,联邦学习方法提供鲁棒的波束形成性能,同时表现出更低的传输开销。

在一个多用户 MIMO 系统中,基站配备 N_T 根天线,与 K 个单天线用户进行通信。在下行链路中,基站首先对 K 个数据符号 $s = [s_1, s_2, \ldots, s_K]^T$ 进行数字预编码 $F_{BB} = [f_{BB,1}, \ldots, f_{BB,K}]$ 和模拟预编码 $F_{RF} = [f_{RF,1}, \ldots f_{RF,K}]$,形成传输信号。由于 F_{RF} 由模拟移相器组成,所以假设模拟预编码器具有幅度限制,$|[F_{RF}]_{i,j}|^2 = 1$,因此 $\| F_{RF} F_{BB} \|_F^2 = K$。然后,发射信号为 $x = F_{RF} F_{BB} s$,而在第 k 个用户处接收到的信号就变成了

$$y_k = h_k^H \sum_{n=1}^{K} F_{RF} f_{BB,n} s_n + n_k \tag{5.132}$$

其中 h_k^H 表示第 k 个用户的毫米波信道,且服从 $\| h_k \|_2^2 = N_T$,$n_k \sim CN(0, \sigma^2)$ 为加性高斯白噪声向量。

假设毫米波信道为聚类通道模型,h_k 被表示为 L 个视距(Line-of-Sight, LOS)接收到的路径射线的聚类:

$$h_k = \beta \sum_l \alpha_{k,l} a(\varphi^{(k,l)}) \tag{5.133}$$

其中,$\beta = \sqrt{N_T/L}$,$\alpha_{k,l}$ 为复信道增益,$\varphi^{(k,l)} \in [-\pi/2, \pi/2]$ 表示传输路径的方向,$a(\varphi^{(k,l)})$ 是阵列转向矢量,第 m 个元素 $[a(\varphi^{(k,l)})]_m = \exp\left\{ -j \frac{2\pi}{\lambda} d(m-1) \sin(\varphi^{(k,l)}) \right\}$,

其中,λ 为波长,d 为阵列元素间距。

假设信号为高斯信号,那么第 k 个用户的可达速率为:

$$R_k = log_2 \left| 1 + \frac{\frac{1}{K} \mid h_k^H F_{RF} f_{BB_k} \mid^2}{\frac{1}{K} \sum_{n \neq k} \mid h_n^H F_{RF} f_{BB_n} \mid^2 + \sigma^2} \right| \qquad (5.134)$$

系统的和速率为 $\bar{R} = \sum_{k \in K} R_k, K = \{1, \dots, K\}$。

将基站的全局模型的参数集表示为 $\theta \in \mathbb{R}^P$,它具有 P 个实值可学习参数。然后,学习模型可以用输入 X 和输出 Y 之间的非线性关系来表示,$f(\theta, X) = Y$。

这项工作重点关注全局神经网络模型的训练阶段。因此,假设每个用户都有可用的训练数据对,例如信道向量 h_k(输入标签)和相应的模拟预编码器 $f_{RF,k}$(输出标签)。这项工作的目的是通过使用用户可用的训练数据来训练全球神经网络来学习 θ。一旦学习完成,用户就可以通过提供的信道数据预测他们相应的模拟预编码器,然后反馈给基站。

用 $D_k = \{(X_k^{(1)}, Y_k^{(1)}), \dots, (X_k^{(D_k)}, Y_k^{(D_k)})\}$ 表示 k 个用户的训练数据集,其中 $D_k = |D_k|$ 是数据集的大小,$X = \cup_{k \in K} X_k$,$Y = \cup_{k \in K} Y_k$。一旦基站收集了 $D = \cup_{k \in K} D_k$,就通过最小化经验损失来训练全局模型,模型的损失函数为:

$$\mathcal{F}(\theta) = \frac{1}{D} \sum_{i=1}^{D} L(f(\theta; X(i)), Y^{(i)}) \qquad (5.135)$$

其中,$D = |D|$ 为训练数据集的大小,$L(\cdot)$ 为学习模型定义的损失函数。通过将迭代 t 次时的模型参数 θ_t 更新为 $\theta_{t+1} = \theta_t - \eta_t \nabla \mathcal{F}(\theta_t)$,通过梯度下降来实现经验损失的最小化,其中 η_t 是 t 时的学习速率。为了降低复杂性,我们使用了 SGD 技术,其中 θ_t 被更新为:

$$\theta_{t+1} = \theta_t - \eta_t g(\theta_t) \qquad (5.136)$$

$g(\theta_t)$ 满足 $E\{g(\theta_t)\} = \nabla \mathcal{F}(\theta_t)$。因此,SGD 技术允许我们通过将数据集划分为多个部分来最小化经验损失。在联邦学习中,训练数据集被划分为小部分,但是它们在边缘设备上可用。因此,通过收集用户使用数据集 $\{D_k\}_{k \in K}$ 计算的局部梯度 $\{g_k(\theta_t)\}_{k \in K}$ 来更新 θ_t。因此,基站合并 $\{g_k(\theta_t)\}_{k \in K}$,更新全局模型参数

$$\theta_{t+1} = \theta_t - \eta_t \frac{1}{K} \sum_{k=1}^{K} g(\theta_t) \qquad (5.137)$$

$g_k(\theta_t) = \frac{1}{D_k} \sum_{i=1}^{D_k} \nabla L(f(\theta_t; , X(i), Y^{(i)}))$ 是由第 k 个用户计算的随机梯度。

为了减少由梯度平均引起的振荡,参数更新是通过使用一个动量参数来进行的,它允许我们平均移动梯度。最后,动量参数的更新为:

$$\theta_{t+1} = \theta_t - \eta_t \frac{1}{K} \sum_{k=1}^{K} g_k(\theta_t) + \gamma(\theta_t - \theta_{t-1}) \qquad (5.138)$$

接下来,我们讨论了联邦学习框架的输入输出数据采集和网络架构。神经网络的输入是一个三实值的信道张量 $X_k \in \mathbb{R}^{\sqrt{NT} \times \sqrt{NT} \times 3}$,目的是利用特征增强的方法改进输入特征表示。我们首先用一个函数 $\Pi(\cdot): \mathbb{R}^{N_T} \to \mathbb{R}^{\sqrt{NT} \times \sqrt{NT}}$ 来重塑信道向量 $H_k = \Pi(h_k)$,我们使用

二维输入数据,因为它为二维卷积层提供了更好的特征表示和提取。

对于第 k 个用户,我们将输入数据的第一个和第二个"通道"分别构造为 $[X_k]_1 = Re\{H_k\}$ 和 $[X_k]_2 = Im\{H_k\}$ 。同时,我们选择第三个"通道"作为 H_k 的元素级相位值,该相位值为 $[X_k]_3 = \angle\{H_k\}$ 。

神经网络的输出层是一个分类层,它决定了分配给与用户方向对应的每个射频预编码器的类别/索引。因此,我们首先将角域 $\Theta = [-\pi/2, \pi/2]$ 划分为 Q 个等间隔不重叠的 $q \in Q = 1, \dots, Q$ 的子区域 $\Theta_q = [\varphi_q^{start}, \varphi_q^{end}]$,从而使 $\Theta = \bigcup_{q \in Q} \Theta_q$ 。这些子区域代表了用于标记整个数据集的 Q 类。

在训练过程中,在基站以同步方式接收梯度数据,即用户的梯度信息 $g_k(\theta_t)$ 通过同步机制进行对齐,在模型聚合后它们处于相同的状态 θ_{t+1} 。模型聚合是通过控制训练阶段持续时间的模型更新频率来进行的。假设模型更新是周期性重复的,周期设置为通道相干间隔,其中用户的梯度在基站上采集。

经过培训后,每个用户都可以访问所学习到的全局模型 θ 。因此,他们只需将神经网络输入 h_k ,以获得输出标签 q 。然后,模拟波束形成器可以被构造为相对于上面定义的方向 $\tilde{\varphi}_q$ 的转向矢量 $\alpha\tilde{\varphi}_q$ 。一旦基站有了 F_{RF} ,可以相应地设计基带波束形成器 F_{BB} ,以抑制用户的干扰。

5.7　大规模 MIMO 应用场景分析

图 5.19 显示了大规模多天线 MIMO 技术在 5G 移动通信系统中的应用场景。在 5G 大规模天线阵列的部署场景中,有两种小区形式并存——宏蜂窝小区和微蜂窝小区。由于天线尺寸、天线安装和其他实际问题,分布式天线也发挥了重要的作用。在实际应用当中,也很有必要考虑天线之间的协作机制及信令传输问题。网络主要分两类:同构与异构网络。场景也分为两类:室内场景和室外场景。

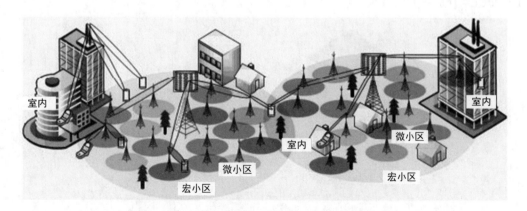

图 5.19　大规模多天线技术的应用场景

根据测试的相关文献可知,陆地移动通信系统中约有 70% 的通信来源于室内,因此,大规模的 MIMO 信道可以分为两种模式:微小区基站对室内或室外用户,以及宏小区基站对室内或室外用户。同时,微小区也可以作为信息传输的中继基站,信道也可以分为宏小区基站和微小区基站。理论上,基站的天线数可以无限增加,并且小区内移动用户的天线数也可以增加。

鉴于应用场景对技术方案研究、标准化方案制定以及性能评估的重要意义,3GPP 已经完成了针对仰角波束形成与全维度多输入多输出(Full Dimension MIMO,FD-MIMO)的应用场景与信道建模工作。然而,在 3GPP 相关工作的早期阶段,大规模 MIMO 的应用场景被较粗略地分为了 3D-UMi 与 3D-UMa 两种。对于另外的覆盖高层建筑的高层场景模型,许多参数分布建模方法尚未确定。此外,上述场景划分也没有能够体现出网络形态异构性和密集化的发展趋势。目前,大规模天线的应用场景预计主要包括以下几点:室外宏覆盖、高层建筑覆盖、热点覆盖与无线回传等。

5.7.1　室外宏覆盖

室外宏覆盖是传统移动通信系统的重要应用场景之一。在宏覆盖场景下,通过大规模天线系统在这种场景下提升系统容量是很有必要的。因为在这种情况下,基站覆盖面积相对比较大,用户数量相对较多。在该场景中,基站天线部署在建筑物顶部上方,覆盖地面分布的用户和 4—8 栋低层建筑物。系统中用户的分布可能较为密集,而且呈现出 2D(地面)和 3D(建筑中)分布混合的形态。在这种情况下,大规模天线技术可以较为充分地发挥其性能优势。与传统天线无法在垂直面上实现终端自适应波束形成相比,大规模天线波束形成在各个终端提供不同垂直面波束形成,实现垂直平面上的空间分离,从而提高频谱效率。图5.20 中有 UE1、UE2、UE3,基站可以利用它们在水平维度上的方向角与基站的方向角不同,在水平维度上形成与他们对齐的三个用于数据传输的波束。然而在水平方向上,UE3 和 UE4 与基站之间形成的方位角是相同的,因此 UE3 的波束和 UE4 的波束之间会产生波束间相互干扰。为了解决水平方向上的波束间干扰问题,大规模天线波束成形技术再一次提供垂直面波束赋形,以便从垂直维度上对 UE3 和 UE4 再进行一次分离,为数据传输形成与UE3 和 UE4 分别对齐的波束。

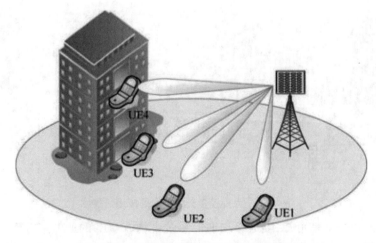

图 5.20　大规模天线在垂直维度区分用户

5.7.2　高层建筑覆盖

在城市环境中,高层建筑(如 20—30 层高)较为普遍。高层建筑内的用户主要依赖室内覆盖,其部署成本和施工难度往往较大。如果使用传统的天线阵列,在楼外实现对高楼的深度覆盖则需要多副天线系统分别覆盖不同楼层,楼体的穿透损耗以及小区间干扰会严重影响系统性能。高层覆盖场景主要指通过位置较低的基站为附近的高层楼宇提供覆盖,需要基站具备垂直方向的覆盖能力。这种情况下,如果使用大规模天线波束赋形技术,则可以根据实际的用户分布非常灵活地调整波束,通过垂直扇区化或者多用户空分复用的方式很好地覆盖楼内用户。而且大规模天线带来的较多的赋形增益可以较好地解决穿透损耗的问题。普通扇区天线与大规模天线室外覆盖高层楼宇场景如图 5.21 所示。

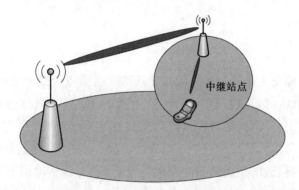

中继站点

图 5.21　普通扇区天线与大规模天线室外覆盖高层楼宇场景

5.7.3　热点覆盖

热点覆盖场景中,覆盖范围相对有限,流量业务量需求和用户数量可能很大。这种情况下,可以考虑较高的频段,通过增加资源供给和提高频谱空间利用效率的双重手段保证系统需求得到满足。在这种场景中,密集的用户分布将非常有利于多用户调度增益的体现。如果应用于高频段,可以在有限的尺寸内使用更多的天线,从而能够更好地发挥大规模天线的优势。热点覆盖可用于用户和业务量十分密集的室外区域,如体育场赛事、大型演唱会、广场集会、CBD 商超等。同时,基于大规模天线的热点覆盖也适用于用户数和业务需求都很大的室内环境,如大型会议场馆、大型商场、机场候机楼、高铁候车大厅等。在室内热点部署中,大规模天线阵列可以部署在天花板上或分布于多个角落中。

5.7.4　无线回传

在热点区域,运营商往往需要根据业务需求的变化搭建微(小)型站。如果采用有线方式,微(小)型站的回传链路部署存在成本高、灵活性低的问题。在这种情况下,无线传输模式可用于通过宏站为热点覆盖区域中的微站提供返回链路。然而,整个热点覆盖区域的容量可能受到返回链路容量的限制。为了解决这一问题,可以在回传链路使用高频段、大带宽,同时利用大规模天线阵列带来的精确三维赋形与高赋形增益保证回传链路的传输质量,扩大回传链路的容量。无线回传应用场景如图 5.22 所示。

图 **5.22**　无线回传应用场景

5.8　本章小结

大规模多输入多输出无线通信是近年来无线移动通信领域最为活跃的研究方向。本章主要介绍了大规模 MIMO 的发展历史、原理、应用场景、信道模型、信道容量、发送端传输原理和接收端设计。在引言部分,主要内容有大规模 MIMO 的起源和研究现状;第二节信道建模也是无线通信理论分析和系统设计的基础,在大规模 MIMO 无线通信环境下,基站侧配备大规模天线阵列,传输信道的空间分辨率得到显著提高,无线传输信道势必存在新的特性,需要深入地讨论;第三节对 MIMO 的信道容量进行了分析,信道容量及频谱效率一直是通信系统设计的基础,对 MIMO 信道容量的分析揭示了 MIMO 与收发天线数及信道统计特性的定量关系,为系统传输方案设计提供了理论依据;第四节和第五节又在收发两侧提供设计原理,为读者提供了设计思路。

参考文献

[1]MARZETTA T L. Noncooperative cellular wireless with unlimited numbers of base station antennas[C]//IEEE Transactions on Wireless Communications, 2010,9(11):3590-3600.

[2]WANG C, HAIDER F, GAO X, et al. Cellular architecture and key technologies for 5G wireless communication networks[J]. IEEE communications magazine, 2014,52(2):122-130.

[3]VIBERG M, OTTERSTEN B, NEHORAI A. Performance analysis of direction finding with large arrays and finite data[J]. IEEE transactions on signal processing, 1995,43(2):469-477.

[4]CLERCKX B, OESTGES C. MIMO wireless networks: channels, techniques and standards for multi-antenna, multi-user and multi-cell systems[M]. Florida: Academic Press, 2013.

[5]FLEURY B H. First-and second-order characterization of direction dispersion and space selectivity in the radio channel[C]//IEEE Transactions on Information Theory, 2000,46(6):2027-2044.

［6］AUER G. 3D MIMO-OFDM channel estimation［C］//IEEE Transactions on Communications，2012,60(4):972-985.

［7］PÄTZOLD M. Mobile radio channels［M］. 2nd ed. Toronto：Wiley,2011.

［8］LI Y，CIMINI L J，SOLLENBERGER N R. Robust channel estimation for OFDM systems with rapid dispersive fading channels［C］//IEEE Transactions on Communications，1998,46(7): 902-915.

［9］ADHIKARY，ANSUMAN，NAM，et al. Joint spatial division and multiplexing—the large-scale array regime［J］. IEEE transactions on information theory，2013,59(10):6441 -6463.

［10］CHIZHIK D. Slowing the time-fluctuating MIMO channel by beam forming［J］. IEEE transactions on wireless communications，2004,3(5):1554-1565.

［11］SAYEED M. Deconstructing multiantenna fading channels［J］.IEEE transactions on signal processing，2002,50(10):2563-2579.

［12］HOYDIS J，TEN BRINK S，DEBBAH M. Massive MIMO in the UL/DL of cellular networks：how many antennas do we need? ［J］. IEEE journal on selected areas in communications，2013,31(2):160-171.

［13］COSTA M. Writing on dirty paper(Corresp.)［J］.IEEE transactions on information theory，1983,29(3):439-441.

［14］EREZ U，SHAMAI S，ZAMIR R. Capacity and lattice strategies for canceling known interference［J］. IEEE transactions on information theory，2005,51(11):3820-3833.

［15］WANG Y，LEE J. A ZF-based precoding scheme with phase noise suppression for massive MIMO downlink systems［J］. IEEE transactions on vehicular technology，2018,67(2):1158 -1173.

［16］SPENCER Q H，SWINDLEHURST A L，HAARDT M. Zero-forcing methods for downlink spatial multiplexing in multiuser MIMO channels［J］. IEEE transactions on signal processing，2004,52(2):461-471.

［17］STIRLING-GALLACHER R A，RAHMAN M S. Linear MU-MIMO pre-coding algorithms for a millimeter wave communication system using hybrid beam-forming［J］. IEEE international conference on communications(ICC)，2014:5449-5454.

［18］KIM T，KWON K，HEO J. Practical dirty paper coding schemes using one error correction code with syndrome［J］. IEEE communications letters，2017,21(6):1257-1260.

［19］PAULRAJ A，NABAR R，GORE D. Introduction to space-time wireless communications［M］. Cambridge：Cambridge University Press，2003.

［20］LU X，ZU K，LAMARE R C. Lattice-reduction aided successive optimization tomlinson harashima precoding strategies for physical-layer security in wireless networks［J］. 2014 sensor signal processing for defence(SSPD)，2014:1-5.

［21］TOMLINSON M. New automatic equaliser employing modulo arithmetic［J］. Electronics letters，1971, 7(5):138-139.

［22］赵勇洙,金宰权,杨元勇,等. MIMO-OFDM 无线通信技术及 MATLAB 实现［M］.孙锴,译.北京:电子工业出版社,2013.

［23］HOCHWALD B M, PEEL C B, SWINDLEHURST A L. A vector-perturbation technique for near-capacity multiantenna multiuser communication part Ⅱ: perturbation［J］. IEEE transactions on communications, 2005,53(1):203-203.

［24］GAO X, DAI L, HAN S, et al. Reliable beamspace channel estimation for millimeter-wave massive MIMO systems with lens antenna array［J］. IEEE transactions on wireless communications,2017,16(9): 6010-6021.

［25］MO J, SCHNITER P, PRELCIC N G, et al. Channel estimation in millimeter wave MIMO systems with one-bit quantization［J］. 2014 48th asilomar conference on signals, systems and computers, 2014:957-961.

［26］HE H, WEN C, JIN S, et al. A model-driven deep learning network for MIMO detection［C］//2018 IEEE Global Conference on Signal and Information Processing, Anaheim: IEEE, 2018:584-588.

［27］HOYDIS J, TEN BRINK S, DEBBAH M. Massive MIMO in the UL/DL of cellular networks: how many antennas do we need? ［J］. IEEE journal on selected areas in communications, 2013,31(2):160-171.

［28］VAN ETTEN W. An optimum linear receiver for multiple channel digital transmission systems［J］. IEEE transactions on communications, 1975,23(8):828-834.

［29］SKOG, HANDEL P, NILSSON J, et al. Zero-velocity detection—an algorithm evaluation［J］. IEEE transactions on biomedical engineering, 2010,57(11): 2657-2666.

［30］POOR H V, VERDU S. Probability of error in MMSE multiuser detection［J］. IEEE transactions on information theory, 1997,43(3):858-871.

［31］LANG T, PERREAU S. Multichannel blind identification: from subspace to maximum likelihood methods［J］. Proceedings of the IEEE, 1998,86(10):1951-1968.

［32］BERGMANS P, COVER T. Cooperative broadcasting［J］. IEEE transactions on information theory, 1974,20(3):317-324.

［33］LIU T, LIU Y Y. Modified fast recursive algorithm for efficient MMSE-SIC detection of the V-BLAST system［J］. IEEE transactions on wireless communications, 2008,7(10):3713-3717.

［34］QIN X, YAN Z, HE G. A near-optimal detection scheme based on joint steepest descent and jacobi method for uplink massive MIMO systems［J］. IEEE communications letters, 2016,20(2):276-279.

［35］WU Z, ZHANG C, XUE Y, et al. Efficient architecture for soft-output massive MIMO detection with gauss-seidel method［C］//2016 IEEE International Symposium on Circuits and Systems(ISCAS), Montreal: IEEE, 2016:1886-1889.

［36］DAI L, GAO X, SU X, et al. Low-complexity soft-output signal detection based on gauss-seidel method for uplink multiuser large-scale MIMO systems［J］. IEEE transactions on vehicular technology, 2015,64(10):4839-4845.

[37]YU, ZHANG C, ZHANG S, et al. Efficient SOR-based detection and architecture for large-scale MIMO uplink[C]//2016 IEEE Asia Pacific Conference on Circuits and Systems (APCCAS), Jeju Island: IEEE, 2016:402-405.

[38]ZHANG P, LIU L, PENG G, et al. Large-scale MIMO detection design and FPGA implementations using SOR method[C]//2016 8th IEEE International Conference on Communication Software and Networks(ICCSN), Beijing: IEEE, 2016:206-210.

[39]GAO X, DAI L, HU Y, et al. Matrix inversion-less signal detection using SOR method for uplink large-scale MIMO systems[J]. 2014 IEEE global communications conference, 2014: 3291-3295.

[40]TANG C, LIU C, YUAN L,et al. High precision low complexity matrix inversion based on newton iteration for data detection in the massive MIMO[J]. IEEE communications letters, 2016,20(3):490-493.

[41]VU T T, NGO D T, TRAN N H, et al. Cell-free massive MIMO for wireless federated learning[J]. IEEE transactions on wireless communications, 2020,19(10):6377-6392.

[42]HUH M, YU D, PARK S H. Signal processing optimization for federated learning over multi-user MIMO uplink channel[C]//2021 International Conference on Information Networking (ICOIN), Jeju Island: IEEE, 2021:495-498.

[43]ELBIR M, COLERI S. Federated learning for hybrid beamforming in mm-wave massive MIMO[J]. IEEE communications letters, 2020,24(12):2795-2799.

6　媒体资源分配技术

6.1　引言

为提升媒体资源和基础网络的利用率,实现按需定制和网络效率的动态平衡,目前的技术手段一方面通过边缘计算策略收集媒体服务的基本信息、资源特征,并制定边缘化的移动边缘计算优化和处理策略;另一方面根据业务需求的变化自适应调整虚拟资源需求的映射机制,而后引入虚拟网络需求生成虚拟切片编排任务,依托虚拟化、云化架构的 5G SDN 核心网,实现切片和网络功能的按需调度、自动部署并具备高可靠性,完成针对不同媒体业务的网络资源适配,从而灵活匹配业务需求和网络资源。

特别地,5G 网络的需求和场景多样化,不同的场景对网络的功能和性能有不同的要求。在传统的单一网络的基础上,连续融合和单一优化不能满足 5G 网络的各种个性化需求。因此,在 5G 网络中引入网络切片(Network Slicing, NS)技术,可以根据不同场景的不同需求定制个性化的切片,并共享基础设施,从而在满足不同场景的需求的同时实现资源的充分利用。本章基于 5G 网络切片的需求,着重介绍了 5G 端到端网络切片模型,从接入网络(Radio Access Network, RAN)切片和核心网络(Core Network, CN)切片两方面阐述资源调度与优化过程。

6.2　软件定义网络技术

网络负载不断增加、网络应用越来越多样化,传统网络体系结构面对这种越来越复杂的流量模式,只有不断加快设备处理器速度和访问速度,并扩大存储容量和缓存容量,才能通过升级成性能更佳、容量更大的网络设备来满足增长的网络需求。但是,传统网络主要由在不同协议层次工作的网络设备互联而成,这种封闭的、专用的、一体封装的设备系统架构缺乏灵活性,系统扩展性不足,并且对厂商的依赖性较强,难以满足动态的数据流量和日益复杂的网络应用等对于配置管理的巨大需求。

为了使得网络能够满足日益复杂的未来需求,研究者提出了软件定义的思想。2008 年,斯坦福大学的 Nick McKeown 教授及其研究团队发表了介绍 OpenFlow 的论文,2009 年 OpenFlow 协议规范 1.0 发布,软件定义网络(Software Defined Network, SDN)开始引起广泛关注。2011 年,开放网络基金会 ONF 成立,这是一个致力于推动 SDN 产业化和标准化工作的非营利性组织。此后,SDN 获得工业界的高度认可,Google、VMware、思科等网络公司都开始涉足 SDN 技术,开启了 SDN 爆发式发展,使得 SDN 技术成为网络架构发展必不可少的基础技术之一。

软件定义的基础思路是不再使用传统网络中一体化的硬件设施,将硬件平台打造为虚拟化平台,操控软件编程来进一步管理控制网络,可以提供更标准化、智能化、开放化的管理与操控的服务。SDN 的设计理念是要让网络管理员能和网络开发者一样对网络设备具有相同的编程控制方式,而网络设备可以广泛分布在通用的服务器之上。

6.2.1 SDN 技术体系架构

SDN 将网络交换功能分为控制平面和转发平面,两个平面相互分离,分别运行在不同的设备上,转发平面由分布式的可编程交换机组成,控制平面由控制器通过操控软件对转发平面上的网络设备实现集中式的控制,包括智能的路由选择、优先级设置和满足 QoS 的参数配置等转发策略,并具备灵活的可编程能力。

SDN 的体系架构如图 6.1 所示,数据平面是由物理交换机和虚拟交换机组成的网络,负责数据分组的转发,控制平面通过统一开放的控制——转发通信接口对转发平面的可编程交换机进行集中控制,可编程交换机通过接收控制信令生成转发表,并据此决定数据流量的处理。如图 6.2 所示,控制器与可编程交换机之间产生控制信令的流量,独立于交换机之间相互通信产生的数据流量。控制平面和数据平面之间交互的接口即应用程序编程接口(Application Programming Interface,API),也称为南向接口,它提供了控制平面与数据平面之间的通信标准语言和协议格式,最典型的南向接口就是 OpenFlow 协议。

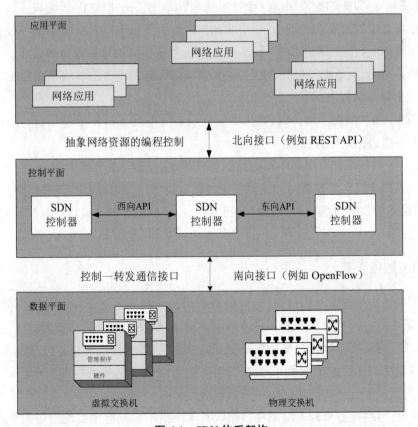

图 6.1　SDN 体系架构

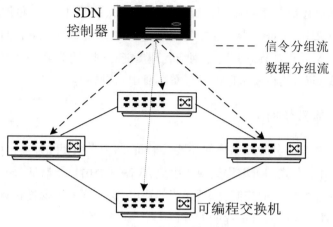

图 6.2 SDN 控制平面和数据平面

控制器是实现应用数据流量分发的核心,它将应用服务请求映射为控制指令下发给数据平面的可编程交换机,实现的是网络操作系统的功能。控制器平面可以采用集中式控制,也可以采用分布式控制器架构,在分布式控制器架构中,控制器通过东、西向接口与其他SDN 控制器或网络进行通信,目前,东、西向接口的协议标准还在研究当中。

SDN 应用服务与控制器进行交互的接口称为北向接口,北向接口向高层的应用服务提供了一个控制平面功能的抽象层。这个抽象层由 SDN 控制平面软件创建和管理,从而向应用服务屏蔽了底层数据交换的细节,一个北向接口的例子是 REST API。SDN 应用服务可以与控制平面软件运行在相同的服务器上,也可以运行在不同的远端服务器之上。目前,SDN在包括云数据中心、大数据、网络安全、移动无线网络等越来越多的领域存在广泛的应用。

SDN 的主要特征有:

(1)控制平面和数据平面分离,数据平面只负责简单的数据转发操作,将控制功能剥离出来集中由一组协作的软件实现。

(2)控制平面采用逻辑上集中式的控制器来实现,控制器是可移植的软件,通过控制器能够智能地根据全局网络视图对转发设备进行编程操作,实现全局的监控与管理。

(3)网络的转发是可编程的,通过在控制器上的应用编程和开放接口来实现对数据平面转发行为的控制。

6.2.2 SDN 数据平面

SDN 数据平面是网络基础设施层,只负责根据控制平面下达的指令来完成简单的数据转发任务,其本身并没有决策功能。具体来说,SDN 数据平面的重要功能为:

交互支撑:交互支撑和控制平面用来交互的通信——控制接口,可以支持控制平面对网络设备的可编程性。这是由 SDN 控制器和数据平面网络设备之间的标准安全协议 OpenFlow来实现的,它提供了网络交换功能的逻辑结构规范。

数据转发:网络设备从输入输出接口接收其他网络设备或终端系统发送的数据流,在输入输出队列缓存,并根据控制平面下发的转发策略按设定的转发路径进行数据转发。

1.OpenFlow 交换机

OpenFlow 交换机是构成 SDN 数据平面的逻辑网络设备,要求 SDN 控制器具有统一逻辑交换功能的通用逻辑架构,如图 6.3 所示,主要包括控制信道和数据路径,OpenFlow 交换机通过使用 OpenFlow 协议的安全通道与控制器进行通信,IP 分组通过 OpenFlow 端口输入和输出 OpenFlow 交换机,OpenFlow 交换机需要能够使用 OpenFlow 协议所定义的 3 种类型的端口:

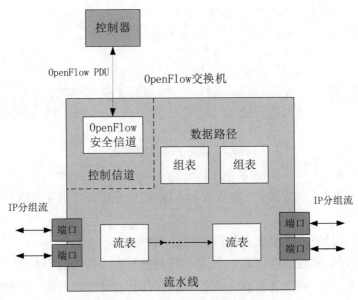

图 6.3　OpenFlow 交换机逻辑架构

(1)物理端口:对应一个交换机的硬件接口。在使用 OpenFlow 交换机进行硬件虚拟化的时候,每一个 OpenFlow 交换机的物理端口都可以作为一个与交换机硬件接口对应的虚拟切片。

(2)逻辑端口:不直接对应一个交换机的硬件端口,而是对应更高层的资源抽象,如用非 OpenFlow 的方法在交换机上定义的链路聚合组、隧道、回环地址等。逻辑端口可以映射到不同的物理端口上,如果在逻辑端口接收到了分组,将分组发送到控制器后,底层的物理端口和逻辑端口都会将此动作告知控制器。逻辑端口必须如物理端口一样与 OpenFlow 处理进行交互。

(3)保留端口:规定了专用的转发动作,比如发送、接收或通过非 OpenFlow 的方式进行转发,其方法和普通的交换机的处理过程类似。

OpenFlow 交换机对数据以流为单位进行处理,流可以看成是具有某种共同属性的数据的抽象,例如具有相同源地址和目的地址的一组分组数据。OpenFlow 交换机收到数据包后,先在本地查找是否有匹配的流表项,如果有,则转发到对应的目标端口,如果没有匹配,则把数据包转发给控制器,由控制层决定如何转发。流表是 OpenFlow 交换机的核心部分,它指定了 OpenFlow 交换机对 IP 分组流所进行的操作。OpenFlow 1.3 版本支持多个流表的流水线工作方式,并定义了组表,组表可以触发更复杂的数据流转发功能,例如组播、广播等。

179

2.OpenFlow 流表结构

流表是 OpenFlow 交换机体系结构的基本组成部分,一个流表主要由 7 个表项组成,如图 6.4(a)所示,这 7 个表项分别为匹配字段、优先级、计数器、指令、超时时间、Cookie 和标识,每个表项的定义描述如下:

(1)匹配字段:用于对数据包进行匹配的字段,涵盖了数据链路层、网络层和传输层协议单元首部的大部分标识字段,如图 6.4(b)所示,用于选择分组。

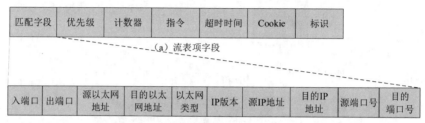

图 6.4 OpenFlow 流表字段

(2)优先级:规定了该流表项的匹配排列的顺序,优先级高可以优先进行匹配工作,其长度为 16 比特。

(3)计数器:统计有多少个报文和字节匹配到该流表项。

(4)指令:对匹配的数据进行的操作,是与匹配的数据关联的指令集合。

(5)超时时间:表示一条流表项的规定的有效时间,和计时器的设置紧密相关。

(6)Cookie:该数据值由控制器决定,具有流修改、流删除和过滤流统计的功能,其长度为非透明的 64 比特。

(7)标识:用于改变流表项的管理方法。

6.2.3 SDN 控制平面

控制平面通过软件控制的方式在逻辑上集中控制管理整个网络的策略和流量转发,控制层的功能和服务在控制器中实现。SDN 控制器可以看成是网络操作系统,它通过南向接口接收应用服务请求,并将之转化为特定形式的指令,然后通过北向接口下发给数据平面的可编程交换机,同时,应用层可通过控制器获取底层网络拓扑和统计管理的动态信息。

1.SDN 控制器

SDN 技术的快速发展得益于各种开源项目的开展,SDN 控制器大多数都是开源的。以下是一些有代表性的 SDN 控制器:

(1)POX 是由斯坦福大学 McKeown 教授团队于 2009 年使用 Python 语言开发的基于 OpenFlow 的一种控制器,可支持多个操作系统平台。

(2)Beacon 是由斯坦福大学的 David Erickson 创建并用 Java 语言开发的开源控制器。该控制器可以用于许多研究项目和实验环境当中,效率较高。该控制器还具有良好的跨平台性能,支持 UI 界面进行操作以及多线程的操作。

（3）OpenDaylight 是由 Linux 基金会于 2013 年联合思科、Juniper 和 Broadcom 等多家网络设备商以及个人用户共同创立的开源项目，OpenDaylight 控制器作为项目的核心，是一种使用 Java 语言实现的开源 SDN 控制器，旨在推出一个通用的 SDN 控制平台、网络操作系统，从而可以管理不同的网络设备。OpenDaylight 具有模块化、可扩展、支持多协议的特点，自推出以来持续更新，已经发布了多个版本。OpenDaylight 发展迅速，目前已成为最具有影响力的 SDN 控制器之一。

（4）ONOS 为 ON.Lab 利用 Apache 开源协议和 Java 语言开发的开源 SDN 网络操作系统。ONOS 于 2014 年首次亮相，取得了众多运营商的广泛支持。目前，它是业界最强的开源SDN 控制器之一。ONOS 的设计旨在提供具有高可靠性、高性能、高灵活性的网络服务。基于 ONOS 的北向接口抽象层和 API 具备应用程序开发的功能，基于 ONOS 的南方接口抽象层和接口能实现 OpenFlow 或老式设备的有效控制。

（5）Floodlight 是由 Big Switch Networks 使用 Java 及 Apache 开发的一款开源 SDN 控制器，Floodlight 基于模块化的编程思想，分为控制器模块、应用模块和 REST 应用三个部分，三者之间通过 Java API 进行通信。

（6）RYU 是由日本 NTT 公司负责设计研发的一款基于 Apache 和 Python 的开源 SDN 控制器，其设计宗旨是简化网络管理功能，RYU 通过提供 API 实现逻辑上的集中化管理。RYU 控制器支持 OpenFlow1.0、1.2、1.3 等协议，还支持在 OpenStack 上的应用。

（7）POFController 是由华为公司研发设计的基于 BSD/Apache 以及 Java 语言的OpenFlow 控制器，该控制器采取了 GUI 的管理界面，便于交换机的配置和控制。

（8）Onix 是一款商用 SDN 控制器，是由 VMWare、Google、NTT 等公司共同开发的一种分布式控制器。

2.北向接口

北向接口是应用业务层与控制平面之间的交互接口，是一种软件 API，通过北向接口，应用业务可以便利地访问控制平面的功能，了解整个网络的资源状态，实现对底层网络资源的统一调用，而不必知道底层网络交换机的具体细节。多年来，开放网络基金会 ONF、互联网工程任务组 IETF 和业界各厂商以及研究者都在致力于北向接口的统一工作。因为北向接口的设计需要和多元化需求的业务应用相联系，所以造成了北向接口的统一和标准化工作面临不断出现新挑战的局面。实际上，不同的 SDN 控制器开发者设计了不同的北向接口，例如，OpenDaylight 使用了 RESTCONF 协议，Ryu 使用的是 REST API。

3.南向接口

SDN 南向接口就是 OpenFlow 协议，它规范了控制器和 OpenFlow 交换机之间的报文交互，其通信过程建立在安全的运输层协议 TLS 之上，提供了 OpenFlow 安全信道。OpenFlow协议支持三种类型的报文来实现控制器对 Openflow 交换机流表项的操作，这三类报文消息是：

控制器到交换机（Controller to Switch）：由控制器发起的交换机接收并处理的消息。这些消息主要用于控制器对交换机的逻辑状态进行管理，包括进行状态查询和修改配置等管理操作，某些情况需要交换机进行响应。

异步(Asynchronous):从交换机传输到控制器的状态报告消息,其功能是通知控制器交换机上面所发生的异步事件。

同步(Symmetric):双向对称的一些辅助消息,主要用来建立连接、检测对方是否在线和进行响应,控制器和 OpenFlow 交换机都会在无请求的情况下发送这类消息。

4.东/西向接口

一个大型的 SDN 网络控制平面可以由多个控制器构成一个大的控制器集群,各控制器之间通过 SDN 东/西向接口协议进行相互通信,实现控制器之间的协调,从而把握网络全局信息,实现逻辑上的集中控制。东/西向接口协议需要具备维护网络拓扑信息、监测和通知工作状态以及任务调度等功能,在完成这些任务的过程中,需要解决控制器之间控制信息的同步问题。

6.3 移动边缘计算

6.3.1 MEC 的概念

随着 5G 时代的到来,众多用户对服务质量与运行速度的要求快速提高。另一方面,笔记本电脑以及手机等移动设备的技术发展与新的移动应用程序的发展齐头并进。然而,在用户设备上运行对计算要求高的应用程序时,会受到用户设备电池容量和能源消耗的限制。为了延长用户设备的电池寿命,移动云计算(Mobile Cloud Computing, MCC)的概念应运而生。在移动通信中心,用户设备可以利用强大的远程集中式云的计算和存储资源,通过移动运营商的核心网络和互联网可以访问这些资源。MCC 带来优势的同时,移动通信中心也在移动网络的无线电和回程上强加了巨大的额外负载,并引入了高执行延迟。图 6.5 对比了传统云计算与边缘计算工作方式,表 6.1 对比了移动边缘计算和移动云计算的网络特征。

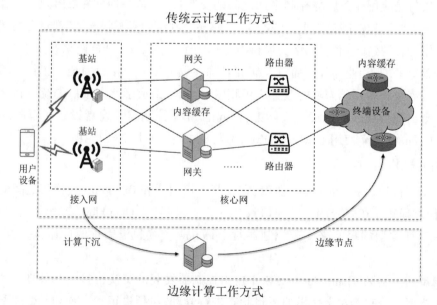

图 6.5 传统云计算与边缘计算工作方式对比

为了解决高延迟问题,云服务应该移动到用户设备的附近,这里引入了一个新的概念——移动边缘计算(Mobile Edge Computing, MEC)。MEC 将计算和存储资源带到移动网络的边缘,使其能够在满足严格延迟要求的同时,可以在用户设备上运行高要求的应用程序。运营商和第三方也可以为特定目的开发 MEC 计算资源。

表 6.1　移动边缘计算和移动云计算的对比

类别	移动边缘计算	移动云计算
计算模型	分布式	集中式
服务器硬件	小型数据中心,中等计算资源	大型数据中心,大量高性能计算服务器
与用户距离	近	远
连接方式	无线连接	专线连接
隐私保护	高	低
时延	低	高
核心思想	边缘化	中心化
计算资源	有限制	丰富
存储容量	有限制	丰富
应用	对时延要求高的应用:无人驾驶、虚拟和增强现实、在线互动游戏等	对计算量要求大的应用:社交应用、在线商业、学习业务员等

2013 年,移动边缘处理首次在 IBM 和诺基亚西门子通信一起研发的计算机平台上发布。根据欧洲电信标准协会(European Telecommunications Standards Institute, ETSI)的定义,移动边缘计算侧重在移动网络边缘提供 IT 服务环境并具备云计算能力,为了减少网络和服务的延迟强调了基站与移动用户的距离。因此,与 MCC 相比,MEC 能够提供显著的低延迟和抖动。

MEC 移动边缘计算实现了高效的、集成的无线技术和互联网技术,为无线网络提供了准确计算、数据存储、处理工作和其他功能。通过无线 API 开放无线网络和业务服务器之间的信息通信,整合众多类别的无线网络和业务,打造了一个全面开放的网络平台,将传统形式的无线网络基站优化为智能网络基站。对于物联网、医疗、视频和零售等业务方向,MEC 能够为各行各业提供专门定制的差异化的服务,使网络的增值服务和使用效率得到了极大的提升。除此之外,特别是在区域位置方面,采用移动边缘计算的策略能够充分展示其低延迟和高带宽的特点。为了体现更优质的服务水平,MEC 还能够接收实时无线网络信息并提供实时精确的区域位置信息。

移动边缘计算的主要特点为:

(1)低时延:因为 MEC 服务器与终端设备的位置十分接近,甚至有的服务器可以直接在终端设备上运行,所以可以使延迟尽可能缩短。这避免了网络中拥塞的发生,加快了运行速度,改善了用户体验。

(2)邻近性:因为 MEC 服务器与信息源的位置十分相近,所以 MEC 可以搜集并处理大数据中的数据与信息,另一方面 MEC 能够直接访问设备,所以可以直接衍生特定的商业应用。

(3)高带宽:因为 MEC 服务器与信息源的位置十分相近,不再需要把数据以及信息上传到云端进行处理和运算,而是直接在本地进行数据信息的运算,避免了网络中拥塞的发生,加快了运行速度。

(4)位置认知:本地服务能够通过 Wi-Fi 网络或者蜂窝网络仅仅获取少量信息,就可以确定与其相连的所有设备的所在区域。

同时 MEC 也存在着一系列不可忽略的缺陷:

(1)防御能力弱。与常规的计算机与云服务器相比,许多针对常规的计算机与云服务器的无效攻击可能对 MEC 边缘设备造成极其严重的影响。

(2)攻击无意识。与常规的计算机相比,MEC 大多数物联网设备不存在用户界面,只具有简单的硬件设备,这导致用户无法详细了解设备的运行状态。

(3)操作系统和协议的异构性。传统的计算机通常使用规范的操作系统和通信协议,而 MEC 服务器一般情况下没有统一的规定,这使得建立统一的边缘计算保护机制变得困难。

(4)粗粒度访问控制。传统的云计算和计算机常用的访问控制模型通常有四种类别,分别是无读写、只读、只写和读写,其划分的访问控制类别过于粗粒度,不能满足 MEC 的精细需求。

6.3.2 MEC 的应用场景

MEC 为所有利益相关者(如移动运营商、服务提供商和用户)带来了许多优势。根据不同的主题,MEC 有三个主要的应用场景,如图 6.6 所示。

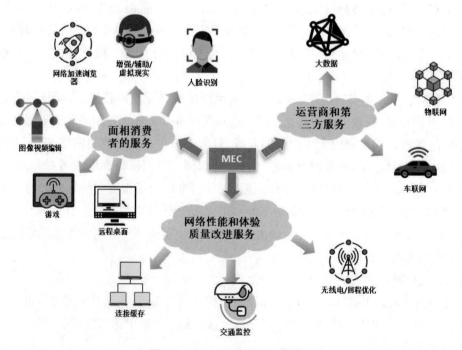

图 6.6 MEC 的用例和场景示例

1.面向消费者的服务

通常情况下,MEC 的用户可以通过计算卸载获益。例如,通过计算卸载获益的应用程序有 Web 加速浏览器,该浏览器中的许多浏览功能比如优化传输、内容评估等都被卸载到 MEC。同时,人脸识别、语音识别、图像编辑与视频编辑也可以利用 MEC 进行数据计算与数据存储。此外,计算卸载到 MEC 可以利用基于增强、辅助或虚拟现实的应用程序。利用这些应用程序,可以合理分析用户附近的环境,进而得到用户的附加信息。

2.面向运营商和第三方的服务

对于运营商和第三方来说,MEC 可以从用户或传感器中收集与处理大量的数据。首先利用 MEC 进行数据的预处理和分析,接着把该数据传输到中央服务器进行后续分析,这项技术可以用于监控街道、停车场等。运营商和第三方还可以通过 MEC 实现物联网。通常情况下,物联网设备是利用 3G、LTE、Wi-Fi 等无线网络,经过不同的通信协议所连接起来的。MEC 可以作为物联网网关,将物联网服务聚合并交付到高度分布式的移动基站中。智能交通系统还可以利用 MEC 运行的程序从车辆和路边传感器接收本地消息,在一系列的分析之后,可以高效快速地向周围进行广播通信。2016 年,诺基亚团队利用 LTE 网络,通过 MEC 实现了车辆对车辆以及车辆对基础设施的广播通信。

3.网络性能和体验质量改进服务

MEC 还可以优化网络性能,提高体验质量。例如,MEC 可以协调无线电与回程网络。假如缩小回程网络或无线电链路的容量,那么其网络性能将会有所下降。通过 MEC 能够获取无线电和回程网络的动态流量需求,接着 MEC 可以通过应用程序根据需要的流量进行合理的调整。优化网络性能还可以通过另一种思路,即可以选择在本地缓存来缓解回程链路的拥塞,也就是说,通过 MEC 应用程序缓存在其他地理位置中经常使用的内容。同时,MEC 还有利于进行无线网络的优化,比如,将数据处理任务从中心网络转移到网络边缘可以降低延迟、加快响应速度,从而更加有效地调配网络资源。此外,MEC 还可以用于传输控制协议(Transmission Control Protocol, TCP)吞吐量指导的移动视频传输优化。TCP 很难适应快速变化的无线信道条件,造成资源利用率很低。面对这个难题,MEC 应用程序能够获取动态的估计吞吐量指示,这样有利于应用程序级编码和估计吞吐量的匹配。

6.3.3 MEC 的主要挑战

基于对现有内容交付网络的调查,MEC 在部署下一代以服务为中心的移动网络时面临一些挑战。

1.缓存节点向网络边缘移动的挑战

在现有的移动网络中,CDN 节点主要部署在大型行政区域或省会城市。中国移动在 2017 年进行的几项试验旨在移动 CDN 节点,以覆盖试点城市内的用户。在这些试验中,CDN 节点通常部署在用户需求较高的相对中心的网络热点中。为了进一步将移动通信网络的部署扩展到更靠近用户的 MEC,并覆盖校园和地铁站等本地地理位置,移动运营商需要考虑支持的网络类型、客户需求以及用户移动模式等重要因素。更重要的是,移动运营商需要考虑在移动接入网络中部署大量分布式缓存的投资回报。

2.多服务供应

MEC目前的应用场景侧重固定位置的特定服务,例如上海F1体育场的多角度视频直播。这种单一应用场景没有考虑到某些重要因素,包括用户应用和流量需求的多样性以及用户的移动性。因此,在利用无线缓存服务器之间的移动协作来研究MEC节点在复杂的时空场景中适应多个并发服务的有效性方面,仍存在研究空白。

3.异构用户行为和服务使用模式

现有的内容缓存方案通常只考虑网络中流行内容的缓存。这种方法可能无法适应服务需求的多样性,并可能导致边缘缓存资源的次优分布。例如,最近的研究表明,互联网用户在消费在线内容时,在不同的地区表现出不同的兴趣和行为。此外,MEC的新兴物联网将在5G中应用,如任务关键型医疗保健、车对车通信、虚拟现实和增强现实等,这些应用已经显示出强大的本地化特征。因此,随着大数据分析的推进,为了了解用户行为、移动模式和服务使用模式,移动运营商可以更好地利用分配给需求较少的特定用户的资源来满足未来个性化服务的需求。

图6.7显示了单个用户的时空轨迹和服务使用模式。理想情况下,用户的日常活动和行为(例如,在家休闲、乘坐公共/私人交通工具通勤、在办公室/工厂工作、购物等)以及相应的通信服务需求(例如,娱乐、社交网络、电子商务等)以一定的规律发生。如果可以统计预测移动用户的服务类型、数据使用量、内容使用模式和随时间变化的轨迹,移动运营商可以在考虑网络资源和条件的情况下,提前将相关内容和服务推送到网络边缘。

图6.7 基于时间的个性化轨迹和服务使用模式愿景

4.缺乏边缘缓存的协同优化

在传统的内容交付网络操作中,OTT(Over-the-Top)服务提供商在不了解用户如何在移动网络内移动的情况下,确定应该将哪些内容推送到哪些缓存;他们使用网络资源向缓存请求内容。移动运营商可以在用户层面访问丰富的数据集,因此可以使用大数据网络分析来根据服务使用和移动模式研究群组用户,从而优化和有效管理边缘缓存策略。

6.3.4 MEC关键技术

1.边缘缓存

目前随着5G网络的发展,出现了虚拟和增强现实、3D在线游戏等全新的多媒体应用,然而各式各样的多媒体应用对网络架构的流量问题造成了巨大压力。但是这些多媒体应用程序的服务请求有一个有趣的特性,即同一区域中的设备经常多次请求相同的内容。为了应对多媒体服务不断增长的需求,其中一种有效的措施就是通过 MEC 的边缘缓存技术满足应用程序的服务请求,解决网络架构的流量负载问题。

边缘缓存中的一种方法是主动缓存,它可以在非高峰的时期主动地缓存目前所流行的信息,主动缓存可以有效地减少高峰时期对于流量的巨大需求。因为边缘缓存的缓存单元分布在网络边缘,所以能通过多种信息来有效提高缓存效率。比如,能够通过 D2D 通信来解决缓存并流量负载问题。与此同时,边缘缓存策略的设计目前也存在两个主要的问题。问题一是对于边缘缓存来说,其内容的流行度分布具有实时性,对于分布的预测具有较大的难度。问题二是边缘缓存的计算难以满足对大型异构设备、分层缓存体系结构和复杂的网络特性的需求。

对于边缘缓存而言,只有在了解详细的流行度的具体分布的时候,才能合理推断出最佳方案。然而,用户对于内容的喜好是未知且多变的。为了解决以上的问题,诸如深度学习和强化学习等人工智能技术可以用于边缘缓存策略,以适应网络的动态性。

2.计算卸载

计算卸载是 MEC 的关键技术之一,它可以把所有或其中一部分的计算任务卸载到边缘节点上,使得移动设备不再受其计算能力、电池续航和存储空间等的约束。计算卸载作为 MEC 的关键技术,可以分为卸载决策和资源分配这两部分。卸载决策主要决定了用户是否卸载、卸载全部还是某一部分内容的问题。资源分配主要决定了需要卸载的资源传输到什么具体位置的问题。

卸载决策的过程如图 6.8 所示,可以分为本地执行、完全卸载和部分卸载三种类别。具体决策结果由用户的能量消耗和完成计算任务时延决定。卸载决策目标主要分为降低时延、降低能量消耗以及权衡时延与能量三个方面。完成卸载决策之后,就需要处理资源分配问题,而资源分配问题就是要解决将资源卸载到哪里的问题。假如该部分数据的计算和处理存在内在联系或者是难以分割,那么需要卸载到一个 MEC 服务器上。假如该部分数据的计算和处理不存在内在联系且容易分割,那么可以卸载到多个 MEC 服务器上。

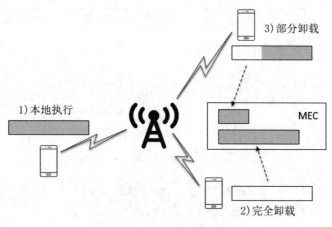

图 6.8　MEC 卸载决策

3.服务迁移

服务迁移也是 MEC 的关键技术之一。边缘服务器提供的服务存在一定的距离范围,而用户随身携带的智能手机等产品可能会超出服务范围,这种情况下网络的性能就会急剧变差,服务的质量就会大幅下降,甚至会导致服务中断的现象发生。服务迁移的技术可以保证用户在这种情况下持续拥有高效稳定的服务。利用服务迁移技术,用户可以在从一个服务区域移动到另一个服务区域的时候,通过边缘连接把原始边缘服务器上运行的服务迁移到另一个边缘服务器上,但是该技术也存在服务中断甚至切换失败的风险。

当用户终端在多个重合或者邻近的地理位置的时候,服务迁移所需要解决的主要问题有:(1)是否需要把目前运行的服务迁移到别的服务器上;(2)如果需要迁移,那么把该服务迁移到哪一个服务器上;(3)综合考虑服务迁移的成本问题和 QoS 要求,以及如何具体实现服务迁移过程。

由于用户的移动性、请求模式的高度不确定性、传输和迁移成本的潜在非线性以及大量用户、应用程序和边缘服务器的异构性等多重因素的影响,研究人员很难获得服务迁移的最佳方案,应用程序以及边缘服务器的异构性问题是 MEC 中一个尤其需要解决的重要技术难题。

基于上述问题与挑战,研究人员提出一种基于移动无线网络大数据的个性化边缘缓存系统(Personalize Edge Cache System, PECS),该系统具有个性化和移动性两个特点。现使用真实数据对地铁使用场景进行自上而下(网络级)和自下而上(用户级)的分析,就如何在当前网络中应用 PECS 的相关技术提供指导。

根据所选择的数据,可以采用不同的数据分析算法来处理不同的粒度,如图 6.9 所示,数据采集可以在单元级别、应用程序级别或用户级别完成。数据分析算法的输出可以用于不同粒度级别的个性化边缘缓存策略。例如,在用户层面,可以先从省级大数据平台上为特定用户选择一定时间内的所有数据,可以使用合适的算法集,如聚类算法、马尔可夫链、推荐

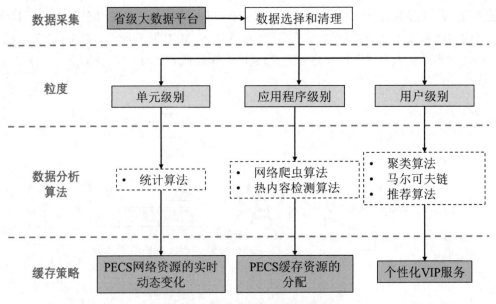

图 6.9　不同层次和维度的数据分析

算法等来进行数据分析,最后根据结果采取相应的缓存策略。

MEC 概念的出现将计算资源推向终端,即移动网络的边缘。这使得高要求的计算可以被卸载到 MEC,以便应对应用程序对延迟的严格要求(例如实时应用程序),并减少终端的能源消耗。虽然对 MEC 的研究势头越来越猛,但是目前,MEC 仍是一项有待验证的技术。在这方面,MEC 模式引入了几个关键问题,这些问题有待解决,以使所有相关方(如移动运营商、服务提供商和用户)完全满意。当前关于 MEC 研究的首要问题是如何在高度动态的场景中保证服务的连续性,这部分内容在研究方面的缺乏是引入 MEC 概念的障碍之一。此外,最近的研究大多是在非常简单的情景下,通过模拟或分析评估来验证解决方案。然而,为了证明 MEC 所引入的期望值,还需要在更现实的假设下进行真正的测试和试验。

6.4 网络切片技术及高效资源分配理论

网络切片作为一种新型网络架构,支持同在共享的网络基础设施上提供多个逻辑网络,每个逻辑网络服务于特定的业务类型或者行业用户。每个网络切片都可以灵活定义逻辑拓扑、SLA 需求、业务隔离、可靠性和安全等级,以满足不同业务、行业或用户的差异化需求。通过网络功能虚拟化(Network Functionalities for Virtualization, NFV)和软件定义网络技术,网络切片技术将基础的物理网络分割成多个逻辑上完整且相互独立的虚拟子网。

与 2G 到 4G 相对单一的通信需求及网络架构相比,5G 网络面向更多的差异化应用。5G 应用场景按服务类型可划分为三个主要类型:超可靠低延迟通信(Ultra-reliable Low-latency Communication, URLLC)、大规模机器型通信(Massive Machine Type Communication, mMTC)以及增强型移动宽带通信(Enhanced Mobile Broadband, eMBB);5G 异构应用场景需要灵活的组网方式,如果部署单一类型网络来适用于不同场景,极有可能因为网络架构复杂或者网络内部产生冲突而无法完成部署。5G 应用场景的复杂多变,网络的复杂结构迫切需要更加灵活的网络部署方法和组网模式,而网络切片恰恰可以满足按需组网、灵活架构、虚拟定制、专网隔离的应用需求。5G 切片具有良好的隔离性,同时使多场景服务切片之间相互隔离,且 5G 切片拥有独立的物理拓扑结构、虚拟的网络资源与流量特征、独立的架构或协议以及虚拟网络资源映射到物理基础层的配置规则。本章基于 5G 网络切片的需求与实施,介绍 5G 端到端网络切片模型,阐述接入网络切片和核心网络切片的技术原理及资源调度优化过程。

6.4.1 5G 端到端网络切片逻辑架构

网络切片不仅可以用于蜂窝专用、运输网络的软切片或硬切片,也能用于接入网络(RAN)和核心网络(CN)的虚拟资源切片,网络切片需求是独立的、具有逻辑的且面向功能的。

如图 6.10 所示,5G 端到端(End to End, E2E)网络切片体系结构由左至右分别为 RAN、传输网络(Transport Network, TN)和 CN,由下至上分别为基础设施层、控制框架层和管理平面层,共同构成了网络切片的技术架构。

(1)基础设施层由物理资源和虚拟资源组成,包含物理网络函数(Physical Network Func-

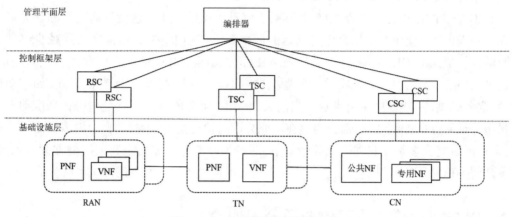

图 6.10　5G 端到端网络切片结构

tion，PNF)和虚拟网络函数(Virtual Network Function，VNF)，其中 PNFs 包括硬件资源，VNFs 包括网络函数、协议、算力等资源。TN 还包含物理和虚拟路由器。CN 划分出公共网络功能和专用网络功能的 VNFs。公共的网络功能由不同的切片共享实现，而专用的网络功能由专用切片隔离实现。

　　(2)控制框架层由无线电片控制器(Radio Slice Controller，RSC)、传输片控制器(Transport Slice Controller，TSC)和核心片控制器(Core Slice Controller，CSC)组成，分别部署于 RAN、TN 和 CN 中。将控制器进行分布式部署可满足安全和政策的需求，而实际网络中部署着由不同电信设备制造商开发的多种 RSCs、CSCs 和 TSCs，实现各层网络切片的调度与管控。

　　(3)管理平面层的核心为切片编排器，负责接收业务需求和控制网络框架层状态，同时负责向用户发送反馈/向控制框架层发送切片指令，根据业务需求，调度网络资源定制和编排切片。接收业务订单包括创建、删除或保留网络切片需求；控制框架层状态包括服务、切片状态、物理资源实时状态等关键性能指标；面向用户反馈包括对切片业务订单成功及失败的响应；对控制架构层发送指令包括创建、删除、保留、调整、释放网络切片的物理资源和虚拟资源。

6.4.2　5G 边缘切片架构

　　通常情况下，具备高算力的中心服务器与终端用户间隔较远，中心化数据处理和共享时延消耗较大。当服务器汇集大量的业务数据时，传输链路将承受较大负载，同时造成回程链路带宽的浪费。针对上述问题，利用边缘网络特性和边缘分布资源，如通信、存储以及边缘计算能力，设置接入网络边缘切片本地化处理业务数据，以降低时延、减轻回程链路负载并减少回程链路带宽浪费，并提升多样化、个性化服务的接入能力和接入网的资源效率。

　　如图 6.11 所示，接入网络(RAN)切片逻辑架构及系统可划分为五大模块：业务场景模块、切片实例模块、虚拟网络功能模块、物理资源层以及接入网络切片编排器。

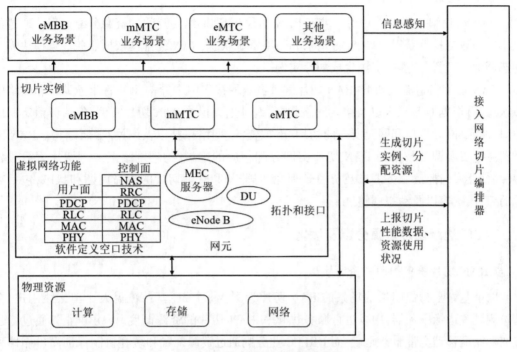

图 6.11　接入网络切片逻辑架构

1.业务场景模块

业务场景模块调度生成的 RAN 切片服务于具体网络场景,比如 eMBB 业务、mMTC 业务、URLLC 业务、eMTC 业务场景以及其他业务场景等,关键步骤是确定服务对 RAN 切片的 QoS 需求和约束,以完成切片适配。

2.切片实例模块

切片实例模块实现对 eMBB 切片、eMTC 切片以及 mMTC 切片等的管理和分配,以满足异构业务场景的定制化服务需求。eMBB 切片的特点是大容量,按照 QoS 需求分配大带宽资源块并且配置干扰协调、多站协作来实现 SLA 服务保障。mMTC 切片和 eMTC 切片服务于机器间通信,依托边缘计算进行快速迭代。mMTC 切片对带宽要求较低,可以配置低比特率、时延约束较小的物理/虚拟子网;而 eMTC 切片对排队和接入时延要求较高,需要配置足够的资源块,并支持终端用户 D2D 通信。

3.虚拟网络功能模块

虚拟网络功能用户面包括软件定义空口技术、网元、网元所需的网络资源拓扑及接口。软件定义空口技术包括控制面和用户面的协议栈;网元包括 eNodeB(基站)、MEC 服务器和分配单元(Distribution Unit,DU)等。

4.物理资源层

物理资源层分为计算、存储和网络三部分,是底层物理硬件资源池,也包括具体的时频二维资源块等调制资源。

5.接入网络切片编排器

RAN切片编排器生成并动态供应RAN切片,管理网络切片间的资源分配过程。通过信息感知和数据挖掘获得RAN业务请求和网络资源状态,RAN编排器依据业务场景模块需求动态调度物理资源/虚拟资源生成切片实例。

RAN切片实施流程如下:RAN切片编排器获取接入网中异构业务的业务类型和网络资源状态,再根据QoS需求以及接入网络状态,编排生成相关RAN切片实例,包括灵活定制的空口、网元、网元接口和网元所需的物理/虚拟资源、网络拓扑以及组网/分层结构。RAN编排器通过资源调度技术为RAN切片实例分配相应的虚拟/物理网络资源。切片运行过程中,编排器实时监测服务需求及资源管理,实时监督和管理切片的生命周期和状态,包括切片的缩容、扩容以及动态调整。

6.4.3 5G边缘切片资源分配及优化

1.RAN切片服务类型和资源模型

以单基站上行链路通信场景的RAN切片为例,每个5G基站覆盖K个单天线用户,在基站侧设置边缘服务器,用以进行服务优化和RAN切片的资源调度。eMBB业务通过增强带宽来保证移动宽带服务质量,而URLLC业务则通过资源配置和缓存机制保证高可靠性和低延迟服务质量。设定S_e和S_u分别表示eMBB服务和URLLC服务的用户请求。设定$S = S_e \cup S_u = \{s_1, \cdots, s_N\}$为$K$个用户上行接入的服务集合,$|S| = N$为服务数目,经过网络分组和编码,每个服务包的长度小于最大传输单元(MTU)。为简化资源调度过程,$s_j \in S$的服务都要满足严格的吞吐量需求和时延需求,相对而言eMBB针对大带宽业务,URLLC针对低时延业务,交集部分为大带宽低时延类的直播业务。

图6.12为RAN切片系统网络架构,在5G基站配置中,宏蜂窝中心设置宏基站(Marco-Cell Base Station, MBS),协同管理多个微蜂窝,每个微蜂窝中心部署子基站(Small-Cell Base Station, SBS)。子基站上边缘部署MEC服务器用以执行多个计算密集型和RAN切片资源调度任务。

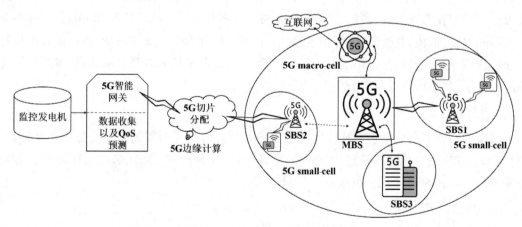

图6.12　接入网络边缘切片网络架构

设定单基站覆盖 K 个用户,同时存在 N 个服务上行接入基站。为 5G LTE 物理层结构和网格结构分配具有基本单元(Base Unit, BU)索引的资源块(Resource Block, RB) $I = F \times T$,以保证满足不同服务的 QoS 需求。如图 6.13 所示,基站的总频带划分出 F 个子载波, $F = \{f_{BU}, 2f_{BU}, \cdots, Ff_{BU}\}$ 代表基站的可用子载波(基本单元资源块)集合;同时在时域划分出 T 个 OFDM 时域符号时隙单元, $T = \{t_{BU}, 2t_{BU}, \cdots, Tt_{BU}\}$ 代表基站的可用 OFDM 符号时隙集合。时间被划分为 T 个正交频分复用时域符号时隙,形成时域资源网格。基站的总频带被划分为 F 个子载波,形成频域资源网格。同时在这两个网格中,第 i 个 BU 的位置可以通过一个唯一的公式 $f(i) = \{\lceil i/F \rceil (i \bmod F)\}$ 来确定[1],其中 mod 表示取模运算,每个 BU 的带宽和持续时间分别表示为 f_{BU} 和 t_{BU} 。设定单基站无线资源被划分出 M 个 RAN 切片,第 m 个切片包含 k_m' 个 BU(时间和频域分割),RAN 切片 RB 集标记为 $U = \{u_1, \cdots, u_M\}$ 。假设 K 个用户的服务数据包独立且随机到达,当且仅当 RB 的第 m 个 RAN 切片成功分配给第 j 个服务时,调度指示标记为 $x_{j,m} = 1$;否则, $x_{j,m} = 0$ 。

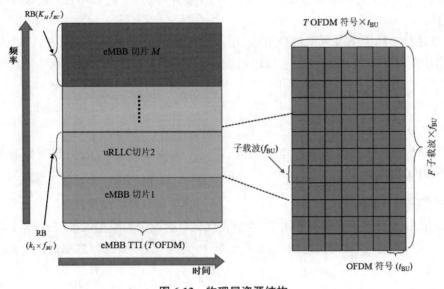

图 6.13　物理层资源结构

设定 t 时刻第 m 个 RAN 切片分配给第 j 个服务时 $x_{j,m} = 1$,令吞吐量 C_j 作为容量需求指标[2],表示为:

$$C_j = W_{m,t} \log_2\left(1 + \frac{H_{m,t}^2 \tilde{P}_{m,t}}{\sigma_{m,t}^2}\right) - \sqrt{\frac{V}{n}} Q^{-1}(\varepsilon) \tag{6.1}$$

其中, $W_{m,t} = k_m f_{BU}$ 为分配给第 j 个服务的第 m 个 RAN 切片的带宽, $P_{m,t}$ 表示 t 时刻分配给第 m 个 RAN 切片的平均功率, $H_{m,t}^2$ 表示从子基站到用户的信道系数, $\sigma_{m,t}^2 = k_m f_{BU} N_0$ 表示第 m 个切片的噪声功率; n 为分组长度, ε 为解码误差概率, $Q^{-1}(\cdot)$ 是逆高斯 Q 函数, V 为信道色散[3]。

令 D_t 表示 t 时刻基站切片分配服务的总吞吐量:

$$D_t = \sum_{s_j \in S} x_{j,m} C_j D_j \tag{6.2}$$

其中, $\sum_{s_j \in S} x_{j,m}$ 表示 t 时刻切片分配所支撑的服务数。D_j 为条件函数,当分配切片的容量满足 s_j 服务 QoS 需求时 $D_j = 1$,反之 $D_j = 0$。

2.基站功率模型

在保证服务 QoS 的基础上,提高网络资源利用率成为资源调度的关键,通过资源效率的提升可以增强接入网络的服务能力和业务支撑能力。除了时—频域资源块的优化,基站能耗也是关键的资源消耗和优化方向。假设基站的最大传输功率为 $P_{\max}$, t 时刻能量在各个 BU 上可以动态调整且均匀分布。定义 $P_{m,t}$ 为 m 切片单 BU 平均功率。t 时刻的总发射功率 $P_{\text{out},t}$ 依赖总的切片分配和服务数量,功率模型可定义为[4]:

$$P_{\text{out},t} = \sum_{s_j \in S} x_{j,m} k_m P_{m,t}, \forall\, t \in T \tag{6.3}$$

其中, $\tilde{P}_{m,t} = k_m P_{m,t}$ 为动态分配给第 m 个 RAN 切片的功率, k_m 表示在 t 时刻第 m 个切片的 BU 的数量。

5G 基站总功耗主要由三个部分组成:功率放大器(High-Power Amplifier, HPA)功耗、基站电路功耗以及固定电路功耗,基站在 t 时刻的总功耗 P_t 可表示为:

$$P_t = \begin{cases} P_{\text{circuit}} + \dfrac{P_{\text{out},t}}{\rho}, if P_{\text{out},t} \geq 0 \\[2mm] P_{\text{silent},t}, if P_{\text{out},t} = 0 \end{cases} \tag{6.4}$$

其中, P_{circuit} 是信号传输时的电路功耗, $P_{\text{silent},t}$ 为基站静默时的固定电路功耗, $\rho \in (0,1)$ 为 HPA 效率。

3.RAN 资源优化模型

为提升 RAN 物理层的资源利用率,通常将优化目标设定为能量效率(Energy Efficiency, EE)[5-6]。定义在 $[1,T]$ 时间范围内,总吞吐量 U_S 与基站总能耗 P_T 之比为:

$$\text{EE} = \frac{U_S}{P_T} \tag{6.5}$$

其中, $P_T = \sum_{t \in T} P_t t_{\text{BU}}$ 和 $U_S = \sum_{t \in T} D_t t_{\text{BU}}$。

为最大限度地提高 RAN 能源效率,并同时满足异构切片服务 QoS 需求(包括数据需求和时延需求)并受到功率约束,可将能效优化问题表述为:

$$\max \text{EE}(x_s)$$

$$\text{s.t.} C1 : x_{j,m} C_j t_{\text{BU}} \geq D_j^{\min}$$

$$C2 : \max\{f(i_m) \mid i_m \leq I\} x_{j,m} t_{\text{BU}} \leq \tau_j^{\max} \tag{6.6}$$

$$C3 : 0 \leq P_{\text{out},t} \leq P_{\max}$$

$$C4 : \forall\, s_j \in S, u_m \in U$$

其中，x_s 表示切片功率的可分配资源集，$\{i_m\}$ 表示切片排序，$\{\tilde{P}_m\}$ 表示分配的第 m 个切片功率；约束（C1）中 $x_{j,m}C_jt_{BU}$ 表示分配给服务 j 的吞吐量，$t=t_{BU}$ 为第 m 个切片持续时间，服务 s_j 的 QoS 吞吐量需求为 D_j^{min}；在约束（C2）中，$\max\{f(i_m) \mid i_m \leqslant I\}\, x_{j,m}t_{BU}$ 表示服务 s_j 排队时间不超过服务 s_j 的 QoS 时延需求 τ_j^{max}；约束（C3）表示 t 时刻分配给切片的信号功率受限于基站最大传输功率 P_{max}。

为了解决最大能源效率 EE 中目标函数的非凸问题和不等式约束问题，采用拉格朗日乘子法进行松弛优化，使 C_j 满足：

$$\psi(x,\lambda,\sigma) = \frac{\displaystyle\sum_{t\in T}\sum_{s_j\in S} x_{j,m}C_jD_jt_{BU}}{\displaystyle\sum_{t\in T} P_t t_{BU}} + \frac{1}{2\sigma}\sum_{i=1}^{l}\left\{\left[\min\{0,\sigma g_i(x)-\lambda_i\}\right]^2 - \lambda_i{}^2\right\} \qquad (6.7)$$

其中，$g_i(x)$ 表示为：

$$g_1(x) = x_{j,m}C_jt_{BU} - D_j^{min}$$
$$g_2(x) = \tau_j^{max} - \max\{f(i_m) \mid i_m \leqslant I\}\, x_{j,m}t_{BU} \qquad (6.8)$$
$$g_3(x) = P_{max} - P_{out,t}$$

其中，拉格朗日乘子法迭代公式为：

$$(\lambda_{k+1})_i = \max\{0,(\lambda_k)_i - \sigma g_i(x^{(k)})\}, \ i=1,2,\cdots,l \qquad (6.9)$$

迭代收敛条件为：

$$\beta_k = \left\{\sum_{i=1}^{l}\left[\min\left\{g_i(x^{(k)}),\frac{(\lambda_k)_i}{\sigma}\right\}\right]^2\right\}^{\frac{1}{2}} \leqslant \varepsilon \qquad (6.10)$$

4.RAN 切片资源优化分析

实验仿真参数设置如下：资源网格大小为 $I = 120 \times 10$，电路的动态功耗和固定功耗分别为 $P_{circuit} = 6.8W$，$P_{silent,t} = 4.3W$，HPA 效率为 $\rho = 0.6$，BU 的带宽和 TTI 分别为 $f_{BU} = 15kHz$ 和 $t_{BU} = 0.125ms$，噪声功率为 $N_0 = -100dBW$，设置信道模型为瑞利平坦衰落。当分别对资源功率进行动态、静态分配时，通过控制节点数、最大功率的限制以及每个 BU 的带宽来观察此时的能效并进行分析。通常基站缓冲区中接收到的服务请求按照先到先得的顺序分配 RAN 切片，实现低延迟的关键是让短数据包绕过排队的长数据包。为缩短 uRLLC 的排队延迟，uRLLC 服务应及时分配 RAN 切片，为减少基站的功耗，eMBB 服务应集中提供网络切片服务。

考虑 RAN 网络切片的排队优化，分别比较随机排队策略、时延优化排队策略以及时延—功耗联合优化排队策略。图 6.14 显示了随着 uRLLC 服务数量的变化，不同切片资源优化策略的能量效率变化。总体而言，随着 uRLLC 服务数量的增加，约束越来越严格，能效逐步降低；相比之下，经过功耗和时延集中优化的排队策略在满足 QoS 的同时可以获得更高的资源效率。

图 6.15 显示了随着最大输出功率约束的增加，不同资源调度策略的能效分布情况。随着 P_{max} 的增加，能效会先升后降。P_{max} 对能效模型的描述验证了当 P_{max} 需求较低时，发射功耗与电路功耗相比容量占比较小，此时信道容量占据主导，容量增益更多。随后，当 P_{max} 随

着 eMBB 服务数量的增加而较高时,总功耗占据主导,能效达到顶点并随着 P_{max} 的增加而降低。

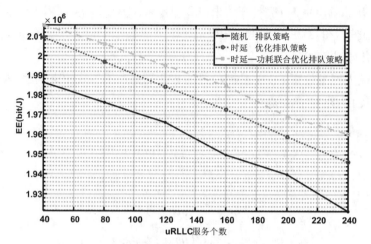

图 6.14　动态分配资源时不同 uRLLC 服务个数的能效

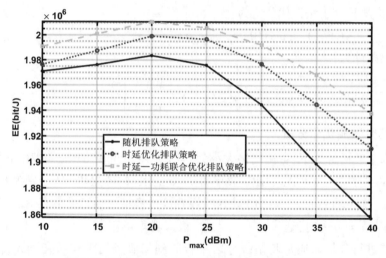

图 6.15　动态分配资源时不同最大功率限制的能效

6.4.4　5G 核心网络切片架构

传统蜂窝通信中,大部分移动数据流量通过核心网络办理具体业务。随着移动业务的爆炸式增长和 5G 技术的发展,移动网络的瓶颈从无线电接口转向了传输链路和核心网络。同时,5G 网络需要满足多种异构的服务需求,为实现业务和流量的精准隔离、高效调度,5G 核心网络切片基于 NFV 和 SDN 技术进行管理和部署,如图 6.16 所示,5G 核心网络架构主要有接入和移动性管理功能(Access and Mobility Management Function, AMF)、虚拟化网络功能(Virtualized Network Function, VNF)、策略控制功能(Policy Control Function, PCF)以及会话管理功能(Session Management Function, SMF)等控制计划。

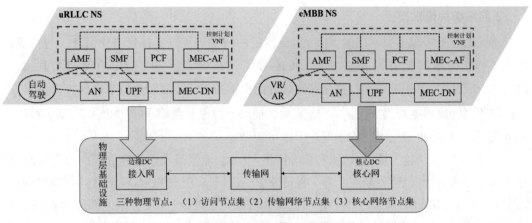

图 6.16　5G 核心网络切片部署

本节以 uRLLC 切片和 eMBB 切片两种核心网络切片部署为例。从无线网络核心网架构演进为异构无线网络虚拟化切片,需要将物理网络架构及网元解耦和虚拟化,抽象成虚拟资源池,通过各种资源池化处理,能够真正实现异构网络切片及资源的高效利用。对网络功能实体进行重构定义切片需求和功能,在核心网侧将 VNF 映射到虚拟资源池完成定制切片,实现服务化网络功能重构。如图 6.16 所示,核心网络切片体系结构定义了不同网络实体提供的服务及其对应关系,包括控制面服务和用户面服务。5G 核心网络切片在公共物理网络设施上满足不同用户共享逻辑隔离的网络切片请求(Network Slice Request,NSR)。5G 切片基于连接到网络的终端选择差异性 NSR。每个成功配置的 NSR 都有其特定的网络拓扑结构、网络功能、QoS 需求和分配虚拟/物理资源。5G 核心网络切片采用基于服务的架构设计方法,包括统一的数据库和可编程的用户平面,以支持网络切片及资源映射。核心网络体系结构促进了信令交互的简化,允许网络功能的分布,并允许定制网络功能的部署。

6.4.5　5G 核心网络切片资源分配及优化

1.物理网络资源模型

核心网络切片最终要部署在基础的网络设施之上,需要对物理设施网络的拓扑特征进行详细的描述,包括物理节点的结构特征,如基站、光交换机(Optical Switches,OS)、核心节点等。通常采用加权图结构对核心网络的拓扑和资源进行建模,表达式为 $G_P = (N_P, E_P, C_P, B_P)$,其中 N_P 表示物理网络节点集合,包含:能够容纳虚拟移动边缘计算服务器的边缘 DCs 节点集 N_P^A;传输网络节点集 N_P^T;用于核心网络数据平面和控制平面 VNF 虚拟化的核心 DCs 节点集 N_P^C。物理节点集表示为 $N_P = N_P^A \cup N_P^T \cup N_P^C$。通常假设 N_P^A 和 N_P^C 节点可适用于多种 VNFs,以实现网络切片的灵活部署。此外,设定每个物理节点 $n_u^P = N_P^A \cup N_P^C$ 的计算能力为 C_u^P,表示该节点的计算资源,计算资源可灵活分配、部署到网络切片中。物理链路表示为 E_P,$e_{uw}^P \in E_P$ 表示连接物理节点 n_u^P 和 n_v^P 的物理链路。对应的物理链路 $e_{uw}^P \in E_P$,以 B_{uv}^P 表示链路 (u,v) 的可用带宽,$\overset{\Rightarrow}{B}{}_{uv}^P$ 表示总带宽容量,L_{uv}^P 表示该链路的传输时延。

2.网络切片请求模型

不同的业务需求需要不同的 VNFs 组成特定的网络切片以支持定制化服务。为精确描述网络切片请求的拓扑及资源特征,同样采用图结构表示 5G E2E 的网络切片 $G_S = (N_S, E_S, C_S, B_S)$,其中 $n_i^S \in N_S$ 表示网络切片的虚拟节点,C_i^S 表示虚拟节点的算力需求,连接虚拟节点的虚拟链路为 E_S,$e_{ij}^S \in E_S$ 表示连接两个物理节点 n_i^S 和 n_j^S 的虚拟链路。对应物理链路 $e_{ij}^S \in E_S$,B_{ij}^S 表示虚拟链路 (i, j) 的可用带宽。

5G E2E 切片跨越了接入、边缘和核心网络。因此,流量需在设备和数据中心之间流通,并遍历核心网络所需链路、节点。为了保证业务分配网络切片的 QoS 需求,在物理网络资源约束下,特别是在 VNF 映射过程中存在竞争和资源不足的条件下,会拒绝部分 QoS 不达标的 NSR 切片请求,以便提供给其他业务 NSR 更多的资源,从而保证可接受 NSR 的成功率,避免整体网络性能的快速下降。由此,需要严格规定 NSR 的切片 QoS 需求指标:

定义两组二进制变量:如果虚拟节点 n_i^S 正确映射到物理节点 n_u^P,则节点映射决策变量 x_i^u 为 1,否则取值为 0。如果虚拟链路 e_{ij}^S 正确映射在物理链路 e_{uv}^P,则链路映射决策变量 y_{ij}^{uv} 为 1,否则取值为 0。

节点上的剩余算力和物理链路上的带宽必须满足 NSR_k 的资源需求并受到物理节点和链路资源约束:

$$\sum_{n_i^S \in N_S} C_i^S x_i^u \leqslant C_u^P, \forall n_u^P \in N_P$$

$$\sum_{e_{ij}^S \in E_S} B_{ij}^S y_{ij}^{uv} \leqslant B_{uv}^P, \forall e_{uv}^P \in E_P \tag{6.11}$$

同时路由和选路过程中,映射的物理链路应受虚拟链路延迟需求的限制,以满足 E2E 的时延 SLA 需求:

$$\sum_{e_{uv}^P \in E_P} L_{uv}^P y_{ij}^{uv} \leqslant L_{ij}^S, \forall e_{ij}^S \in E_S \tag{6.12}$$

3.NSR 优先级排序

假设每个服务在网络控制器上都有一个队列缓存来缓冲到达的 NSRs,通常 NSR 根据先到先得(First-Come-First-Serve, FCFS)策略进行网络切片。QoS 是一种有效的资源调度指标,既考虑服务能力,又可根据最大网络需求最低限度地匹配资源。提高网络利用率的有效策略是 QoS 优先级评估,在 NSR 排队模型中,网络控制器按照算力资源和带宽资源 QoS 需求进行排序[7]:

$$\mathrm{NQ}(\mathrm{NSR}_k) = \beta \sum_{n_i^S \in N_S} C_i^S + (1 - \beta) \sum_{e_{ij}^S \in E_S} B_{ij}^S \tag{6.13}$$

其中,C_t 是 NSR 所需要节点的总计算资源,B_t 是 NSR 链路需要的总带宽,β 是链路带宽和节点资源相对权重的加权参数。e_{ij}^S 为连接两个虚拟节点 n_i^S 和 n_j^S 的链路 (i, j),如果 n_i^S 和 n_j^S 之间存在链路需求,则 $e_{ij}^S = 1$,反之,$e_{ij}^S = 0$。

4.节点与拓扑评价

通过节点和拓扑的评价策略可以量化评估节点与链路映射的适应性,既考虑节点资源支撑,也考虑路由可达能力。利用拓扑特性来衡量网络的结构特征与重构能力是行之有效的手段[8]。下面给出常见的几种量化标准:

Degree:节点的 Degree 测量连接到它的边的数量,反映其连接能力:

$$d_i = \sum_{i \in N} \delta_{ij} \tag{6.14}$$

在上式当中,若节点 i 和节点 j 是直接相连的,那么 δ_{ij} 等于 1,否则的话等于 0。

考虑到当节点总数为 N_S 时,节点 Degree 不超过 $N_S - 1$,归一化后表示为:

$$d_i' = \frac{d_i}{N_S - 1} \tag{6.15}$$

BC(Betweenness Centrality):节点 BC 量化了连接其他节点对的路径之间节点的数量,表示为:

$$b_i = \sum_{s \neq i \neq t} \frac{\sigma_{st}(i)}{\sigma_{st}} \tag{6.16}$$

式中 σ_{st} 为从节点 s 到节点 t 的最短路径总数, $\sigma_{st}(i)$ 为通过节点 i 的路径数。

同样,节点 BC 可以归一化表示为:

$$b_i' = \frac{2b_i}{(N_S - 1)(N_S - 2)} \tag{6.17}$$

其中, $\frac{(N_S - 1)(N_S - 2)}{2}$ 为节点 BC 的最大值;在最大值情况下,网络中的每个节点对至少有一条通过该节点的最短路径。

VNF 部署是指在满足容量需求的条件下,选择物理节点作为 NSQ 的虚拟节点备选,节点的局部资源可表示为:

$$NR(i) = C(i) + \sum_{l \in s(i)} BW(l) \tag{6.18}$$

其中, $C(i)$ 表示节点 i 的容量, $s(i)$ 是指与节点 i 相连的链路集, $BW(l)$ 是指链路 l 目前的可用带宽,这种测量忽略了节点的拓扑特性。因此,结合 Degree 和 BC 综合评估对 VNF 映射更为精确。

TI(Topology Importance):基于节点 Degree 和 BC 的归一化度量,节点 i 的加权参数可以表示为 $\frac{d_i' + b_i'}{2}$。因此,结合本地资源和节点权重, i 节点 TI 可以表示为:

$$NI(i) = NR(i) \cdot \frac{d_i' + b_i'}{2} \tag{6.19}$$

5.VNFs 部署与切片策略

网络切片部署是在满足 NSR 需求的前提下,将 NSR 节点映射到基底节点,将链路映射到基底路径。映射过程主要有两个阶段,其一是节点映射过程,其二是链路映射过程。NSR 的部署如图 6.17 所示。节点集合 A 表示 uRLLC 接入网络,节点集合 B 表示 eMBB 接入网络,节点集合 C 表示的是传输网络,节点集合 D 表示的是核心网络。eMBB 切片节点的 VNFs 映射到节点 B_1、C_5、D_3,链路的 VNFs 映射到路径 $B_1 \rightarrow B_2 \rightarrow C_5 \rightarrow C_4 \rightarrow D_3$。同样 uRLLC

切片节点的 VNFs 映射在节点 A_2、C_1、D_2，链接链的 VNFs 映射到路径 $A_2 \to A_3 \to C_1 \to C_2 \to D_2$。NSR 的一个节点只能映射到物理基础设施网络的一个节点上，且物理基础设施网络的一个节点只能接受 NSR 的一个节点的映射，但是可以共享支持多个 NSR。

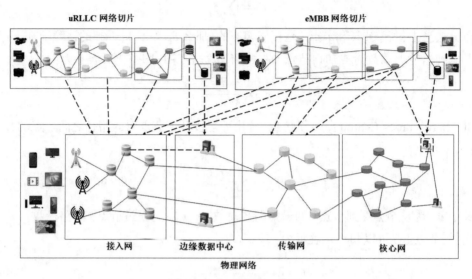

图 6.17　NSR 部署示意图

依据 NSRs 需求，VNFs 部署过程包括以下步骤：基于 NQ 统计值进行 NSR 排序；基于 NI 统计值对虚拟节点排序得到 BFS 树 T；完成虚拟节点映射到物理节点，虚拟链路映射到物理链路（基于 Floyd 路由算法）。具体步骤如算法 1 所示：

VNFs 分配与 NS 切片映射

1.输入：物理网络 G_P，NSR G_S

2.输出：来自 NSR G_S 到物理网络 G_P 的映射

3.初始化：网络状态、参数、节点信息和辅助变量

4.计算 $NQ(\mathrm{NSR}_i)$，$1 \leq i \leq K$，对 K 个 NSR 进行排序，并按降序更新 NSR 的顺序

5.for $i = 1:K$

6.计算 $\mathrm{NI}(n_i)$，$n_i \in N_S$，选择根节点 $R \leftarrow \max\mathrm{NI}(n_i)$

7.获取 BFS 树并按降序对虚拟节点进行排序 $N_S^{'} = BFS(N_S, S)$

8.计算 $\mathrm{NI}(n_u^p)$，$n_u^p \in N_p$

9.for $i = 1$：$|N_S|$

10.if $i == 1$

11. $q = \max(\mathrm{NI}(n_u^p))$，$n_u^p \in N_p$

12.if $C_P(q) \geq C_S(N_S^{'}(i)) \&\& sum(B_P(q)) \geq sum(B_S(N_S^{'}(i)))$

13. $R = N_S'(i) \leftarrow q$

14. 更新物理基础设施层 $C_S(N_S'(i)) = C_S(N_S'(i)) - C_P(q)$

15. 从 N_p 中删除 q 作为 N_P'

16. else

17. 拒绝 NSR

18. end if

19. else

20. $z = \max(\mathrm{NI}(n_u^p)), n_u^p \in N_p'$

21. if $C_p(z) \geq C_S(N_S'(i)) \&\& sum(B_p(z)) \geq sum(B_S(N_S'(i)))$

22. $N_S'(i) \leftarrow z$

23. 更新物理基础设施层 $C_S(N_S'(i)) = C_S(N_S'(i)) - C_P(q)$

24. 从 N_p' 中删除 z

25. else

26. 拒绝 NSR

27. end if

28. end if

29. end for

30. 按带宽递减顺序对虚拟链路进行排序 E_S'

31. for $j = 1 : |E_S'|$

32. 计算带宽需求 $B_S(E_S'(j))$

33. 根据 N_S'，找到物理映射节点 j

34. 使用 Dijkstra 算法找到物理最佳路径 j_{opt}，$E_S'(j)$ 为这两个节点间的链路

35. if $B_P(E_P(j_{opt})) \geq B_S(E_S'(j)) \&\& E_S'(j) \leftarrow E_P(j_{opt})$

36. 更新物理基础设施层 $B_P(E_P(j_{opt})) = B_P(E_P(j_{opt})) - B_S(E_S'(j))$

37. 从 N_p' 中删除 z

38. else

39. 拒绝 NSR

40. end if

41. end for

42. end for

6.5G 核心网切片、资源调度及数据分析

现使用 BA 无标度网络算法来生成 NSR 和物理基础设施网络的拓扑结构,使每次生成同样的 NSR 数目时的拓扑结构相同。

图 6.18 比较了 FCFS(先到先得)和基于 NQ 贪婪排序的切片策略,当 NSR 数目增加到一定程度时,资源消耗过大,服务能力不足导致接收率下降;贪婪排序后映射的接受率优于先到先得策略,表明对资源消耗过大的 NSR 的优先映射可以提升整体的分配效率和资源利用率。

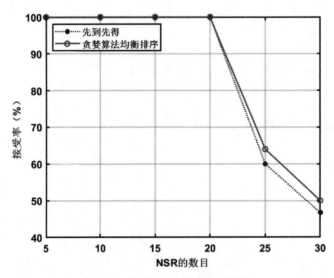

图 6.18   不同 NSR 数目的接受率

图 6.19 比较了采用 NQ 值进行贪婪排序的切片策略选择不同路由算法时的链路资源消耗。对比采用贪婪平衡排序策略、时延最小化路由策略和资源最小化路由策略的路由算法,以最小资源消耗为目标的路由和切片策略资源消耗最少,而仅以时延优先的路由和切片策

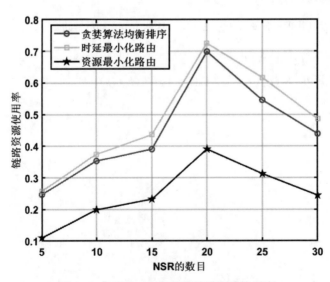

图 6.19   不同 NSR 数目的链路资源使用率

略不计资源消耗,在存在严格的资源使用和端到端(End-to-End,E2E)时延约束的网络切片需求情境中,采用一种平衡策略可以实现资源优化。

6.5 5G 切片网络行业应用分析

在新冠疫情流行期间,面对众多不同区域的人群,在核酸检测方面的问题是如何得到更加快速准确的检测结果以及如何实现简单便捷的检测流程。面对这一挑战,除云计算、大数据等技术外, 5G 网络切片技术对于该问题的解决也有着至关重要的作用[9]。

例如,天津地区在抗疫过程中为医务人员的工作手机提供了 5G 切片网络技术。该技术首先需要根据不同的工作类型把医务人员分成不同的组,对于不同类别的工作给出不同的资源适配开通 QoS 保障功能,将无线网络资源单独分离以对其进行保障,使得手机签约速率大幅度提升。在实际的应用过程中,切换用户的保障速率下行可以达到 1Gbps,上行可以达到 300Mbps,该技术能够使得医务人员及时准确地上传工作中的信息数据。使用 5G 切片网络技术,能够在抗疫环境下满足对于网络的时延、带宽、抖动等的需求。图 6.20 显示了具体的核酸检测 5G 切片拓扑图。

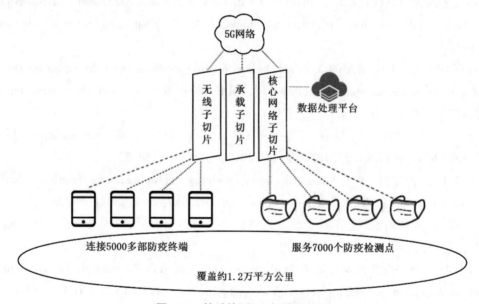

图 6.20   核酸检测 5G 切片拓扑图

从图 6.20 中可以看到,从网络结构上看,5G 网络建网初期基于云、NFV 化部署,实现了业务逻辑单元与物理器件的分离,从而使得互联网在对不同的业务场景进行识别后,对其进行合理的部署以及高效的调配。从切片部署上看,该技术使用 5G 端到端网络软切片,无线侧使用 5G 切片 QoS 优先级调度,使得无线调度因子得到了有效的利用,也保证了防疫系统终端的网络优先级。同时,核心网侧为该技术系统提供了充足的带宽资源。

工业互联网 5G 网络切片技术满足了海量设备的大带宽、低时延需求,同时也从侧面体现出 5G 切片网络技术在特殊的场景下仍然具有可复制性与灵活性。

6.6　本章小结

本章首先介绍了基于网络虚拟化的 SDN 网络架构、SDN 的网络层数据平面和控制平面。随后介绍了移动边缘计算 MEC 的主要原理和关键技术。然后进一步介绍 5G 切片网络的系统架构,分别阐述了边缘切片、核心网络切片的基本框架和原理。基于 5G 边缘切片系统,介绍了基站侧的切片过程及资源调度方法;并基于 5G 核心网络切片讨论了物理资源与虚拟资源的映射过程,根据业务 QoS 需求和 NSR 需求实现切片映射和物理资源适配。

参考文献

[1]SUI W S,CHEN X J. Energy-efficient resource allocation with flexible frame structure for hybrid eMBB and URLLC services[J]. IEEE transactions on green communications and networking,2021,5:72-82.

[2]SONG F,LI J. Dynamic virtual resource allocation for 5G and beyond network slicing[J]. VTS, 2020, 1: 215-226.

[3]KASSAB R,SIMEONE O,POPOVSKI P. Coexistence of URLLC and eMBB services in the C-RAN uplink:an information-theoretic study[J]. IEEE global communications conference, 2018:1-6.

[4]CHEN X,NI W,WANG X,et al. Optimal quality-of-service scheduling for energy-harvesting powered wireless communications [J]. IEEE transactions on wireless communications, 2016,15(5):3269-3280.

[5]CHEN X, LIU Z Y. Mobile edge computing based task offloading and resource allocation in 5G ultra-dense networks[J]. IEEE access,2019,7:184172-184182.

[6]LIU X,ZHANG X Y. Rate and energy efficiency improvements for 5G-based IoT with simultaneous transfer[J].IEEE Internet of things journal,2019, 6(4):5971-5980.

[7]陈强,刘彩霞,李凌书.基于改进式贪婪算法的 5G 网络切片动态资源调度策略[J].网络与信息安全学报,2018, 4(7): 1-9.

[8]GUAN W,WEN X,WANG L,et al. A service-oriented deployment policy of end-to-end network slicing based on complex network theory[J].IEEE access,2018,6:19691-19701.

[9]中国联通官方澎湃号.支撑 1400 万人核酸检测的 5G 切片:如何"切"成? 启示什么? [EB/OL]. (2022 - 01 - 21)[2023 - 07 - 28]. https://m. thepaper. cn/newsDetail_forward_16396071, 2022-01-21.

7 量子通信

7.1 引言

通常,经典理论难以解释黑体辐射的规律。为了解决这一难题,德国著名物理学家普朗克在 1900 年提出了量子论。经过百余年的研究,量子论已经成为现代物理学的基石。作为将信息论和量子论融合统一后出现的新学科产物,量子通信技术为当今信息技术和现代通信技术研究提供了许多前沿应用。目前,量子通信涵盖了许多技术,其中主要有量子远程传态通信技术、量子密码通信技术和量子密集编码技术等。本章会简单介绍量子通信的一些知识。

在学习本章时,需要掌握必要的量子力学基本知识,同时还需要了解与量子通信密切相关的密度矩阵、贝尔不等式等,具体请查阅文献[1—3]。

7.2 量子通信基础

量子通信是利用可移动的量子态实现信号、信息传输的量子技术。本章首先对量子系统的基本单元进行描述,为后续的介绍作铺垫。随后对量子信息论的基础知识进行展开,并讲解量子通信系统模型,最后重点介绍量子直接通信的基本原理和框架。

7.2.1 量子系统的基本概念

在量子系统中,态矢量就是用来描述一个量子态的矢量,而描述态矢量张成的空间则可以被定义为一个态矢空间,也可以叫作 Hilbert 空间。其中,量子态是一个 Hilbert 空间中的态矢,是一个可以直接表达微观系统状态的参量。通常情况下,存在于态矢空间中的单位向量就可以用来表示任意的孤立微观系统的状态。

一般情况下,可以用狄拉克符号 $|\psi\rangle$ 表示量子态矢量,其可以分为左矢 $|\psi\rangle$ 和右矢 $\langle\psi|$,并且互为复共轭转置,即 $\langle\psi|=|\psi\rangle^*$。Hilbert 空间中的矢量 $|\psi_1\rangle$ 和 $|\psi_2\rangle$ 的内积可以表示为:$|\psi_1\rangle^*|\psi_2\rangle=\langle\psi_1|\psi_2\rangle$。此外,不同于经典系统的表达,叠加性在量子系统中是由量子态的叠加原理来表示的,其可以被描述如下[4,5]。

若 $|\varphi_i\rangle$($i=1,2,\cdots,n$)是 n 维 Hilbert 空间的基矢,即一组规范正交基,则其叠加态 $|\psi\rangle$ 可以表示为:

$$|\psi\rangle = c_1|\varphi_1\rangle + c_2|\varphi_2\rangle + \cdots + c_n|\varphi_n\rangle = \sum_{k=1}^{n} c_k|\varphi_k\rangle \qquad (7.1)$$

其中，$\sum\limits_{k=1}^{n} \|c_k\|^2 = 1$。上式包含三层含义：当 $|\varphi_i\rangle$ 是系统的可能状态时，它的线性叠加态 $|\psi\rangle$ 也是系统可能的状态；态 $|\psi\rangle$ 部分地处于态 $|\varphi_i\rangle$ 中；式 (7.1) 为态 $|\psi\rangle$ 按所有基矢的展开式。因此，态 $|\psi\rangle$ 与一个 n 维复数列向量 $(c_1, c_2, \cdots, c_n)$ 相对应。以最简单的二维 Hilbert 空间的量子系统为例，基矢为 $|0\rangle$ 和 $|1\rangle$，于是量子系统的任意状态 $|\psi\rangle = c_1|0\rangle + c_2|1\rangle$，表示量子系统处于 $|0\rangle$ 和 $|1\rangle$ 态的概率分别为 $\|c_1\|^2$ 和 $\|c_2\|^2$，且有 $\|c_1\|^2 + \|c_2\|^2 = 1$。

在量子通信中，用以计算量子信息的基本单位为量子比特。一个量子比特的含义是指一个双态量子系统，它的双态可以分别记为 $|0\rangle$ 和 $|1\rangle$。利用双态作为空间的基矢，就能够张成二维复矢量空间。因此，一个量子比特也可以看作一个二维 Hilbert 空间[6]。通常情况下，一个量子比特纯态能够用 $|\psi\rangle = a|0\rangle + b|1\rangle$ 表示出来，其中 a 和 b 皆为复数，并且这两个复数满足归一化条件 $|a|^2 + |b|^2 = 1$。如果用二维基矢 $(1, 0)^T$ 和 $(0, 1)^T$ 表示 $|0\rangle$ 和 $|1\rangle$，那么 $|\psi\rangle$ 可以用向量 $(a, b)^T$ 进行表示，T 的含义是向量的转置。

从物理的层面出发，量子比特 $|\psi\rangle = a|0\rangle + b|1\rangle$ 既有可能处在 $|0\rangle$ 态或 $|1\rangle$ 态这两种状态，还有可能处在这两种状态的叠加态 $a|0\rangle + b|1\rangle$。在进行投影到基 $\{|0\rangle, |1\rangle\}$ 上的测量的时候，可以得出处于 $|1\rangle$ 态的概率为 $|b|^2$，处于 $|0\rangle$ 态的概率为 $|a|^2$，并且在测量之后，系统的态就会被转换为一个全新的状态。对于未知的态 $|\psi\rangle$ 来说，其参数 a 和 b 没有办法仅仅在一次测量后就直接算出结果，也就是说，无法直接确定未知的量子态。

如果有 n 个量子比特的态，那么可以张成一个 2^n 维的态矢空间，并且具有 2^n 个彼此之间相互正交的态。可以定义这 2^n 个态基底为 $\{|i\rangle : 0 \le i \le 2^n - 1\}$，式中 i 为 n 位的二进制数。进而用 n 个量子复合而成的量子比特可以被定义为复合量子比特，其基底态可以写为[7]：

$$|\psi\rangle = \lambda_1|0_1 0_2 \cdots 0_n\rangle + \lambda_2|1_1 0_2 \cdots 0_n\rangle + \cdots + \lambda_{2^m}|1_1 1_2 \cdots 1_m 0_{m+1} \cdots 0_n\rangle + \cdots$$
$$+ \lambda_{2^n-1}|1_1 1_2 \cdots 1_{n-1} 0_n\rangle + \lambda_{2^n}|1_1 1_2 \cdots 1_n\rangle \tag{7.2}$$

其中，$m \le n$，n 基复合量子比特可表示为 2^n 项之和。

7.2.2　量子信息论

信息论作为通信的数学表达基础，是一种使用定量分析和数学描述来解释和表达通信的全过程，而量子信息论是量子通信的数学基石[8,9]。信息熵在经典信息论中是衡量信息量大小的参数，其在量子信息论中同样是一个不可或缺的概念。

通常，一个随机变量 X 会有多种的取值可能，即观测值 $x_1, x_2, \cdots, x_n$。在测出 X 之前，X 的香农熵是对于 X 不确定性的测度；在测出 X 之后，X 的香农熵是所得信息量大小的平均测度。

定义 7.1：设随机变量 X 测到的观测值为 $x_1, x_2, \cdots, x_i, \cdots, x_n$，概率分别为 $P_1, P_2, \cdots, P_j, \cdots, P_n$，则与该概率密度分布相联系的香农定义式为：

$$H(X) = H(P_1, P_2, \cdots, P_n) = -\sum_i P_i \log_2 P_i \tag{7.3}$$

其中，P_i 是测到 x_i 的概率。

必须强调的是,这里对数 log 是以 2 为底的,因此熵的单位是比特,并且约定 $0 \log_2 0 = 0$,其中概率满足 $\sum_{i=1}^{n} P_i = 1$。有关经典香农熵的其他知识,这里不再详细阐述。若用密度算符替换熵中的概率分布,则经典信息论中的熵就被推广到了量子状态。下面介绍量子通信领域的熵定义。

定义 7.2:若量子系统用密度算符 ρ 描述,则相应量子熵定义为:

$$S(\rho) = - tr(\rho \log_2 \rho) \tag{7.4}$$

量子熵最早由冯·诺依曼引入,故又称冯·诺依曼熵,若 λ_n 是 ρ 的特征值,冯·诺依曼熵又可以写为:

$$S(\rho) = - \sum_n \lambda_n \log_2 \lambda_n \tag{7.5}$$

同样,取 $0 \log_2 0 = 0$,在具体计算中,式(7.5)用得比较多。例如:

(1)取 $\rho = \dfrac{1}{2}\begin{pmatrix} 1 & 1 \\ 1 & 1 \end{pmatrix}$,由 $\begin{vmatrix} \lambda - \dfrac{1}{2} & \dfrac{1}{2} \\ \dfrac{1}{2} & \lambda - \dfrac{1}{2} \end{vmatrix} = 0$ 得其特征值 $\lambda = 1, 0$,则其冯·诺依曼熵为 $S(\rho) = - 1 \log_2 1 - 0 \log_2 0 = 0$;

(2)对于 d 维空间中完全混合密度算符 $\rho = \dfrac{1}{d}\begin{pmatrix} 1 & 0 & \cdots & 0 \\ 0 & 1 & \cdots & 0 \\ \vdots & \vdots & & \vdots \\ 0 & 0 & \cdots & 1 \end{pmatrix}$,其冯·诺依曼熵为

$$S(\rho) = - d \times \dfrac{1}{d} \log_2 \dfrac{1}{d} = \log_2 d ;$$

(3)若 $\rho = \sum_i p_i |i\rangle\langle i|$,则其冯·诺依曼熵为 $S(\rho) = - \sum_i p_i \log_2 p_i$。

定义 7.3:若 ρ 与 σ 是密度算符,ρ 到 σ 的量子相对熵定义为:

$$S(\rho \parallel \sigma) \equiv tr(\rho \log_2 \rho) - tr(\rho \log_2 \sigma) \tag{7.6}$$

可以证明量子相对熵是非负的,即 $S(\rho \parallel \sigma) \geq 0$,当 $\rho = \sigma$ 取等号时,此不等式称为 Klein 不等式。

下面介绍冯·诺依曼熵的几点性质:

(1)熵是非负的,对于纯态,熵为 0。

例如贝尔态[10],$|\psi\rangle = \dfrac{1}{\sqrt{2}}(|10\rangle + |01\rangle)$,它是一个纯态,其密度矩阵为:

$$\rho = |\psi\rangle\langle\psi| = \dfrac{1}{2}\begin{pmatrix} 0 & 0 & 0 & 0 \\ 0 & 1 & 1 & 0 \\ 0 & 1 & 1 & 0 \\ 0 & 0 & 0 & 0 \end{pmatrix} \tag{7.7}$$

该矩阵的特征值为 0,1,0,0,其冯·诺依曼熵为 $S(\rho) = 0$。

(2)在 d 维 Hilbert 空间中,熵最大为 $\log_2 d$,但只有系统处在完全混合态,即 $\rho = \dfrac{1}{d} I$ 时,

才能取得最大值。

（3）设复合系统 AB 处在纯态,则 $S(A) = S(B)$ 。

（4）在正交子空间中,设状态为 ρ_i ,其概率为 P_i ,则有:

$$S\left(\sum_i P_i \rho_i\right) = H(P_i) + \sum_i P_i S(\rho_i) \tag{7.8}$$

若 λ_i^j 和 $|e_i^j\rangle$ 分别是 ρ_i 的特征值和特征矢量,则 $\sum_i P_i \lambda_i^j$ 和 $|e_i^j\rangle$ 分别是 $\sum_i P_i \rho_i$ 的特征值与特征矢量,从而有:

$$
\begin{aligned}
S\left(\sum_i P_i \rho_i\right) &= -\sum_{ij} P_i \lambda_i^j \log_2(P_i \lambda_i^j) \\
&= -\sum_i P_i \log_2 P_i - \sum_i P_i \sum_j \lambda_i^j \log_2 \lambda_i^j \\
&= H(P_i) + \sum_i P_i S(\rho_i)
\end{aligned} \tag{7.9}
$$

（5）联合熵定理:设 P_i 是概率, $|i\rangle$ 是子系统 A 的正交状态, ρ_i 是另一个系统 B 的任一组密度算符,则有:

$$S\left(\sum_i P_i \mid i\rangle\langle i \mid \otimes \rho_i\right) = H(P_i) + \sum_i P_i S(\rho_i) \tag{7.10}$$

对于任意一个复合量子系统,同样完全可以像经典信息论中的香农熵那样来分别给出联合熵、条件熵和互信息的定义。

定义 7.4:设 A、B 组成的复合量子系统的密度矩阵为 ρ^{AB} ,则 A 和 B 的联合熵定义为:

$$S(AB) = -tr(\rho^{AB} \log_2 \rho^{AB}) \tag{7.11}$$

定义 7.5:已知 B 的条件下,A 的条件熵定义为:

$$S(A \mid B) = S(AB) - S(B) \tag{7.12}$$

定义 7.6:A 和 B 的互信息定义为:

$$S(A:B) = S(A) + S(B) - S(AB) = S(A) - S(A|B) = S(B) - S(B|A) \tag{7.13}$$

对于联合熵,还可以给出下面两个不等式:

$$S(AB) \leq S(A) + S(B) \tag{7.14}$$

$$S(AB) \geq \mid S(A) - S(B) \mid \tag{7.15}$$

不等式(7.14)称冯·诺依曼熵的次可加性不等式,等号对应 $\rho^{AB} = \rho^A \otimes \rho^B$,即 A、B 是独立系统。第二个不等式(7.15)称为三角不等式。

下面介绍关于量子熵的两个定理。

定理 7.1(熵的凹性定理):若量子系统的状态以概率 P_i 处在状态 ρ_i ,其中 P_i 满足 $\sum_i P_i = 1$,则熵函数满足以下关系:

$$S\left(\sum_i P_i \rho_i\right) \geq \sum_i P_i S(\rho_i) \tag{7.16}$$

式(7.16)表明冯·诺依曼熵与香农熵一样都具有凹性,同时也表明混合系统的不确定性高于状态 ρ_i 的平均不确定性。

证明略。

定理 7.2(混合量子状态熵的上限估值定理):设 $\rho = \sum_i P_i \rho_i$,其中 P_i 是一组概率,ρ_i 为

相应的密度算符,则:

$$S(\rho) \leq H(P_i) + \sum_i P_i S(\rho_i) \tag{7.17}$$

当 ρ_i 为正交子空间上的支集时取等号,即前面说的冯·诺依曼熵的性质(4)。

证明略。

利用定理 7.1 和定理 7.2,可以得到混合量子系统状态熵一个很重要的关系,即:

$$\sum_i P_i S(\rho_i) \leq S\left(\sum_i P_i \rho_i\right) \leq H(P_i) + \sum_i P_i S(\rho_i) \tag{7.18}$$

式(7.18)给出了混合量子系统熵的上下限。

通过把二量子系统的三角不等式和次可加性不等式推广到三量子系统,可以进一步得到强次加性不等式。

定理 7.3:对于任意的三量子系统 A、B、C,以下不等式成立:

$$S(A) + S(B) \leq S(AC) + S(BC) \tag{7.19}$$

$$S(ABC) + S(B) \leq S(AB) + S(BC) \tag{7.20}$$

式(7.19)表示 A、B 两系统的不确定性之和小于 AC 和 BC 两联合系统的不确定性之和。式(7.20)表示 A、B、C 三系统联合不确定性加上 B 系统不确定性小于等于 AB 和 BC 联合系统不确定性之和。

下面介绍定理 7.3 的几个推论。

(1)增加条件熵减少,设 ABC 是复合量子系统,则:

$$S(A|BC) \leq S(A|B) \tag{7.21}$$

(2)丢弃量子态不增加互信息,即:

$$S(A:B) \leq S(A:BC) \tag{7.22}$$

(3)相对熵的单调性。若 ρ^{AB} 和 σ^{AB} 是复合系统 AB 的任意两个密度矩阵,则 $S(\rho^A \| \sigma^A) \leq S(\rho^{AB} \| \sigma^{AB})$,这表示忽略系统一部分相对熵减少,称相对熵的单调性。

(4)量子运算不增加互信息。若 AB 是复合量子系统,F 是作用在系统 B 上的保迹的量子运算,令 $S(A:B)$ 是 F 作用前的 AB 互信息。$S(A':B')$ 是 F 作用后的互信息,则有 $S(A':B') \leq S(A:B)$,表示测量不会增加互信息。

(5)条件熵的次可加性。复合系统条件熵满足以下关系:

$$\begin{cases} S(A,B \mid C,D) \leq S(A \mid C) + S(B \mid D) \\ S(A,B \mid C) \leq S(A \mid C) + S(B \mid C) \\ S(A \mid B,C) \leq S(A \mid B) + S(A \mid C) \end{cases} \tag{7.23}$$

7.2.3 量子通信系统模型

结合现代量子通信体系中的关键技术,在传统通信系统模型的理论框架上,可以进一步构建一个量子通信系统模型,如图 7.1 所示。它主要由信源、量子的处理系统、量子的控制系统、分析者、信道、噪声以及信宿等单元构成[11]。

对于信源,可以选择经典信源或量子信源。在量子信源中,运用领域最为广泛的是光子信源,光子信源又可以划分为单光子信源和纠缠光子信源。

对于信道,其结构既可以认为是一个量子信道,也可以认为是量子信道与经典信道所构

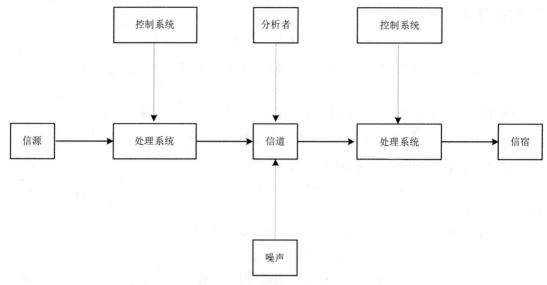

图 7.1　量子通信的系统模型

造的复合信道。与经典信道传输经典消息不同的是,量子信道通常用来传输的是量子载体,一般采用光纤介质和自由空间作为传输载体。在经典信道中,一般可以假设窃听者只能被动攻击,即可以实现任意的窃听但不能随意篡改经典消息,这在量子安全通信协议中有所体现。而在量子信道环境中,窃听者可以自由地实现截获重发、测量等各种主动性的攻击,即可以随时对任意的量子载体进行各种方式的窃听和篡改。通常,对于某些尚未得到验证或者无法实现的攻击方法,只要完全遵循量子力学的原理就可以顺利地实施。

量子处理系统主要完成如编解码、顺序置乱等一系列量子信息处理任务,其本身包含大量复杂的量子操作过程,当然也需要在控制系统的控制下完成。

分析者通常可以理解成一次量子信息传输过程中存在的攻击者或窃听者。当然,也正是在窃听检测的有力帮助下,量子通信系统才可以具备较好的安全性。通常情况下,分析者的出现会带来一定的错误,从而使得传输中的量子态发生扰动。采取通信的两方通常会任意地选择某些粒子用于测量与协商。当检测出来的错误率高于预定值的时候,便可以判定传输中有窃听的可能,那么通信双方就可以选择放弃不安全的通信。

对于所谓的完善量子信道,在很理想的情况下可以完全不将噪声对量子态的影响考虑在内。那么,一旦在进行随机抽样检测的过程中发生了错误,就能证明发生了窃听。然而,噪声在某些实际的应用场景中是无法忽略的,这同样也会让少数量子态出现错误。

7.2.4　量子直接通信原理

量子直接通信是当今量子通信领域一项关键技术。它可以通过在量子信道中直接地传输机密信息来改变在传统加密通信中通信与加密分离使用的双信道框架。量子直接通信建立了一种全新的量子加密通信结构,其仅用一条量子信道就可以完成。起初,量子直接通信被普遍认为是一种在噪声信道中建立起来的可靠通信,之后逐渐演变为在具有窃听者的情况下噪声信道的安全可信的通信方式。目前,量子直接通信已经开始被通信领域的学者们所接受。例如,2021 年发表的 6G 白皮书[12]直接肯定了量子直接通信在未来 6G 通信场景中的应用潜力。

清华大学的刘晓曙和龙桂鲁在 2000 年首次提出了量子直接通信协议[13],如图 7.2 所示,其具体阐述了使贝尔态将事先确定的密钥信息从信息的发送方 Alice 传输到接收方 Bob 的步骤:

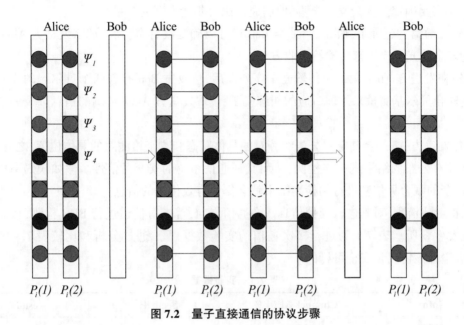

图 7.2 量子直接通信的协议步骤

(1)发送方 Alice 和接收方 Bob 提前规定了 4 个贝尔态编码 2bit 信息的机制,其中 4 个贝尔态分别是:

$$|\psi_{00}\rangle = \frac{1}{\sqrt{2}}(|00\rangle + |11\rangle) \tag{7.24}$$

$$|\psi_{01}\rangle = \frac{1}{\sqrt{2}}(|01\rangle + |10\rangle) \tag{7.25}$$

$$|\psi_{10}\rangle = \frac{1}{\sqrt{2}}(|00\rangle - |11\rangle) \tag{7.26}$$

$$|\psi_{11}\rangle = \frac{1}{\sqrt{2}}(|01\rangle - |10\rangle) \tag{7.27}$$

上述这四个式子分别用于表示编码信息比特 00,01,10,11。通过利用待传输的信息,Alice 会自动制备一个纠缠光子序列,再通过检测随机被挑选到的部分纠缠光子对,插入进来构成序列:$[(P_1(1), P_1(2)), (P_2(1), P_2(2)), \cdots, (P_i(1), P_i(2)), \cdots, (P_N(1), P_N(2))]$。

(2)发送方 Alice 从每一个贝尔态中拿出一个光子组成一个光子序列 $[P_1(1), P_2(1), \cdots, P_i(1), \cdots, P_N(1)]$,那么每一个贝尔态中另一个光子将组成序列 $[P_1(2), P_2(2), \cdots, P_i(2), \cdots, P_N(2)]$。Alice 会把后者的光子序列发送给 Bob。

(3)发送方 Alice 给接收方 Bob 传输一条光子序列,然后通过经典信道告知发送方 Alice

接收方 Bob 已经成功接收了该条光子序列。对于检测的光子对来说,发送方 Alice 需要测量被标记为 1 的粒子 $P_i(1)$,测量之后得到的基矢被记为 σ_Z 或 σ_X,这些基矢得到的测量结果可以是 0 或者 1。发送方 Alice 会告知接收方 Bob 需要进行测量的光子对序列的位置信息。

(4)接收方 Bob 会对自己手中相对应的光子进行测量。例如在图 7.2 中,发送方 Alice 随机选取 $P_1(2)$ 进行了测量工作,那么接收方 Bob 将会选择进行 $P_1(1)$ 的测量工作。Alice 与 Bob 均需要确定是否会发生窃听,他们通过比对测量得到的结果。

(5)在通信的过程中,假如 Alice 与 Bob 均可以确定没有窃听者,那么发送方 Alice 就会立即把剩余的光子序列都传输给接收方 Bob。

(6)在发送方 Alice 第二次传输光子序列以后,接收方 Bob 有着两个贝尔态的光子。然后利用联合贝尔基测量来处理对应的纠缠光子,读取发送方 Alice 传输的信息以及剩余的检测信息。

(7)发送方 Alice 会确定并公告纠缠对的具体状态和剩余检测对的具体位置,之后,由接收方 Bob 对公布的结果进一步检测,从而验证通信系统的安全可信性。假如误码率比阈值低,则剩余的联合贝尔基进行的检测结果就会作为有效传送的信息。

根据上述流程,对其进行模拟仿真。在通信之前,首先对信道进行 BER 检测,从而判断是否会发生窃听。表 7.1 为进行多次通信的实验数据[14]。通过分析和比较表 7.1 中的结果,可以验证该协议是安全可行的。

表 7.1　实验数据

Info	Channel BER/%	Security	Results
0011	17.84	safe	0011
001011	18.88	safe	001011
00110101	15.96	safe	00110101
111100000	21.82	safe	111100000
0101101001	19.84	safe	0101101001
11001010101	11.90	safe	11001010101

7.3　量子信道

量子信道与经典信道在传输媒质上基本没有区别,但是量子通信中的信息传输载体一般采用微观粒子,而这些粒子在传播过程中会遵循量子力学规律。因此,一般采用量子力学的方法来研究量子信道。本小节主要介绍量子信道的描述方法,并具体给出几种经典量子信道的算子描述。

7.3.1　量子信道描述

量子信道的表现形式是由量子系统中的各种类别的物理特性所决定的。在离子阱当中,在利用束缚离子来保存量子信息的时候,时间迁移通常会被称作量子信道;在光纤当中,使用偏振光子态来分配量子密钥信息的时候,光纤自身会被称作量子信道。即使是在其他不同应用中,量子信道在物理层面上的实现方式也会有许多细节上的巨大不同,然而量子信道并不会对量子系统造成实际的影响。量子信息和量子态之间的总的传输过程会造成许多无法避免的误差,这些误差被统一定义为量子信道噪声,简称量子噪声。一般情况下,可使用量子门这一结构来表达量子信道模型,如图 7.3 所示,其中,密度算子 ρ 表示的是整个量子系统的初始态,也就是信道的输入;算子 E 表示的是信道中存在的噪声,其通常情况下不会满足幺正性的特性;$E(\rho)$ 表示信道的输出,并且通常情况下是混合态密度算子,所以能经过分析比较 $E(\rho)$ 和 ρ 的大小,来评价估测各种类别的噪声对整个系统所造成的影响的大小[15]。

由图 7.3 可知,随机的单量子位逻辑门全部都是属于量子信道的,例如表示比特翻转信道的非门、表示无噪声信道的恒等门等。原则上,这些信道都是比较理想的无噪信道,这是由于单量子位门都满足幺正性的特性。不过,量子信道经常会使纯态改变成混合态,进而造成消相干效应。

图 7.3　量子信道模型

下面介绍量子信道的酉变换表示。假设算子 U 表示信道对量子态进行的变换,那么量子信道的输出可以表示为:

$$E(\rho) = U\rho\, U^{\dagger} \tag{7.28}$$

对量子态来说,经过信道作用后量子态 $|\varphi\rangle$ 变为 $U|\varphi\rangle$。

通常,上述信道只能在封闭量子系统中使用,但是实际中的量子主系统都是在开放环境下的,导致环境会联系上系统。在开放量子系统中,携带信息的主系统与环境可以共同作为一个封闭量子系统,从而方便分析主系统与环境之间的相互作用。若 ρ 表示主系统的密度算子,ρ_{env} 表示环境的密度算子,那么系统与环境组成的复合系统的密度算子为直积 $\rho \otimes \rho_{env}$,经过信道作用后,对环境求偏迹,即可得到主系统的状态:

$$E(\rho) = Tr_{env}\left[U(\rho \otimes \rho_{env})\,U^{\dagger}\right] \tag{7.29}$$

7.3.2　典型的量子噪声信道模型

通常来说,信道特性在一个合适的信道模型下可以被更好地描述出来,因此信道建模的相关研究一直都是量子通信领域的热点。无论在哪种信道模型下,都可以通过一些技术手段来减少信道噪声对量子态的影响,例如偏振补偿。本小节会介绍几种典型的量子噪声信道模型。

作为最常见的量子信道模型,相位阻尼信道中量子位受到错误 Z 作用的概率为 p,量子位不受影响的概率为 $1-p$。那么,相位阻尼信道的算子和可以表示为:

$$E(\rho) = (1-p)\rho + pZ\rho Z \tag{7.30}$$

对于某些处在绝对零度的量子系统,其能量逐渐散失的过程通常用振幅阻尼信道来描述。假设整个系统能量的本征态为基矢,同时定义 $|0\rangle$ 为 0 能级,那么振幅阻尼信道可以表示为:

$$E(\rho) = \sum_{d=0,1} K_d \rho \, K_d^\dagger \tag{7.31}$$

其中,Kraus 算子分别表示为:

$$K_0 = \begin{bmatrix} 1 & 0 \\ 0 & \sqrt{1-p} \end{bmatrix}, \quad K_1 = \begin{bmatrix} 0 & \sqrt{p} \\ 0 & 0 \end{bmatrix} \tag{7.32}$$

随机 Pauli 信道表示了 X,Y,Z 这三种类别的错误的概率都为 $p/3$ 的噪声过程,其算子和表示为:

$$E = (1-p)\rho + p/3(X\rho X + Y\rho Y + Z\rho Z) \tag{7.33}$$

从中可以看出,随机 Pauli 信道上的噪声过程其实等价于 ρ 与 $I/2$ 之间以 $4p/3$ 的概率迁移,因此一般来说随机 Pauli 信道又可称为对称信道。对于一般随机 Pauli 信道,不同的 Pauli 错误可以在不同的概率下发生。此外,一个随机 Pauli 信道能够用来表示单量子位系统的任何噪声过程,而 n 个不同的随机 Pauli 信道的直积又能够表示 n 量子位系统与环境的孤立消相干过程,所以随机 Pauli 信道其实是一个简单的量子信道模型。

比特翻转信道可以理解为以概率 $1-p$ 将量子比特从状态 $|0\rangle$ 变为状态 $|1\rangle$,或者从状态 $|1\rangle$ 变为状态 $|0\rangle$。其运算元为:

$$E_0 = \sqrt{p}\, I = \sqrt{p} \begin{bmatrix} 1 & 0 \\ 0 & 1 \end{bmatrix}, \quad E_1 = \sqrt{1-p}\, \sigma_X = \sqrt{1-p} \begin{bmatrix} 0 & 1 \\ 1 & 0 \end{bmatrix} \tag{7.34}$$

比特翻转信道可以表示为:

$$E(\rho) = p\rho + (1-p)\, \sigma_x \rho\, \sigma_x \tag{7.35}$$

相位翻转信道是量子态以 p 的概率保持原来的状态不变,以 $1-p$ 的概率发生相位的翻转。其运算元为:

$$E_0 = \sqrt{p}\, I = \sqrt{p} \begin{bmatrix} 1 & 0 \\ 0 & 1 \end{bmatrix}, \quad E_1 = \sqrt{1-p}\, \sigma_z = \sqrt{1-p} \begin{bmatrix} 1 & 0 \\ 0 & -1 \end{bmatrix} \tag{7.36}$$

相位翻转信道表示为:

$$E(\rho) = p\rho + (1-p)\, \sigma_z \rho\, \sigma_z \tag{7.37}$$

退偏振信道是指量子态有 $1-p$ 的概率会维持之前的状态,而被完全混态所替代的概率为 p。那么,退偏振信道可以写为:

$$E(\rho) = \frac{p}{2} J + (1-p)\rho \tag{7.38}$$

对任意的量子态 ρ,有:

$$\frac{J}{2} = \frac{\rho + \sigma_x \rho\, \sigma_X + \sigma_Y \rho\, \sigma_Y + \sigma_z \rho\, \sigma_z}{4} \tag{7.39}$$

退偏振信道其实还能够拓展到更高维的量子系统,例如一个 n 维量子系统。退偏振信道的量子态有 $1-p$ 的概率会维持之前的状态,有 p 的概率被 J/n 个完全混态取代。

7.4 量子纠错编码

为了纠正确定位数的随机量子错误,量子纠错码被学者们广泛地研究和设计。假如在规定的时间 t 内,总共纠错的次数为 n 次,那么在纠错的间隔时间里,量子位的错误概率与 t/n 是成正比的。纠正完成一位的错误以后,剩下的错误概率与 t^2/n^2 是成正比的。在进行了 n 次纠错以后,累计剩下的错误概率与 nt^2/n^2 是成正比的。所以可以得出,当纠错次数 n 尽可能大的时候,就可以得到尽可能小的纠错间隔时间,从而就可以实现尽可能低的累计剩余错误概率。

7.4.1 纠错 9 量子位码

Shor 的 9 量子位纠错码是十分经典的重复码的量子类比,是最早发展的量子纠错编码。该种纠错编码利用了 9 个量子位,对 1 个量子位进行编码,进而纠正了随机的量子位上的错误信息。Shor 的 9 量子位纠错码的编码过程可以表示为:

$$|0\rangle \rightarrow |\bar{0}\rangle = (|000\rangle + |111\rangle)(|000\rangle + |111\rangle)(|000\rangle + |111\rangle) \qquad (7.40)$$

$$|1\rangle \rightarrow |\bar{1}\rangle = (|000\rangle - |111\rangle)(|000\rangle - |111\rangle)(|000\rangle - |111\rangle) \qquad (7.41)$$

可以观察到,单量子信息位 $|\psi\rangle = \alpha|0\rangle + \beta|1\rangle$ 并不是编码成该量子位多个拷贝的直积态,而是编码为较复杂的纠缠态 $\alpha|\bar{0}\rangle + \beta|\bar{1}\rangle$。由于有:

$$\alpha|\bar{0}\rangle + \beta|\bar{1}\rangle \neq [\alpha(|000\rangle + |111\rangle) + \beta(|000\rangle - |111\rangle)]^{\otimes 3} \qquad (7.42)$$

编码逻辑态 $|\bar{0}\rangle$ 和 $|\bar{1}\rangle$ 依旧可以为含有系数 α 以及 β 的线性函数,所以这种编码的方案是符合量子不可克隆定理的。纠错 9 量子位码的编码通常情况下可以用一个门组网络实现,如图 7.4 所示。

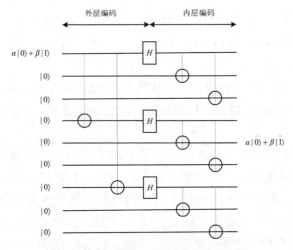

图 7.4 纠错 9 量子位码的编码门组网络

其中，H 门表示为：

$$H = \frac{1}{\sqrt{2}} \begin{bmatrix} 1 & 1 \\ 1 & -1 \end{bmatrix} \tag{7.43}$$

图 7.4 中内层编码的作用是纠正量子比特翻转错误，例如：

$$| 000 \rangle \pm | 111 \rangle \rightarrow | 010 \rangle \pm | 101 \rangle \tag{7.44}$$

如图 7.5 所示，无须测量量子系统就可以利用量子网络直接纠正在量子位上所出现的比特翻转错误。表 7.2 展示了比特翻转错误的错误图样与测量结果之间的联系，其中第 1、2、3 量子位用错误图样 $e_1e_2e_3$ 的顺序表示。例如，第 2 个量子位发生比特翻转错误的错误图样为 010。通过这种错误图样信息，就可以在发生比特翻转错误的量子位上取反以将其纠正为正确的量子状态。

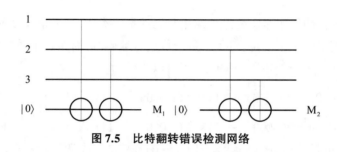

图 7.5　比特翻转错误检测网络

表 7.2　比特翻转错误测量结果与错误图样

M_1	M_2	错误图样
0	0	000
0	1	001
1	0	100
1	1	010

外层编码在 Shor 的 9 量子位码中主要用来纠正相位翻转错误，如：

$$(|\cdot\rangle + |\cdot\rangle)(|\cdot\rangle - |\cdot\rangle)(|\cdot\rangle + |\cdot\rangle) \rightarrow (|\cdot\rangle + |\cdot\rangle)(|\cdot\rangle + |\cdot\rangle)(|\cdot\rangle + |\cdot\rangle)$$
$$\tag{7.45}$$

同理，使用量子网络可以检测出相位翻转错误，如图 7.6 所示。测量结果与相位错误的关系如表 7.3 所示，在该表中，错误图样中的每一位的顺序表示了 9 量子位码的一个 3 量子位"猫"态。

总的来说，9 量子位码有四大主要优点。第一，9 量子位码不仅能够纠正比特翻转所造成的错误，还能够纠正相位错误，又由于以上两种错误产生的过程之间不存在联系，9 量子位码甚至可以同时纠正出现在不同的量子位上的比特翻转错误和相位错误。第二，9 量子位码能够有效地纠正连续产生的微量错误。第三，9 量子位码可以利用辅助量子位来获取错误图样信息，通过这样的方法能有效避免直接测量所造成的系统状态塌缩。第四，根据量子纠缠特性，9 量子位码满足量子不可克隆定理，能够较好地存储冗余信息。尽管 9 量子位码的编码效率只有 1/9，但是对于量子纠错编码来说，9 量子位码有重大跨时代意义。

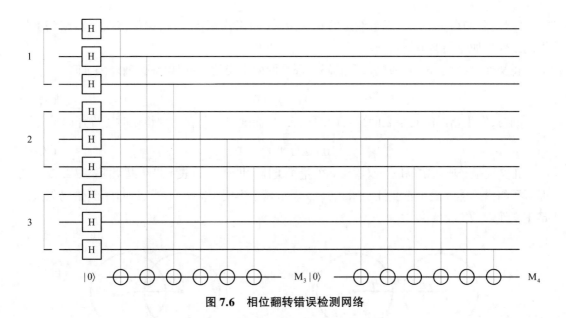

图 7.6 相位翻转错误检测网络

表 7.3 相位翻转错误测量结果与错误图样

M_3	M_4	错误图样
0	0	000
0	1	001
1	0	100
1	1	010

7.4.2 量子纠错编码的一般性质

9 量子位纠错码通过利用级联码的理念,将两个互相之间没有关联的错误进行了线性叠加。但是,对于其他各种各样形式的量子纠错编码来说,上述性质并不是普遍适用的,量子纠错编码的一般性质见定理 7.4。

定理 7.4:如果存在两类能被量子纠错码纠正的错误,设这两类错误分别为错误 A 和错误 B,则错误 A 与错误 B 的随机的线性组合都可以被量子纠错码纠正。在普遍情况下,如果重量为 t 的 Pauli 型错误全都可以被纠正,那么全部的 t 量子位的独立错误都可以被纠正。

一般地,量子系统的演化过程主要关系到噪声对系统状态的影响,可将其表示为:

$$\rho \rightarrow \sum_i E_i \rho E_i^{\dagger} \tag{7.46}$$

其中,$\sum E_i^{\dagger} E_i = \begin{bmatrix} 1 & 0 \\ 0 & 1 \end{bmatrix}$,密度算子 ρ 表示的是量子的初始状态 $|\psi\rangle$ 的集合,每一个 $|\psi\rangle$ 都是存在于编码空间中的。所以 $|\psi\rangle$ 也可以表示为:

$$|\psi\rangle \rightarrow E_i |\psi\rangle \tag{7.47}$$

如果每个错误 E_i 可以被纠正,那么这种一般的错误过程都可以被纠正。量子纠错码的性质为线性与正交性[16]。

217

线性：假如存在一些可以被纠正的基本错误（如比特翻转错误、相位错误等），则基本错误的线性叠加也能够被纠正。

正交性：在码空间中，随机选取的码字都是两两正交的，从而保证正确译码，即：

$$\langle \bar{0} \mid \bar{1} \rangle = 0 \tag{7.48}$$

同时，发生错误的码字之间也要两两正交，从而确保能够在出现错误时正确译码，即：

$$\langle \bar{0} \mid E^\dagger F \mid \bar{1} \rangle = 0 \tag{7.49}$$

正交性是经典纠错码最小汉明距离的量子类比。图 7.7(a)表示最小汉明距离 $d \geq 2t + 1$，即量子纠错码能够满足正交性。图 7.7(b)表示最小汉明距离 $d < 2t$，即量子纠错码无法满足正交性[17]。

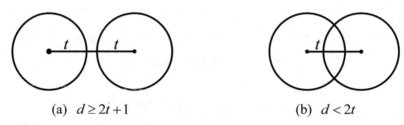

(a) $d \geq 2t + 1$ (b) $d < 2t$

图 7.7　最小汉明距离示意图

可区分性：任何作用在码字上的不同错误均可区分，也就是说，当 $E \neq F$ 时，有：

$$\langle \bar{0} \mid E^\dagger F \mid \bar{0} \rangle = \langle \bar{1} \mid E^\dagger F \mid \bar{1} \rangle = 0 \tag{7.50}$$

可区分性表明量子纠错码不仅要能纠正错误，还要明确是哪一种错误。其实，两者在经典纠错码理论中是等价的。不过，在量子纠错编码中，可以在不清楚发生错误具体种类的情况下完成恢复。举例来说，在 9 量子位码中，虽然相位错误 Z_1 和 Z_2 不可区分，但这两种错误仍然可以被分别纠正。所以，在量子纠错码中可区分性是一个充分非必要条件。

可逆性：量子纠错码需要保证存在适当的幺正操作，从而可以正确恢复误码，即：

$$\langle \bar{0} \mid E^\dagger E \mid \bar{0} \rangle = \langle \bar{1} \mid E^\dagger E \mid \bar{1} \rangle \tag{7.51}$$

综合量子纠错编码的正交性、可区分性以及可逆性，可以归纳出以下定理[18]。

定理 7.5：假设 ε 是作用在系统 Hilbert 空间上的错误算子构成的线性空间，C 为 H 的非空子空间。令 $\{E_a\}$ 为 ε 的基，$\{| \psi_i \rangle\}$ 为 C 的基。则 C 构成一个可以纠正 ε 中错误的量子纠错编码的充要条件是：对于任意的 $\varepsilon_a, \varepsilon_b \in \varepsilon$：

$$\langle \psi_i \mid E_a^\dagger E_b \mid \psi_j \rangle = C_{ab} \delta_{ij} \tag{7.52}$$

其中，C_{ab} 为厄米矩阵且 C_{ab} 与状态 $| \psi_i \rangle$ 和 $| \psi_j \rangle$ 无关。

7.5　基于光子的量子通信技术

目前，量子通信技术的研究主要可以划分为两个方向，一个方向为基于连续变量的量子通信，另一个方向为基于光子及其纠缠态的量子通信。基于光子及其纠缠态的量子通信是目前研究的热点,在后文中,会对其进行简单介绍。

7.5.1 量子纠缠的性质与测量

1. 量子纠缠态的基本性质

量子纠缠与量子力学中的状态叠加原理有着紧密的关联。量子力学对应物是两态量子系统,例如在二能级原子模型中,存在基态 $|b\rangle$ 和激发态 $|a\rangle$。光子存在两个偏振态,水平偏振可以表示为 $|H\rangle$,垂直偏振可以表示为 $|V\rangle$,这两个正交通常可以表示为 $|0\rangle$ 和 $|1\rangle$,而量子系统根据叠加态原理可以表示为 $|\psi\rangle = \frac{1}{\sqrt{2}}(|0\rangle + |1\rangle)$ [19,20]。

一枚硬币有 2 个不同的状态,即正反面。两枚硬币有 4 个不同的状态,即正/正、正/反、反/正、反/反。如果用量子正交基表示,可以写为:

$$|0\rangle_1 |0\rangle_2, |0\rangle_1 |1\rangle_2, |1\rangle_1 |0\rangle_2, |1\rangle_1 |1\rangle_2 \qquad (7.53)$$

但是对于一个量子系统来说,根据叠加态原理,可以推断出它不仅存在这 4 个基态,还存在任意叠加态,比如贝尔态可以表示为:

$$|\varphi^+\rangle = \frac{1}{\sqrt{2}}(|0\rangle_1 |0\rangle_2 + |1\rangle_1 |1\rangle_2) \qquad (7.54)$$

这是两粒子系统的最大纠缠态之一。

近年来,关于纠缠态的研究有很多的进展,对于两粒子、三粒子甚至七粒子的纠缠态都有所研究。

在基本量子通信方案的讨论中,有以下三点重要性质:

(1)对于纠缠态以及不纠缠态这两种状态来说,进行测量之后的统计结果会存在差异。

(2)对纠缠对中两粒子进行观测时,其二者之间是关联的。

(3)当只对纠缠对中两粒子中的一个进行操作的时候,贝尔态是能够转变的。

2.纠缠的定量描述

如果发送端 Alice 和接收端 Bob 分别负责控制系统的一部分,可以定义其状态分别为 ρ^A 和 ρ^B,那么总的系统的状态 ρ^{AB} 为 [21]:

$$\rho^{AB} = \sum_i P_i \rho_i^A \otimes \rho_i^B \qquad (7.55)$$

P_i 为概率,如果满足 $\sum_i P_i = 1$,若 $P_i = 1$,那么称这个态为直积态,否则就称这个态为纠缠态(如 ρ^{AB} 为纠缠态),纠缠态是无法用直积态来表示的。对于纯态来说,通常使用熵来表示两个子态纠缠的程度。对于混合态来说,在当前的研究中还没有规定明确的表达方式。

若 ρ^{AB} 为纯态,$\rho^{AB} = |\psi^{AB}\rangle\langle\psi^{AB}|$,则 A 和 B 两态的纠缠度 $E(\psi^{AB})$ 可以利用纠缠熵表示为:

$$E(\psi^{AB}) = S(tr_B \rho^{AB}) = S(tr_A \rho^{AB})$$
$$\rho_A = tr_B |\psi^{AB}\rangle\langle\psi^{AB}| \qquad (7.56)$$

则量子纠缠度为:

$$E(\psi^{AB}) = S(\rho_A) = -tr(\rho_A \log_2 \rho_A) \tag{7.57}$$

它是复合系统,不考虑 B 或 A 以后的冯·诺依曼熵,例如贝尔态:

$$\psi^{AB} = \frac{1}{\sqrt{2}}(|01\rangle - |10\rangle) \tag{7.58}$$

$$\rho^{AB} = \frac{1}{2}(|01\rangle - |10\rangle)(\langle 01| - \langle 10|) \tag{7.59}$$

$$\rho_A = tr_B(\rho^{AB})$$

$$= \frac{1}{2}(|0\rangle\langle 0|\langle 1||1\rangle - |0\rangle\langle 1|\langle 1||0\rangle - |1\rangle\langle 0|\langle 0||1\rangle + |1\rangle\langle 1|\langle 0||0\rangle)$$

$$= \frac{1}{2}(|0\rangle\langle 0| + |1\rangle\langle 1|)$$

$$= \frac{1}{2}\begin{pmatrix} 1 & 0 \\ 0 & 1 \end{pmatrix} \tag{7.60}$$

$$E(\psi^{AB}) = S(\rho_A) = -tr\,\rho_A \log_2 \rho_A$$

$$= -tr\,\frac{1}{2}\begin{pmatrix} 1 & 0 \\ 0 & 1 \end{pmatrix}\begin{pmatrix} \log_2 \dfrac{1}{2} & 0 \\ 0 & \log_2 \dfrac{1}{2} \end{pmatrix} \tag{7.61}$$

$$= -tr\begin{pmatrix} -\dfrac{1}{2} & 0 \\ 0 & -\dfrac{1}{2} \end{pmatrix}$$

$$= 1$$

当纠缠度是 1 的时候,表示其为最大纠缠度。易证另外的三个贝尔态也分别为最大纠缠度。

值得一提的是,上文所提到的纠缠度是存在可加性质的。假设两个独立系统被 Alice 和 Bob 分享,各自的纠缠度分别为 E_1 和 E_2,那么组合系统的纠缠度为 $E_1 + E_2$。

在当前的研究中,混合态还没有规定明确的表达方式,有两种纠缠量可以表示混合态。第一种是形成纠缠,形成纠缠是指把混合态纠缠当作纯态纠缠的逐步形成,其纠缠度可以表示为:

$$E_F(\rho) = \min\left\{ \sum_i P_i E(\psi_i) \right\} \tag{7.62}$$

$$\rho = \sum_i P_i |\psi_i\rangle\langle\psi_i| \tag{7.63}$$

在这里,选择的是使平均纠缠度最小的纯态,又可以被称为单射形成纠缠,它也是满足可加性的,即纯态平均纠缠的极小值,又可以被称为单射形成纠缠,它也是满足可加性的,即:

$$E_F(\rho_1 + \rho_2) = E_F(\rho_1) + E_F(\rho_2) \tag{7.64}$$

第二种是分馏纠缠,这是从混合态逐步引出的纯态纠缠,其纠缠度可以利用相对纠缠熵表示为:

$$E_{RE}(\rho) = \min\{tr(\rho \log_2\rho - \rho \log_2\rho')\} \tag{7.65}$$

公式中 ρ 为纠缠态,ρ' 为不纠缠态,其最小值是对所有不纠缠态取最小值,也就是对应 ρ' 取最大值。

通过引入双比特的混合态,可以明确多少纯的纠缠态能从部分纠缠混合态中分馏出来,又可以称为韦纳态。韦纳态是某个贝尔态(如 $|\psi^+\rangle$)保真度 F 和其他 3 个态保真度 $(1 - F)/3$ 部分的混合,即:

$$w_F = F|\varphi^+\rangle\langle\varphi^+| + \frac{1}{3}(1 - F)(|\psi^-\rangle\langle\psi^-| + |\psi^+\rangle\langle\psi^+| + \langle\varphi^-||\varphi^-\rangle) \tag{7.66}$$

相对纠缠熵是可分馏纠缠的上限,对于韦纳态,其纠缠相对熵为:

$$E_{RE}(\omega_F) = 1 - H_2(F) \tag{7.67}$$

其中,$H_2(F)$ 表示二元熵下的保真度,即韦纳态的分馏纠缠度,其通常会大于形成纠缠度。

7.5.2 技术实例

作为量子系统有别于经典系统的重要特性,量子纠缠对于量子通信领域的研究有着举足轻重的影响。目前研究表明,纠缠态可以与量子通信的众多研究领域相结合,如远程传态技术、量子密码术等技术,除此之外,还可以通过纠缠态使一个量子比特传输超过一个比特的信息。

1. 量子密码术

如图 7.8 所示,将量子密码术中产生的光子纠缠对分别发送给 Alice 和 Bob。这里,假设纠缠对是 $|\psi^-\rangle$ 态,即:

$$|\psi^-\rangle = \frac{1}{\sqrt{2}}(|0\rangle_1|1\rangle_2 - |1\rangle_1|0\rangle_2) \tag{7.68}$$

Alice 测到的是 $|0\rangle$ 态,Bob 测到的是 $|1\rangle$ 态。如果没有出现窃听现象,那么 Alice 与 Bob 就是反关联关系。Alice 与 Bob 能够通过经典信道互相交换测到的信息,根据此信息可以判断出是否发生窃听。

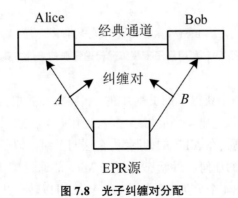

图 7.8 光子纠缠对分配

Alice 测量光子 A 选择两个轴 α 与 β，Bob 测量光子 B 选择两个轴 β 与 γ，当探测偏振平行于分析轴时，对应 $+1$，而垂直于分析轴时，对应 -1，魏格纳给出：当两边测量都是 $+1$ 时，概率为 P_{++}，它满足的公式称为魏格纳不等式，可以表示为：

$$P_{++}(\alpha_A, \beta_B) + P_{++}(\beta_A, \gamma_B) - P_{++}(\alpha_A, \gamma_B) \geq 0 \qquad (7.69)$$

根据量子力学理论可以得出，对 $|\psi^-\rangle$ 态进行测量，当分析器安置 θ_A（Alice）和 θ_B（Bob）时所得概率为：

$$P_{++}(\theta_A \theta_B) = \frac{1}{2}\sin^2(\theta_A - \theta_B) \qquad (7.70)$$

当分析器安置为 $\alpha = -30°, \beta = 0°, \gamma = 30°$ 时，将导致魏格纳不等式最大违反

$$P_{++}(-30°, 0°) + P_{++}(0°, 30°) - P_{++}(-30°, 30°) = \frac{1}{8} + \frac{1}{8} - \frac{3}{8} = -\frac{1}{8} < 0 \quad (7.71)$$

只要测量结果违背了魏格纳不等式，就可以确定量子信道的安全性。否则，表明传输过程中发生了窃听。

2.量子密集编码

通常情况下，在使用量子信道传输经典信息的时候，对于一个量子比特来说，它仅仅能够传输一个比特的经典信息。1992 年，威斯纳和班尼特提出了量子密集编码方法，该方法可以令一个量子比特传送超过一个比特的经典信息，该方法如图 7.9 所示[22]。

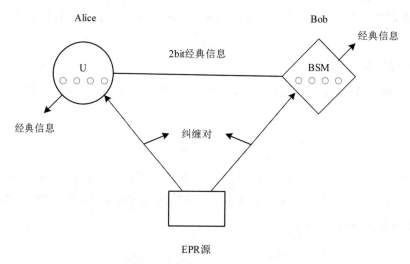

BSM-贝尔测量；U-幺正变换。

图 7.9　利用量子密集编码传送经典信息的方案

如果 Alice 从纠缠源当中获得了纠缠对中的一个粒子，并把其中另外一个粒子传输给 Bob，那么这两个粒子可以构造出 4 个贝尔态之一，记作 $|\psi^-\rangle$ 态。

根据贝尔态的理论性质，在 Alice 的调制下，在这两个纠缠粒子中随机选取一个粒子，该粒子都能转换为 4 个态中的任何一种状态。所以 Alice 能通过翻转与改变相移或者同时翻转并改变相移的方法，实现 4 个贝尔态的转换，即 Alice 可以转变共同对的两个粒子态，使之

到达另一状态。随后,经过变换的两个粒子被 Alice 传送到 Bob 处采取组合测量的方法得出信息。根据一次贝尔测量,Bob 能够辨别 Alice 所传输的 4 种类别的可能信息。通过这种方法,操作并传输一个两态系统纠缠就能够得到大于一个经典比特的信息,这就是量子密集编码的实现过程。

通常情况下,量子通信可以对经典信息进行有效传送或保密,其实也可以用纠缠态来传送量子信息,量子远程传态就是一种特殊的量子信息传输。

3.量子远程传态

通过量子纠缠的非定域性能实现量子态的远程传送过程[23]。Bennentt 在 1993 年第一次提出理论方案后,玻密斯特尔等人于 1997 年实现了理论到实践的跨越,他们利用光的偏振态纠缠的原理成功取得 10.7km 远程传送,其实验原理可以由图 7.10 来说明。

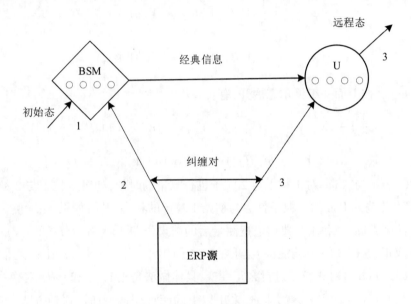

BSM-贝尔测量；U-幺正变换；Alice-做贝尔测量；Bob-做幺正变换。

图 7.10　量子远程传态示意图

Alice 可以通过 2 粒子和 3 粒子纠缠对,把 1 粒子的状态传输给 Bob。可以定义 1 粒子的初始态为:

$$| X \rangle_1 = a | H \rangle_1 + b | V \rangle_1 \tag{7.72}$$

其中,$| H \rangle$ 表示的是偏振水平,$| V \rangle$ 表示的是垂直水平,纠缠态粒子的状态可以表示为:

$$| \psi \rangle_{23} = \frac{1}{\sqrt{2}}(| H \rangle_2 | V \rangle_3 - | V \rangle_2 | H \rangle_3) \tag{7.73}$$

则 3 个粒子的状态为:

$$|\psi\rangle_{123} = |X\rangle_1 \otimes |\psi\rangle_{23}$$

$$= \frac{1}{\sqrt{2}}(a|H\rangle_1|H\rangle_2|V\rangle_3 - a|H\rangle_1|V\rangle_2|H\rangle_3 - b|V\rangle_1|H\rangle_2|V\rangle_3 - b|V\rangle_1|V\rangle_2|H\rangle_3)$$

$$(7.74)$$

其中,1、2和1、3粒子是不纠缠的,而2、3粒子是纠缠的。如果使 Alice 对1、2粒子进行测量,根据1粒子与2粒子的贝尔态把$|\psi\rangle_{123}$展开,那么它们对应的本征态分别是:

$$|\psi^+\rangle_{12} = \frac{1}{\sqrt{2}}(|H\rangle_1|V\rangle_2 + |V\rangle_1|H\rangle_2)$$

$$|\psi^-\rangle_{12} = \frac{1}{\sqrt{2}}(|H\rangle_1|V\rangle_2 - |V\rangle_1|H\rangle_2)$$

$$(7.75)$$

$$|\varphi^+\rangle_{12} = \frac{1}{\sqrt{2}}(|H\rangle_1|H\rangle_2 + |V\rangle_1|V\rangle_2)$$

$$|\varphi^-\rangle_{12} = \frac{1}{\sqrt{2}}(|H\rangle_1|H\rangle_2 - |V\rangle_1|V\rangle_2)$$

则将$|\psi\rangle_{123}$按上面一组贝尔态展开,有:

$$|\psi\rangle_{123} = \frac{1}{2}[-|\psi^-\rangle_{12}(a|H\rangle_3 + b|V\rangle_3) - |\psi^+\rangle_{12}(a|H\rangle_3 - b|V\rangle_3) +$$

$$|\varphi^-\rangle_{12}(a|V\rangle_3 + b|H\rangle_3) + |\varphi^+\rangle_{12}(a|V\rangle_3 - b|H\rangle_3)]$$

$$(7.76)$$

式(7.76)表示当 Alice 对1粒子与2粒子进行测量的时候,如果1粒子与2粒子都处于$|\psi^-\rangle$态,那么传输到 Bob 的3粒子就会与初始1粒子的状态相同;如果 Alice 测量的结果是$|\psi^+\rangle_{12}$态,那么 Alice 会利用经典信道把测量后的结果告知 Bob,将3粒子的$|V\rangle_3$旋转$180°$使其从负变成正,这样3粒子就能够与初始1粒子的状态相同。如果 Alice 测量的结果是$|\varphi^-\rangle_{12}$态,那么 Bob 会对3粒子进行幺正变换,具体做法是把$|V\rangle$和$|H\rangle$对换;如果 Alice 测量的结果是$|\varphi^+\rangle_{12}$态,那么就会同时采用以上的两种变换。通过这种方法,不管测量出什么样的结果,Bob 都能够利用 Alice 传输的经典信息完成对3粒子的幺正变换,进而能够让3粒子与1粒子具有相同的状态,也就是成功实现了远程传态的过程。

7.6　量子通信的应用

量子通信是现在唯一一个能够在数学上严格证明的安全通信实现方式。在传输过程中,量子信息无法被完美复制,因此其一旦被窃取或者监听,通信双方一定会发现。此外,量子纠缠效应表明,不管两个量子的间距有多远,它们都会产生"心电感应",其中一个粒子的变化会直接影响另一个粒子。上述的物理特性和原理确保了量子通信系统的安全可靠,而且量子通信的安全性并不会过度依赖传统的计算复杂度,而是完全基于量子力学原理,因此其也不会受到技术滞后性和计算机能力提高的影响。因此,量子通信是需要保密和安全的应用场景的有效的技术,打破了传统技术的局限。

一般来说,大部分用于保密的量子通信系统都是基于量子密钥分发协议,收发双方之间通过传输单个光子或相互纠缠的光子来完成量子密钥分发过程。本节首先描述量子密钥分发中的经典协议,随后介绍几种典型应用例子。

7.6.1 量子密钥 BB84 协议

在 1984 年,加拿大蒙特利尔大学的 G. Brassard 教授和就职于 IBM 公司的班尼特共同提出了 BB84 协议。它是目前使用较多同时也是最早的一种量子密钥分发协议。这里,用光子偏振态语言来表述 BB84 协议[24]。

BB84 协议利用 4 个量子态构成两组基,例如光子的水平偏振 $|H\rangle$ 和垂直偏振 $|V\rangle$。其中, 45° 方向的偏振表示为:

$$|R\rangle = \frac{1}{\sqrt{2}}(|H\rangle + |V\rangle) \tag{7.77}$$

- 45° 方向的偏振表示为:

$$|R\rangle = \frac{1}{\sqrt{2}}(|H\rangle - |V\rangle) \tag{7.78}$$

在编码中将 $|H\rangle$ 和 $|R\rangle$ 取为 0,而 $|V\rangle$ 和 $|L\rangle$ 取为 1,他们构成两个正交基。

在 BB84 协议中,Alice 随机选择四态光子中的一个发送给 Bob,N 个光子形成一组,而 Bob 又随机在两组测量基中选取一个对光子进行测量,对应测 N 次。如果将水平垂直基表示为 $\oplus$,而将 45° 与 - 45° 表示为 $\otimes$,取 $N = 8$,结果如表 7.4 所示。

表 7.4 BB84 协议

Alice	⊗	⊕	⊕	⊗	⊗	⊕	⊕	⊗
	ॐ	♎	❄	☙				
编码	1	1	0	0	1	0	1	0
Bob	⊗	⊗	⊕	⊕	⊗	⊗	⊕	⊕
	⑤	☹	⑤	⑨				
测码	1	0	0	1	1	0	1	0
原码	1		0		1	0	1	0
筛选码	1		0		1		1	

Bob 所选择的测量基有 50%的概率与 Alice 相同,因此在使用不同基时测出的码也有一半是相同的。在 $N \to \infty$时,会有 75%的概率出现 Bob 测到的码与 Alice 完全相同,这样的码称为原码,它代表未经过密性增强处理和筛选纠错的二进制随机数。

交换经典信息后,会将 Alice 与 Bob 选取相同基的码作为筛选码。一般来说,在没有窃听和损失时,只有 Alice 发送码的一半。如果发生了窃听,这个结果会有所不同。例如,假设 Eve 采用与 Alice 相同的一对基,并使用截取重发方案,于是她测量 Alice 发送的信息只有一半是正确的,在 Bob 收到信息后,也只有 50%的信息是正确的。如此一来,当 Alice 与 Bob 校验时会有 25%的误码率,只得到 62.5%相同的原码,那么就可以判断出 Eve 的存在。

如果存在 Eve，Alice 与 Bob 之间会终止发送过程，从而确保安全通信。值得提出的是，Alice 与 Bob 都不能事先知道协议的结果，因为 Alice 发射基和 Bob 接收基都是随机选择的。BB84 协议的安全性是建立在不可克隆定理基础上的，如果 Eve 是一个克隆机，则它是无法识别的。因此利用单光子进行的量子通信，其安全性是一个开放性的问题。

7.6.2　私有信息检索

这里，给出基于量子密钥分发的量子私有信息检索方案的具体执行步骤[25]。图 7.11 给出了协议执行的架构图，其中数据库与 Server 之间不发生通信，并且拥有相同的数据库记录 $\{x_1, x_2, \cdots, x_n\}$。那么，用户在输入端将要检索的索引信息输入至客户端后，数据库服务器在计算后以秘密共享的方式将秘密信息隐藏于多项式中，随后将其发送给数据库服务器。通过特定的计算后，服务器端返回最终数值，客户端会收集到返回的数据并恢复出最终需要的信息。

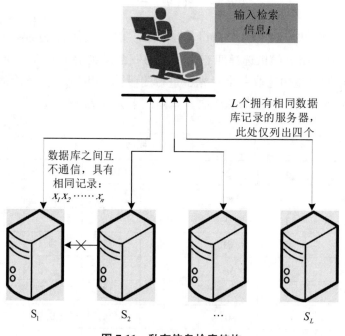

图 7.11　私有信息检索结构

由于每一个数据库服务器都和信息检索方相连，并且在每一个数据库服务器端与检索方都有一个额外的量子密钥分发模块，因此客户端与每一个数据库服务器的通信过程类似。于是可以仅对其中一个服务器的交互过程进行分析。为了确保通信过程的安全，服务器端与检索方都会基于量子密钥分发协议进行量子保密通信系统的设计。这里以用户和其中一个数据库服务器的信息传输过程为例，双方的系统结构如图 7.12 所示。

协议设计的思路可以具体描述为：在信息论私有信息检索的模型中，主要会用到多个数据库副本的私有信息检索，数据库之间并不传递信息。通过利用秘密共享的方法，可以将查询信息拆分成若干秘密份额，并将其隐藏于多项式系数中，而这些秘密份额的传输是通过量

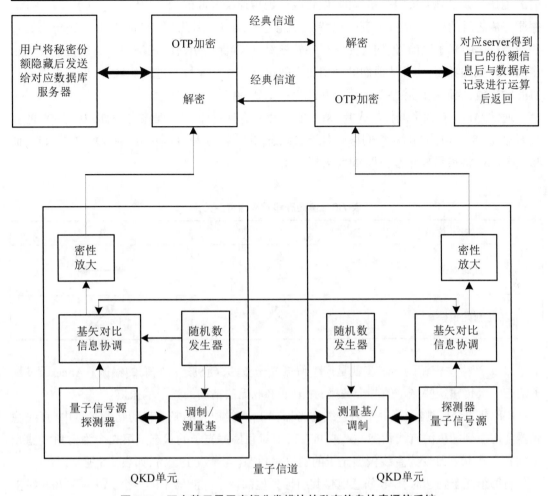

图 7.12 双方基于量子密钥分发模块的私有信息检索通信系统

子保密通信系统来进行,这样可以有效保证查询信息不被窃听。数据库服务器收到信息后与自己手中的数据库记录进行运算,并将运算结果通过量子保密通信系统发回检索信息的用户,用户收到数据库返回的信息后通过秘密共享方案即可恢复出需要检索的数据库记录,整个过程信息的传输可以认为是通过安全信道传送,因此整体上协议是安全的。

7.6.3 物联网设备安全

物联网连接了数十亿台可以相互交互的机器,是计算史上增长最快的领域之一,并将在6G 时代继续朝着这个方向发展。然而,由于物联网设备的固有缺陷,实施加密、身份验证等保护机制效率低下,新的安全问题逐渐被提出。因此,需要寻求一种新的方法来保护物联网设备。H. A. Al-Mohammed 等人提出了一种合适的量子安全技术来模拟物联网设备和服务器之间的量子密钥分发,对发送到服务器的数据进行加密[26]。

为了提取共享密钥流,并使用剩余的比特,Eve 采取 Bob 使用的相同方法,有时使用正确的检测器,有时使用错误的检测器。如果她的决定是正确的,光子将在其路径上继续其先前的偏振。如果她的决定是错误的,她将改变她传递给 Bob 的光子的偏振。由于 Eve 在 Bob 探测完成之后的干预,最终得到的比特流可能是错误的。因此,在 Alice 和 Bob 决定丢弃那些观测错误的光子之前,他们会先进行一轮核对,以确保密钥流的正确性。如果他们发现很多的不匹配,他们会公开从他们的密钥流中随机挑选一些比特并进行比较,如果错误率超过协商的阈值,他们就删除整个密钥流并产生一个新的密钥流。

通常,Alice 有四个偏振滤光片,每个滤光片具有四种不同的偏振之一,即 0°、90° 的直线偏振和 45° 和 135° 的对角偏振。对于二元态"0",Alice 和 Bob 用 0° 或 90° 来表示它,而 45° 或 135° 将表示二元态"1",如表 7.5 所示。

表 7.5　偏振态和对应比特的关系

偏振态/比特	0	1
直线偏振 +	↕	↔
对角偏振 x	⤢	⤡

Alice 产生主密钥的第一步就是产生偏振光子流,并随机选择它们的偏振。Alice 通过量子信道一次传输这些光子的一个偏振,并记下 Bob 无法猜测的光子偏振链。

Bob 有两个探测器,第一个为直线滤光器(+):直线位置的光子移动到滤光器中,直线滤光器会切换到随机的直线状态(0° 或 90°),即对对角偏振光子的状态。第二个为对角线滤光片(x),它将状态改变为直线偏振光子的随机对角态(45° 或 135°),如表 7.5 所示。

当每个光子到达时,Bob 任意地将其引导到他的两个探测器中的一个,Alice 和 Bob 在正常接触通道上交互以满足 Bob 的探测器偏好,从而丢弃 Bob 从不正确的滤波范围获取的所有错误位。

图 7.13 给出了服务器和物联网设备之间的主要配置关系,其中假设有三个物联网控制器,每个控制器都连接到与服务器交换信息的几个物联网传感器。这里,一共使用了 3000 个单元的阵列,其中这些阵列的第一个 1000 个光子被用作初始量子比特,将被发送到 1 号接收器(第一个物联网控制器设备),从而产生秘密量子密钥比特,其他控制器将依此类推。

与图 7.13 对应的实际应用场景是在移动健康场景中使用的物联网设备。放置在患者身上的物联网传感器会将测量数据发送到物联网控制器,即对应图 7.13 中的控制器 1—3 之一,例如智能手机。物联网控制器会将这些数据转发到接入点,例如使用 Wi-Fi。随后从接入点通过互联网发送到云上的适当服务器,供医务人员存储、处理和分析。当然,患者数据的安全和隐私是至关重要的。因此,在接入点和控制器之间使用量子密钥分发将确保针对潜在的窃听者。在这种情况下,量子信道将是自由空间光学的通信信道,并且交换的密钥将用于加密通过常规射频信道,例如 Wi-Fi 或 5G 传输的数据。

量子密钥分发在 IoT 的另一个主要场景是铁路监控场景。各种物联网传感器可用于实时监控跟踪参数,如温度、倾斜、倾角、冲击和振动测量,并将其数据发送到物联网控制器(对

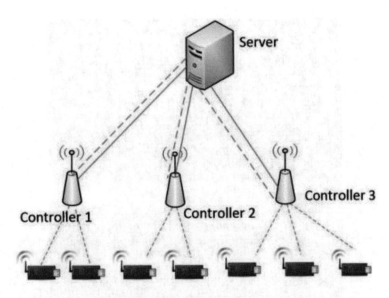

图 7.13　共享量子密钥的控制器、物联网设备和服务器/基站的结构

应图 7.13 中的控制器 1—3 之一）。然后,控制器将这些数据发送到控制中心,在那里实时监控参数,以确保轨道的安全。在这种情况下,光缆通常可以沿着铁轨部署,为偏远地区提供主干互联网连接。因此,量子密钥分发可以在远程服务器和物联网控制器之间的光缆上发生,并且交换的密钥可以用于通过合适的射频信道,如毫米波通信,从而完成对控制器和监视轨道的各种物联网传感器之间的数据加密。

7.6.4　量子卫星通信

量子卫星通信是利用量子密码学现象来保证量子密钥保密性的一个新兴传输分支。通过这种加密经典消息的方式,量子卫星通信将使全球通信的发展具有前所未有的安全性。全球用户之间的联系遍布地球表面,如何通过改善切换特性来实现全球覆盖,从而提高全球电信卫星质量是所有研究人员关注的主要问题。A. Skander 等人在卫星星座网络中实现了量子通信的方法开发,有效减少了中断风险,提供了更好的卫星自由空间通信质量[27]。

利用卫星分发量子光子传输(和单光子)可以为远程量子通信网络提供独特的解决方案。这突破了地面技术的原则限制,即光纤和地面自由空间链路都能提供 100 公里的范围。如图 7.14 所示,涉及地面发射站的配置允许在地面站与卫星之间或者两个地面站之间进行通信。两颗卫星之间也可以共享量子传输,从而在终端之间使用量子通信协议进行通信。在最简单的情况下,可以使用一个基于卫星的接收器的直接上行链路在发射站和接收器之间进行安全量子密钥分配。这里,其中一个光子正好在发射点被检测到,因此纠缠光子源被用作单个光子的触发源。

在卫星通信中遇到的主要问题之一是从一颗卫星到另一颗卫星的通信切换。当用户进入下一个卫星区域时,第一颗卫星无法覆盖用户时,就会出现这种情况。这种技术操作包括从一个卫星到另一个卫星的通信交换,称为切换。到目前为止已经进行了许多关于切换的研究以改进这一技术操作。规避从卫星区域到另一卫星区域的量子通信中断风险,可以更

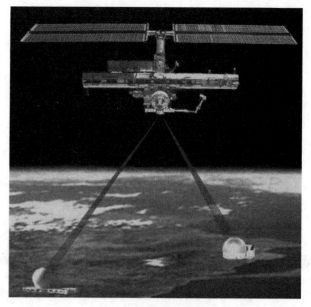

图 7.14 卫星通信切换

好地管理切换功能。对于卫星通信,量子切换触发概率由下式给出:

$$P_{h1} = \frac{1 - e^{-\lambda}}{\lambda} \tag{7.79}$$

其中,λ 是移动系数,可以表示为:

$$\lambda = \frac{2R_{cell}}{V_{orb} \times T_m} \tag{7.80}$$

其中,R_{cell} 是六角半周期,T_m 是呼叫持续时间,V_{orb} 是卫星在轨道上的速度。

对于卫星通信来说,中转小区的量子切换触发阻断概率由下式给出:

$$P_{h2} = e^{-\lambda} \tag{7.81}$$

那么,量子切换的平均触发次数为:

$$K = \frac{P_{h1}}{1 - P_{h1}} \tag{7.82}$$

最有效的切换方式是利用不同的概率作为上下两个值,使信息到达用户手中。当信息传输至通信地球站后,需要对这两个值进行比较。当一个用户绑定到一个站的级别低于实际值时,会出现一个或多个爆发点,超出卫星覆盖的区域并寻找另一个附近区域,从而使两个站交换通信。有很多研究表明,更好的监管是一种有效的方法,从而减少这种风险,避免服务质量因不稳定的连接而受到影响。

现在,基于卫星的通信网络可以向陆地无线网络无法服务的市场提供个人通信服务,如海事、航空、军事和远程工业,这有利于扩大地面切换程序的使用范围,从而包括量子卫星网络,并减少卫星开发时间和风险,保持与地面网络的兼容性。

7.7 量子通信行业应用分析

针对量子密钥分发技术的实用化问题,一种基于 BB84 协议的量子保密传真系统设计被提出[28]。

量子保密传真通信系统的设计方案如图 7.15 所示。

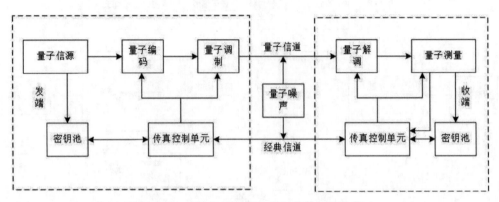

图 7.15 量子保密传真通信系统的设计方案

系统发端 Alice 由传真控制单元、量子信源、密钥池、量子编码和量子调制组成,系统收端 Bob 由传真控制单元、量子解调、密钥池和量子测量组成。信道包括传送量子态的量子信道和传送经典信息的经典信道。收发两端通过传真控制单元控制系统整个工作流程,根据 BB84 协议流程产生的共享密钥存储于双方的密钥池中,同时根据 T.30 协议流程进行传真图像数据的加解密通信处理。

系统采用 BB84 协议方案,其光路结构如图 7.16 所示。

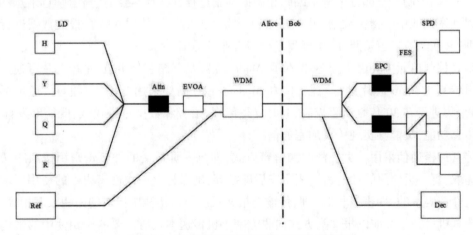

图 7.16 量子保密传真系统光学部分结构图

Alice 端共有 5 个半导体激光器 LD,其中 4 个作为能够产生 4 种偏振态单光子量子信源,能量可以通过衰减器 Attn 和电控可调衰减器 EVOA 进行控制。另一个半导体激光器 LD 通过发送强光参考脉冲 Ref 结合 Bob 的参考光探测器 Dec 进行光路延迟校准,WDM 起到复用信号光和参考光的作用。Bob 端的 2 组电控偏振控制器 EPC 和分光棱镜 FES 对接收光进行偏振控制和分束处理后,4 个单光子探测器 SPD 分别进行探测得到探测结果。

系统电路部分的结构如图 7.17 所示。

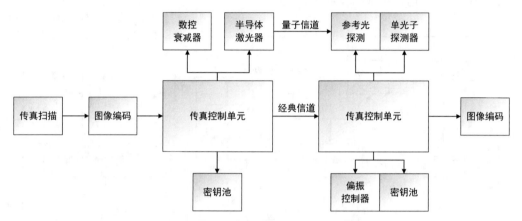

图 7.17　量子保密传真系统电学部分结构图

电路结构分成两个部分,一部分用于传输单光子和比对单光子状态结果,同时结合光学部分实现安全的密钥分发,通过经典信道传输筛选信息和码位信息,用于密码本生成的筛选和校验,由传真控制单元、数控衰减器、半导体激光器、密钥池、偏振控制器、单光子探测器和参考光探测器组成;另一部分融合量子密钥的传真业务,利用第一部分生成的密码本将传真业务信息进行加解密处理,实现安全的信息传输,由传真扫描机、图像编解码单元和传真控制单元组成。传真控制单元是整个系统的核心单元,起到连接量子信道和经典信道的桥梁作用,一方面控制光学部分中量子编码和偏振调制过程,同时结合经典信道筛选信息和码位信息得到密钥池中的密钥数据,另一方面利用密钥池的密钥数据对传真报文数据进行加解密处理,并在经典信道按照 T.30 规程进行传真业务通信。

传真控制单元主要由主控芯片、传真 Modem 芯片、存储芯片组成,主控芯片可通过串行接口对传真 Modem 芯片进行控制,传真 Modem 芯片需要采用专用传真芯片,通过标准的 AT 指令集进行 T.30 传真流程控制,同时支持传真、语音和数据三种模式,既能够发挥 T.30 方式传真功能,又能够实现传真加密通信。

传真加密通信采用一页一密的加解密方式,即每一页报文的加解密密钥按顺序从密钥池中提取,每一页使用的加解密密钥用完后即抛弃,确保符合一次性密码本的使用要求。基于一次性密码本的"明密等长"原理,传输的报文长度与密钥池中提取的密钥长度相等,发送方的传真机可在报文前以报文头方式向收方密码机传送本页所需要的密钥池中的密钥长度和起始位置信息。

7.8 本章小结

量子通信作为通信与信息领域研究的前沿,有很好的发展前景。在本章中,我们首先讲述了量子信息论的一些基础知识,对量子熵的相关内容有一个较为详细的阐述;随后我们介绍了量子信道的描述方式和几种量子信道模型以及量子纠错编码;最后简单地介绍了目前量子通信研究中比较成功的那一部分(基于光子及其纠缠态的量子通信)。通过本章的学习,希望同学们对量子通信有一个简单的认识。

参考文献

[1]杨伯君,马海强.量子通信基础(第二版)[M].北京:北京邮电大学出版社,2020.

[2]杨伯君.量子光学基础[M].北京:北京邮电大学出版社,1996.

[3]曾谨言.量子力学导论[M].北京:北京大学出版社,1992.

[4]尹浩,韩阳.量子通信原理与技术[M].北京:电子工业出版社,2013.

[5]龙桂鲁.量子安全直接通信原理与研究进展[J].信息通信技术与政策,2020(7):10-19.

[6]CALDERBANK A R, SHOR P W. Good quantum error-correcting codes exist[J]. Physical review a, 1996, 54(2):1098.

[7]曾贵华.量子密码学[M].北京:科学出版社,2006.

[8]NIELSEN M A, CHUANG I L. Quantum computation and quantum information[M]. Cambridge:Cambridge University Press,2000.

[9]BENNETT C H, SHOR P W. Quantum information theory[J]. IEEE transactions information theory, 1998,44(6):2724-2742.

[10]HORODECKI R, HORODECKI P, HORODECKI M, et al. Quantum entanglement[J]. Reviews of modern physics, 2009, 81(2):865.

[11]李承祖.量子通信和量子计算[M].北京:国防科技大学出版社,2000.

[12]YOU X, WANG C X, HUANG J, et al. Towards 6G wireless communication networks:vision, enabling technologies, and new paradigm shifts[J]. Science China information sciences,2021, 64(1):1-74.

[13]LONG G L, LIU X S. Theoretically efficient high-capacity quantum-key-distribution scheme[J]. Physical review a, 2002, 65(3):032302.

[14]曹锟,何国田,李先忠,等.基于四粒子团簇态的 QSDC 协议仿真研究[J].光电子·激光,2014,25(6):1176-1181.

[15]刘威.量子信道参数估计及其非马尔科夫性研究[D].西安:西安电子科技大学,2018.

[16]GOTTESMAN D. An introduction to quantum error correction[C]//Proceedings of Symposia in Applied Mathematics. Providence, US:American Mathematical Society, 2002, 58:221-236.

［17］D'HULST R，RODGERS G J. The hamming distance in the minority game［J］. Physica a：statistical mechanics and its applications，1999，270(3-4)：514-525.

［18］BENNETT C H，DIVINCENZO D P，SMOLIN J A，et al. Mixed-state entanglement and quantum error correction［J］. Physical review a，1996，54(5)：3824.

［19］ALBER G，BETH T. Quantum Information［M］.Berlin：Springer,2001.

［20］GISIN N，RIBORDY G，TITTLE W，et al. Quantum cryptography［J］.Reviews of modern physics，2002(74)：145-195.

［21］BENNETT C H，SHOR P W. Quantum information theory［J］. IEEE transactions on information theory，1998(44)：2724-2742.

［22］BENNETT C H，WIESNER S J. Communication via one and particle operators on Einstein-podolsky-rosen［J］. Physical review letters，1992(69)：2881-2884.

［23］BOUWMEESTER D，PAN J W，MATTLE K，et al. Experimental quantum teleportation［J］. Nature,1997(390)：575-579.

［24］FAN J，MIGDAL A，WANG L J. Efficient generation of correlated photon pairs in a microstructure fiber［J］. Optics letters，2005(30)：3368-3370.

［25］张德伟.量子通信在私有信息检索中的应用研究［D］.西安：西安电子科技大学,2014.

［26］AL-MOHAMMED H A，YAACOUB E. On the use of quantum communications for securing IoT devices in the 6G era［C］//2021 IEEE International Conference on Communications Workshops. Montreal：IEEE，2021：1-6.

［27］SKANDER A，ABDERRAOUF M，ABDELGHANI D，et al. Satellite transmissions survey based on handover quantum communications networks［C］//2012 International Conference on Multimedia Computing and Systems. Tangiers，Morocco：IEEE，2012：517-522.

［28］方标,戈亮.基于 BB84 协议的量子保密传真系统设计［J］.网络安全技术与应用，2021(12)：38-40.

8 智能媒体通信

8.1 智能通信展望

5G 通信技术和人工智能技术是目前的研究热点。5G 通信技术的特点是低延迟、高速度和高可靠性,它的优势是在较短时间内传输、检索和处理大量的数据。而人工智能技术是一门涵盖了许多不同的领域的学科,它包括机器学习和计算机视觉等方面的技术。人工智能技术最初的灵感是建立能够在特定领域匹配人类智能水平的自主系统。同样,计算智能(Computational Intelligence,CI)是一个与人工智能紧密关联的领域,它致力于人为地构建出能学习和解决问题的完美系统,这涉及观察自然界中的各种现象,并通过跨越认知计算的应用来模拟人类大脑的复杂功能。人工智能利用计算机技术计算和分析数据,模拟人类的决策心理,最后利用大型数据库实现智能自动控制。因此,要实现智能通信,需要庞大的数据库系统作为支撑。此外,为了确保人工智能的准确性,还需要可靠的技术。5G 技术的应用,不仅使人工智能的精准度达到更高的水平,而且可以在多个领域中落实。无论是智慧城市的建设,还是推动医疗进步,智能通信都拥有了很好的发展前景。

智能通信技术的基本思想是将人工智能技术运用于无线通信系统当中,促进人工智能技术与无线通信技术的高效有机结合,提高无线通信系统的效率。以往的研究多集中在应用层和网络层,在其无线资源分配和管理等层面融合了人工智能技术。智能通信技术目前的研究主要集中在 MAC 层和物理层。大数据技术的革新为人工智能技术在物理层的应用铺平了道路,但智能通信技术仍有很大的发展创新空间[1,2]。

5G 技术在无线传输中生成了海量传输数据,通过人工智能对物理层中传输的海量数据进行处理日益成为研究热点。近年来,相关研究主要体现在两个深度学习的网络,分别是基于数据模型双驱动和基于数据驱动的两种类别,这两种深度学习网络比较见表 8-1。

基于数据驱动的深度学习网络[3]将无线通信系统的多个模块看作一个黑盒子,使用深度学习网络对数据进行大量输入到输出的训练。深度学习网络将全面替代基于端到端的无线通信系统,对无线通信系统进行优化,以获得更好的性能[5-7]。基于数据驱动的深度学习网络通过大量的学习,输出期望数据。同时,为了有效减少深度学习模型训练所耗费的大量时间与成本,基于数据模型双驱动的深度学习网络[8-13]在无线通信系统的独特技术上,通过替换其中一个模块或学习相关参数来提高模块的性能,但不改变无线通信系统的模型结构。基于模型的深度学习网络具有泛化性和自适应性。对于数据驱动的深度学习网络来说,现代的无线通信知识并不是必需的,必要的是用大量的数据对网络参数进行迭代与更新,但其所产生的性能并不优于现有的无线通信系统模型。基于数据模型双驱动的深度学习网络可以建立在物理层的现有模型上,减少训练过程所产生的信息量。

表 8-1　数据驱动与数据模型双驱动的深度学习网络比较

类型	数据依赖性	模型依赖性	准确性	复杂度
数据驱动	高	低	相对较低	高
数据模型双驱动	低	高	高	低

8.2　人工智能与调制理论

调制一般可以分为模拟调制与数字调制。然而,数字调制会存在频谱利用率低、抗多径衰落能力差、功率谱减慢、带外辐射严重等缺点。随着移动通信技术的发展,频率资源越来越不能满足新兴业务的需求。为了解决这些问题,研究人员不断开发新的调制解调技术,以适应未来移动通信系统的发展。

2016 年,O'Shea[14,15]等人相继研究深度学习在自动调制模式识别领域的适用性和泛化性。O'Shea 团队将卷积神经网络融入自动调制模式识别领域,解决了模拟调制信号和数字调制信号的识别问题。在 2018 年,Rajendran[16] 团队将广泛应用在时间序列的网络长短期记忆网络(LSTM)与自动调制模式识别领域相融合,这种方式可以不再耗费人力资源来提取特征,完成智能训练与分类,进而节省人力物力资源。随后不久,Zhang M 团队[17] 对调制信号 I/Q 这两种类别的信号进行了预处理,并计算了信号数据的高阶累积量,将其作为输入。

传统的有监督的算法需要充足的样本数据,其中的每个数据都拥有各自属性的标签,将这些有标签的数据运用到网络算法的学习与训练中,使得网络模型对已知的数据的类别得到了较为全面的认识,通过这个过程才可以使网络模型判别未知数据样本的具体类别;传统的无监督的算法的具体过程是以聚类算法为基础的,原始模型将存在于空间中的各种类别的特征进行聚类,再进一步重新确定聚类中心,在不断调整的过程中,将空间中的各个类别的样本分别聚成自己的一类。调制与识别信号的过程如图 8.1 所示,待识别的信号首先进行信号的预处理,然后利用特征提取的方法来实现有效特征的提取,随后进行信号的分类识别工作,进而判断出该种信号属于何种调制方式。待识别信号的预处理工作的目的是优化待识别的信号,使预处理的信号能够更加高效准确地进行之后的特征提取工作,方便快捷地获取后续工作所需要的有效信息。在通信信号的调制模式识别的过程中,信号预处理工作的方法有许多种,根据通信整体环境的不同,可以选取不同的信号预处理的方法,如滤波降噪、小波变化、噪声估计、时频图、载波频率估计等,来实现高效的预处理。

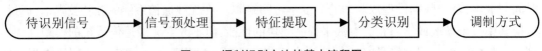

待识别信号　→　信号预处理　→　特征提取　→　分类识别　→　调制方式

图 8.1　调制识别方法的基本流程图

在当今研究领域的神经网络中,应用较为广泛的神经网络有多层感知机、卷积神经网络、循环神经网络这三种。国内外众多互联网公司利用这三类网络以及这三类网络所产生的众多衍生神经网络,来实现人脸识别、语音识别、文本识别等,进而高效地处理复杂多变的自然信息。

8.2.1　卷积神经网络

卷积神经网络是深度学习的代表算法之一,它涵盖了拥有深度网络结构的前馈神经网络,并利用卷积进行计算。CNN 结构定义的标准作为一种启发式方法,主要来自一些经验总结。在实验过程中,通常需要根据训练数据集对网络的结构和超参数进行调试,以获得最佳的性能。CNN 一般是由输入层、卷积层、池化层、全连接层和输出层组合而成的。由于卷积神经网络具备深度结构特点,能够通过网络层次逐级提取特征,从而实现从简单的低级特征到复杂的高层抽象特征的转换。这种从具体到抽象的特征表达方式,相较于传统手工设计的特征,具有更强的辨别力和更好的泛化性能。全连接层和卷积层在进行变换的过程中,不只用到激活函数,还会包含许多参数,比如不断更新网络中的各个神经元的偏差值 b 和权值 w。池化层的函数操作是固定的。全连接神经网络与卷积神经网络的对比如图 8.2 所示。

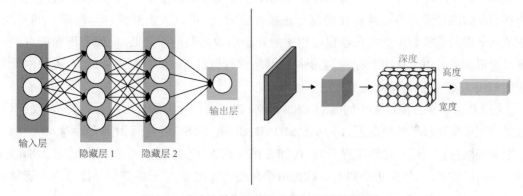

图 8.2　全连接神经网络与卷积神经网络的对比

CNN 的基础层是卷积层,它的功能是进行降维以及对特征的有效提取。在现实工程的运用中,可以通过输入数据的尺度大小选取合适的卷积核,依靠卷积核的尺寸,以一定的滑动步长规律地移动卷积核,并将其与对应的数据进行乘积求和,进而计算出对应位置的输出值,完成卷积运算。卷积层得到的输出为特征图,计算得到的结果为卷积特征,反复进行以上的过程能够获取对应数目的特征图,特征图作为一种维度较高的空间表征,可以有效获取数据样本更加充足的细致特征。卷积核的参数会影响特征提取的效果,导致生成的特征图各不相同。现实工程的运用中,根据输入数据的尺度大小选取合适的卷积核尺寸、步长、数量。卷积层的输出矩阵 X_m 为:

$$X_m = f\left(\sum_n w_m^n * X^n + b_m \right) \tag{8.1}$$

其中, w_m^n 为卷积核参数; b_m 为每个卷积层偏置; $*$ 为卷积运算。 $f(x)$ 为非线性激活函数,则有:

$$f(x) = \max(0, x) \tag{8.2}$$

通过卷积层进行特征提取之后,得到的输出特征图会进一步传送到池化层,池化层的功能是对特征图进行信息过滤与特征选择,它通过对特征图中每个独立的点进行一系列的比较与运算,最后在某一块相邻区域得到特征图的统计量。池化层选取池化区的过程与卷积层中选取特征图的过程是类似的,它是由池化大小、步长和填充控制决定的。如最大池化层,它在卷积层输出的特征图中选取一个大小合适的范围,通过比较得到这个范围内的最大值,将其他较小的数值全部丢弃。在通常情况下,池化层通过平移、缩放、旋转等图形变换的方法,可以使得特征具有平移不变性,进而使提取的特征更为准确。池化层的输出矩阵 X_{m+1} 如下:

$$X_{m+1} = f(down(X_m))\qquad(8.3)$$

将提取到的特征映射到分类空间中,输出层的特征图经过转换和拼接,在全连接层映射到输出空间。对于不同的网络结构和输入数据,全连接层既可以由单层构成,也可以由多层构成。神经网络的最后一层一般是由输出层构成的,其输出的值的大小表示不同分类所预测的概率大小。

CNN 的特点是稀疏连接与权值共享。稀疏接连是对生物视觉表面的感知能力的仿生,由于生物视觉仅仅可以感知区域的某个范围,最终将从各部分得到的信息整合到一个全局范围当中。这意味着每一个生物的神经元都不用必须连接到上层的每个神经元,而是只用连接到少数的神经元。与神经元的完全连接相互对比,可以大大减少计算所需要的参数。权值共享指的是模型中反映在卷积过程中的几个函数之间的参数共享,而不用在所有的位置都设定参数。由于这两个特性,卷积神经网络拥有稳定高效的特征提取能力、更快的计算速度和训练速度、更精确的检测方法等优点。

图 8.3 分析了在隐层较少的浅层 CNN 网络(CNN_s)下,不同信噪比下各类信号的识别效果。在信噪比较低的情况下,16QAM、64QAM、BPSK、QPSK 的信号识别大约为 40%,都不是很令人满意。当信噪比逐渐提升时,比如在信噪比为 10dB 的时候,这几种信号识别都获得了不错的效果,大约在 90% 以上。这是由于在高信噪比下,信号的能量是比噪声的能量高

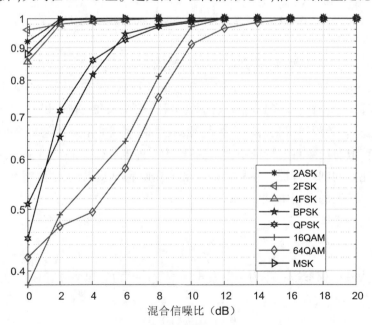

图 8.3　CNN_S 每类识别曲线

的,所以隐层较少的 CNN_s 网络模型也能够对信号进行效果较好的识别,但是在低信噪比下,由于该网络的结构简单,适应能力以及泛化能力比较差,所以导致了其准确性大幅度降低。

图 8.4 为在隐层较多的深层 CNN 网络(CNN_d)下,每一类的识别率随信噪比变化的曲线。由图可知,在信噪比较低的情况下,如 0dB 时,大多数信号的识别有较好的效果,可以实现 95% 以上的分类准确率,但是 16QAM 和 64QAM 的信号识别效果并不令人满意,仅为 60% 左右。当信噪比逐渐增大时,各个类别的信号都可以实现 95% 以上的准确率。相较于隐层较少的浅层 CNN 网络,该种网络信号的识别效果得到了较大的提高。

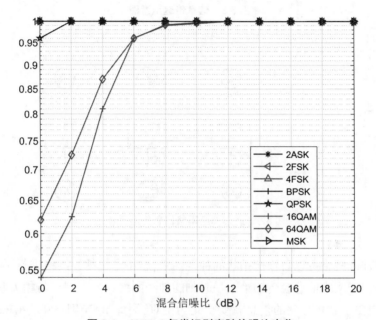

图 8.4　CNN_d 每类识别率随信噪比变化

经实验证明,隐层较多的深层 CNN 网络有着更好的识别效果,在低信噪比时,准确率也达到了 85%,该结果表明了对于复杂的环境,更深的网络结构具有更强的泛化性和适应性。

8.2.2　LSTM 神经网络

LSTM 神经网络是循环神经网络的一种,对于序列特性较强的数据,循环神经网络有很好的识别效果,它可以充分地挖掘出数据中所存在的语义信息和时序信息。基于深度学习的循环神经网络模型可以高效地克服语言模型、语音识别、机器翻译以及时序分析等 NLP 领域的困难。与传统的神经网络所不同的是,递归神经网络具有一个返回到自身的环形结构,该环形结构表示递归神经网络可以传输自身当前所需处理的信息给自身的下一时刻,其结构如图 8.5 所示。

在图 8.5 中,x_t 为输入,h_t 为输出。为了更详尽地分析递归神经网络,把图 8.5 展开可以得到图 8.6。

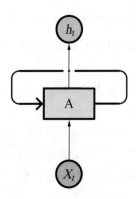

图 8.5　信息传递示意图

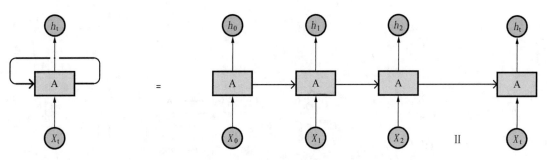

图 8.6　递归神经网络信息传递示意图

　　这种递归神经网络可以看作链条状的神经网络,它将同一神经网络进行了多重的复制,而当前时刻的神经网络信息会传输给下一时刻的神经网络。当预测点与相关联的信息位置相距较远时,想要学到相关联的信息就变得尤为困难,因此 RNN 网络中存在长时依赖的问题。LSTM 作为一种特殊的 RNN,可以很好地解决长时依赖问题。

　　假设每个调制信号样本序列可以表示为 $X = \{x^1, x^2, \cdots, x^m\}$,LSTM 神经网络最后的判决输出的种类为 n,每个信号样本的长度为 m。在神经网络训练的时候,LSTM 可以用数学模型表示为:

$$\{y^{m+1}, y^{m+2}, \cdots, y^{m+n}\} = f(\{x^1, x^2, \cdots, x^m, \theta\}) \tag{8.4}$$

　　LSTM 的单个神经元如图 8.7 所示。神经元内包括遗忘门、输入门和输出门三个门,用 Sigmoid 层表示。LSTM 能够利用门控单元增加或者删减信息。利用门还能够多选择性地决定是否允许该信息的通过,它是由 Sigmoid 神经网络层以及成对的乘法操作所组成的,其中 σ 为 Sigmoid 激活函数。这个层的输出是在 0 和 1 之间的一个数,它的含义是允许信息通过的程度,其中 0 的含义是完全不允许通过,1 的含义是允许完全通过。遗忘门会根据前一状态的输出决定保留或遗忘信息。遗忘门的计算公式如下所示:

$$f^t = \sigma(W_f h^{t-1} + U_f x^t + b_f) \tag{8.5}$$

　　输入门由两部分组成,分别采用 Sigmoid 激活函数和 tanh 激活函数控制上一时刻隐层状态 h^{t-1} 和当前输入 x^t。其计算公式为:

$$i^t = \sigma(W_i h^{t-1} + U_i x^t + b_i) \tag{8.6}$$

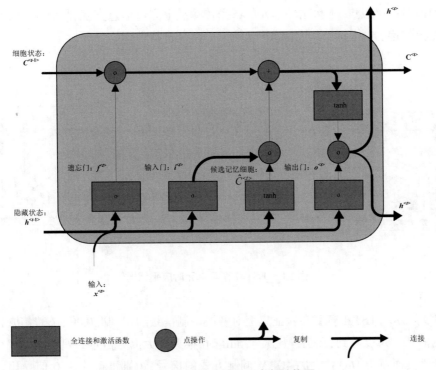

图 8.7　LSTM 单个神经元内部结构图

$$\tilde{C}^t = \tanh(W_c h^{t-1} + U_\alpha x^t + b_\alpha) \tag{8.7}$$

单元状态更新结构也由两个子模块组成,其一是由上一时刻单元状态 C^{t-1} 与遗忘门的输出 f^t 相乘得到的,其二是由输入门 i^t 和候选单元状态 $\tilde{C}^t$ 相乘得到的。其计算公式为:

$$C^t = C^{t-1} \cdot f^t + i^t \cdot \tilde{C}^t \tag{8.8}$$

其中,·为矩阵 Hadamard 积。

输出门一部分是新的单元状态 C^t 经过 tanh 激活函数的输出,另一部分是上一时序步长隐藏状态 h^{t-1} 与当前输入 x^t 相乘之后经 Sigmoid 激活函数后的输出。其计算公式为:

$$o^t = \sigma(W_o h^{t-1} + U_o x^t + b_o) \tag{8.9}$$

$$h^t = o^t \circ \tanh(C^t) \tag{8.10}$$

当前单元状态产生的预测输出可以表示为:

$$\hat{y}^t = \sigma(Vh^t + c) \tag{8.11}$$

其中,$\sigma(\ )$ 为 Softmax 激活函数,V 为当前输出预测值所在的传输链上的参数向量,c 为偏置项。

LSTM 模型训练时,经本时刻循环单元处理完输入样本之后,产生的输出分为两路,一路作为当前时刻的输出预测结果,另一路则继续和下一时刻样本的输入一起作为循环单元的总输入。将这一系列时序训练步骤平铺展开,如图 8.8 所示。可以看到,在上一单元完成此刻输入信息后,产生两路输出,一路为 h^{t-1},一路为 h^{t-1} 和 C^{t-1}。下一时刻此循环单元将当前时刻的输入信息 x^t 与上一时刻的输出细胞状态 C^{t-1}、隐藏状态 h^{t-1} 共同作为当前时刻的输入,使样本特征信息在本次循环单元的各条传输链上完成信息交互,最终实现本时刻单元网络的信息传递,并将输出信息继续传递给下一时刻进行处理。

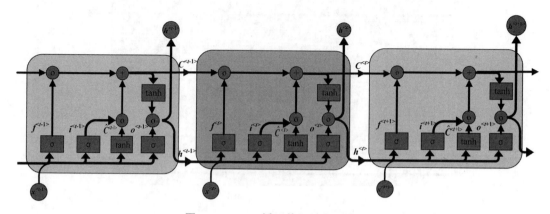

图 8.8　LSTM 循环单元时序平铺图

图 8.9 展示了 LSTM 模型在验证集上对各类调制信号的识别准确率,随着信噪比的变化而变化的曲线。可以看到,在信噪比大于 5dB 时,模型对大部分信号的识别准确率可以达到95%的峰值。而对于 16QAM 和 64QAM 调制方式的信号,识别准确率在 0 信噪比之前不断增大,但是当信噪比大于 0 时,随着信噪比增大,模型识别准确率呈浮动状态,没有较大提升。

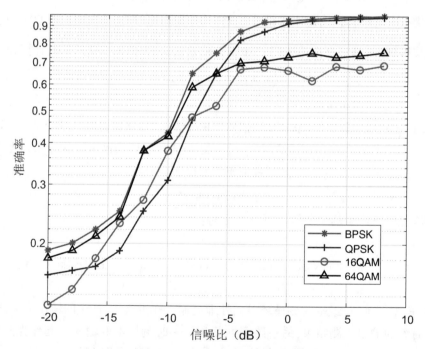

图 8.9　各类调制信号在各信噪比下的识别准确度

8.3 人工智能与信道编码

近年来,深度学习技术在图像处理、语音识别等领域取得显著成就。因此有许多学者尝试利用深度学习解决通信领域的一些问题,其中之一就是信道译码。

通常有两种基于深度学习的信道译码方法:一种是优化传统的"黑箱"神经网络结构,从而使网络自身学会译码[18];另一种是利用先验知识参数化传统译码算法,这种方法可以简化学习的任务[19,20]。本节首先简单介绍第一种方法的原理,之后以信道译码中常用的置信传播(Belief Propagation, BP)算法为例,重点介绍第二种方法的原理,然后将在此基础上详细介绍基于 Max-Log-MAP 算法的 Turbo 码深度学习译码方法。

图 8.10 给出优化传统"黑箱"神经网络方法的信道译码结构图。在神经网络的输入端,信息序列 u 在一系列的编码过程后得到了码长为 N 的序列 x,序列 x 在一系列的调制之后转换为序列 s,之后通过 AWGN 信道,则此时接收端的信号可以表示为:

$$r = s + n \tag{8.12}$$

式中, $n \sim N(0, \sigma^2 I_N)$,为 $N \times 1$ 的向量。

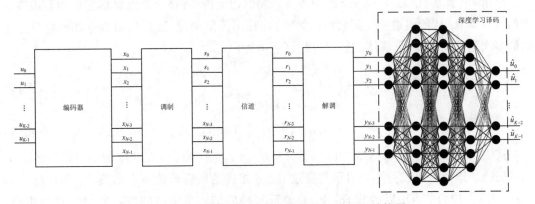

图 8.10 优化传统"黑箱"神经网络的信道译码结构图

对接收到的信号解调得到 y,之后用一个全连接的深度神经网络作用于 y,得到对信息序列的估计结果 $\hat{u}$ 。假设信息序列 u 所有可能的集合为 X ,则基于深度学习的信道译码就是利用样本集数据训练合适的深度神经网络,使之能够找到满足下式的 $\hat{u}$:

$$\hat{u} = \underset{u \in X}{\arg\max} P(u \mid y) \tag{8.13}$$

由于此时神经网络的设计并没有考虑编码时的实际结构,只是用一个复杂的神经网络通过大样本的训练使其具备译码的功能,所以称之为优化传统"黑箱"神经网络结构的方法。

这种方法本质上可以视作一个分类问题,即根据解调后得到的结果 y 完成一个 2^K 分类。由于通常实际使用的纠错码都比较长,并且分出的类别随着 K 呈指数增长,当 K 比较大时,这样的分类几乎无法实现[21]。故而需要讨论第二种利用先验知识参数化传统译码算法的方法,该方法可以在一定程度上减少码长对深度学习信道译码性能的限制。

通常 BP 译码器可以通过 Tanner 图构造,而 Tanner 图可以由描述编码的校验矩阵得到。

假设有一线性分组码,其校验矩阵为一 $(N-K) \times N$ 矩阵 $[h_{i,j}]$,则其相应的 Tanner 图可以用一个二部图表示,其中码字向量 $x = (x_1, x_2, \cdots, x_N)$ 表示一组变量节点 $\{v_j | j = 1, 2, \cdots N\}$,分别对应校验矩阵的各列,同样校验矩阵的各行对应一组校验节点 $\{c_j | i = 1, 2, \cdots (N-K)\}$ 。当且仅当 $h_{i,j} = 1$ 时,变量节点 v_j 和校验节点 c_j 之间存在一条边相连。图 8.11 为 $(7,4)$ BCH 码的校验矩阵和由该校验矩阵得到的 Tanner 图。

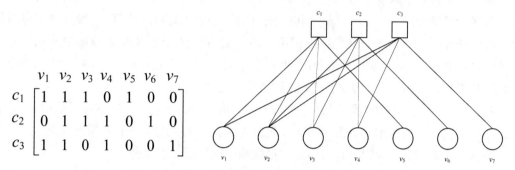

图 8.11 (7,4)BCH 码校验矩阵及对应 Tanner 图

对于 BP 算法,信息在 Tanner 图中各节点间的边上传播,每个节点根据它从所有边接收到的传入消息(从传出边接收到的消息除外)计算出传出消息,通过变量节点和校验节点之间的多次迭代实现译码,具体的迭代过程可表示为:

$$Q_{ij}^m = \begin{cases} f_i & , \quad m = 0 \\ f_i + \sum_{k \in C(j) \setminus i} R_{kj}^{m-1}, & m > 0 \end{cases} \tag{8.14}$$

$$R_{kj}^m = 2 \tanh^{-1} \prod_{k \in v(i) \setminus j} \tanh(Q_{ik}^m/2) \tag{8.15}$$

式中, $f_j = \ln(P(u_j = 1 | y_j) / P(u_j = 0 | y_j))$, $j = 1, 2, \cdots N$ 表示信道输出的对数似然比; m 为算法已经迭代的次数; $C(j)$ 表示与变量节点 j 相连的所有校验节点的集合; $C(j) \setminus i$ 表示 $C(j)$ 中除去校验节点 i 后的集合; $V(i)$ 表示与校验节点 i 相连的所有变量节点的集合; $V(i) \setminus j$ 表示 $V(i)$ 中除去变量节点 j 后的集合。

假设经过 M 次迭代后算法终止,此时对所有变量节点计算 Q_j^M 并做硬判决可得最终的译码序列,其中 Q_j^M 的计算公式为:

$$Q_j^M = f_i + \sum_{k \in C(j)} R_{kj}^M \tag{8.16}$$

判决规则为:

$$\overset{\gg}{x}_j = \begin{cases} 0, & Q_j^M > 0 \\ 1, & Q_j^M < 0 \end{cases} \tag{8.17}$$

接下来搭建一个表示 BP 算法 M 次迭代的神经网络结构图,用 N 表示码字的长度(即 Tanner 图中变量节点的个数),用 E 表示 Tanner 图中边的个数。神经网络的输入层是一个长度为 N 的矢量,表示信道输出的对数似然比。神经网络隐藏层中的节点对应 Tanner 图中的边,最后的输出层包括 N 个处理单元,用来计算最后的译码结果。

在这种神经网络架构中,所有隐藏层位于输入层和输出层之间,每层由 E 个神经元组成,对应 Tanner 图中的 E 条边。每个隐藏层神经元的输出代表 Tanner 图中某一变量节点 v_j 与对应校验节点 c_i 之间的边 $e = (v_j, c_i)$ 上传递的信息。例如,在偶数层,神经元与前一层中的其他神经元以及输入层的对应节点相连;而在奇数层,如果是第一层,则神经元与输入层中所有变量节点相连;如果层序号大于等于3,则神经元连接前一层中的相关神经元。最后,输出层由一个长度为 N 的向量组成,用来计算变量节点 v_j 的对数似然比,连接着前一层中所有相关的节点以及输入层的对应节点。以(7,4) BCH 码为例,结果如图 8.12 所示。

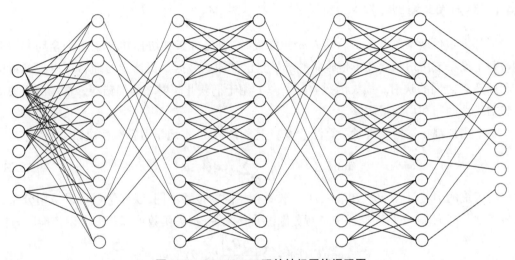

图 8.12　(7,4)BCH 码的神经网络译码图

接下来为图 8.12 中的边分配权重,对于神经网络图中的第 i 层,若用 $e = (v, c)$ 表示该层的某个神经元,用 $x_{i,e}$ 表示该神经元的输出信息,当 i 为奇数时,$x_{i,e}$ 对应 BP 算法中从变量节点到校验节点经过 $[(i-1)/2]$ 次迭代后的传输信息,其计算公式为:

$$x_{i,e} = \tanh\left(\frac{1}{2}\left(w_{i,v}l_v + \sum_{e' = (v,c')} w_{i,e,e'} \cdot x_{i-1,e'}\right)\right) \tag{8.18}$$

当 i 为偶数时,$x_{i,e}$ 对应 BP 算法中从校验节点到变量节点经过 $[(i-1)/2]$ 次迭代后的传输信息。其计算公式为:

$$x_{i,e=(v,c)} = 2\tanh^{-1}\left(\prod_{e'=(v',c), v'\neq v} x_{i-1,e'}\right) \tag{8.19}$$

最后输出层的公式为:

$$o_v = \sigma\left(w_{2M+1,v}l_v + \sum_{e'=(v,c')} w_{2M+1,v,e'}x_{2M,e'}\right) \tag{8.20}$$

式中,$\sigma = (1 + e^{-x})^{-1}$,该函数确保神经网络的输出位于区间$[0,1]$之内。

这些权重参数在初始化后可以通过训练集数据和随机梯度下降法不断更新。当集合

$\{w_{i,v}, w_{i,e,e'}, w_{2M+1,v,e'}\}$ 中的参数值都为 1 时,图 8.12 和传统的 BP 译码算法等效,所以在训练以后,基于深度学习的 BP 译码器的性能在理论上不会劣于传统的 BP 算法。

8.4 人工智能与 NOMA

联邦学习是一种新兴的机器学习技术,它从大量的分布式设备中聚合模型属性。与传统的集中式机器学习相比,联邦学习在学习过程中只需要上传模型参数,而不需要上传原始数据。联邦学习可以获得多重的性能效益,包括提高通信效率、保护隐私,以及处理异构数据集。虽然分布式计算可以减少需要上传的信息,但联邦学习中的模型更新仍然会遇到性能瓶颈,特别是在分布式网络中训练深度学习模型时。考虑到无线衰落信道的频谱限制,本章节利用非正交多址以及自适应梯度量化和稀疏化,以促进高效的上行联邦学习更新。

8.4.1 联邦学习模型

联邦学习模型系统考虑了总共 N 个边缘设备,通过分布和协作建立了一个全局学习模型。每个设备或用户都会在本地收集并维护自己的原始数据。机器学习通常可以找到特征 x_j 和标签 y_j 之间的映射。损失函数 $f(x_j, y_j, \theta_j)$ 用于捕获此映射之间的错误。常用的损失函数包括线性回归和均方根误差。

每个用户都在本地执行学习算法。本质上,用户 n 的本地学习旨在解决以下问题:

$$\min F_n(\theta) = \frac{1}{|D_n|} \sum_{j \in D_n} f(x_j, y_j, \theta_j) \tag{8.21}$$

与传统的学习过程 $\{D_1, D_2, \cdots, D_N\}$ 放置在相同的位置不同,联邦学习可以采用分布式随机梯度下降方法,在每次迭代中进行更新。具体来说,损失函数可以跨多个设备推广为:

$$\min F_n(\theta) = \sum_{n=1}^{N} \frac{|D_n|}{|D|} F_N(\theta) \tag{8.22}$$

其中,$|D| = \sum_{n=1}^{N} |D_n|$。

在每一轮训练中,联邦学习选择总设备的一部分来参与全球更新。最初,PS 将模型设置为 θ^0,并将其发送给所有用户。然后,每个用户通过迭代进行局部训练,并更新梯度 $g_k = \nabla F_k(\theta)$。在 FL 设置中,每个用户实际上可以在每一轮中运行多次梯度计算迭代。更具体地说,在 t 轮中,用户 k 多次计算 $\theta_k^t = \theta_k^t - \eta \nabla F_k(\theta)$。然后,参与的用户将他们的本地训练的渐变发送到 PS 中进行聚合。PS 进一步计算 $\theta^{t+1} = \theta^t - \sum_{k=1}^{K} \frac{|D_n|}{|D|} F_N(\theta)$,并将 θ^{t+1} 发送给所有用户进行下一轮更新。图 8.13 简要说明了联邦学习模型的更新情况。

此外,每个计划的设备都需要调整其更新大小,以使其适应动态衰落信道支持的数据速率。如果用户 k 的总更新大小超过了允许的最大数据速率 m_k,则需要应用模型压缩。

8.4.2 联邦学习与 NOMA 传输

在一个典型的无线设置中,传统的联邦学习更新使用 TDMA 进行上行传输。PS 需要等

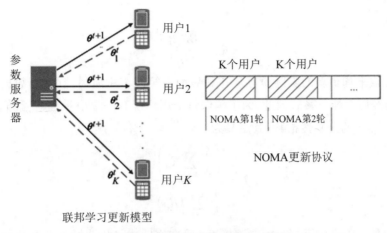

图 **8.13** 联邦学习模型更新示意图

到收到最后一个用户的消息,然后对从所有用户接收到的信息进行平均。NOMA 允许多个用户同时共享上行通道。用户 k 与 PS 之间的信道系数为 $h_k = L_k h_0$。为了简化分析,假设 L_k 遵循自由空间路径损失模型 $L_k = \dfrac{\sqrt{\delta_k \lambda}}{4\pi d_k^{\alpha/2}}$。

设编码的梯度更新 s_k^t 为在本地更新阶段从 θ_k^t 进行的转换。此外,还规范化了传输符号 $\| s_k^t \|_2^2 = 1$。根据 NOMA 原则,所有被选择的 K 个用户同时共享相同的带宽。特别是,所有来自多个 NOMA 用户的传输信号都是叠加的。因此,在 t 处的接收信号可以表示为:

$$y^t = \sum_{k=1}^{K} \sqrt{p_k} h_k s_k^t + n^t \tag{8.23}$$

其中,s_k^t 表示在时隙 t 内的梯度更新,$n^t \sim (0, \delta^2)$,δ^2 是接收信号的噪声方差。

SIC 是在 PS 侧进行。具体来说,PS 首先通过将其他信号作为干扰来解码最强的信号。解码成功后,PS 从叠加的信号中减去解码的信号。该过程将停止,直到 PS 解码所有参与者的消息。不失一般性,假设 $p_1 h_1^2 > p_2 h_2^2 > \cdots > p_K h_K^2$。因此,用户 k 的可实现的数据速率为:

$$R_k = \log_2 \left(1 + \frac{p_k h_k^2}{\tau \left(\sum_{j=k+1}^{K} p_j h_j^2 + \sigma^2 \right)} \right), \forall k = \{1, 2, \cdots, K-1\} \tag{8.24}$$

其中,$\tau > 1$ 解释了由有限长度符号、不完善的信道估计和解码错误等原因导致的性能下降。用户 K 是最后一个被解码的用户,因此它的速率是 $R_k = \log_2 \left(1 + \dfrac{p_k h_k^2}{\tau \sigma^2} \right)$。

在每一轮 t 开始时,PS 通知参与用户开始同步传输。用户 k 的最大允许位数是 $m_k = BR_k t_k$,其中 B 为系统带宽,t_k 为 NOMA 传输持续时间。为了从 N 个用户中选择 K 个用户参与模型更新,我们应该同时考虑学习过程和沟通过程。选择标准依据两个规则:NOMA 公平性和时间预算。

1.NOMA 公平性

在 PS 更新期间,应用加权平均值,即 $\theta^{t+1} = \theta^t - \sum_{k=1}^{K} \dfrac{|D_n|}{|D|} \theta_k^t$。因此,我们使用以下"有效

更新能力":

$$R_{ef}^k = \frac{BR_k t_k}{|D_k|} \qquad (8.25)$$

来衡量其对加权平均更新的实际贡献。正如后面在第四节中所讨论的,当数据速率分布不均匀时,FL 会经历性能下降。因此,为了确保每个用户都有一个质量更新,我们使用了一个被广泛接受的 Jain 的公平性指数,其定义为:

$$J_u = \frac{\left(\frac{1}{K}\sum_{k=1}^{K} R_{ef}^k\right)^2}{\frac{1}{K}\sum_{k=1}^{K}(R_{ef}^k)^2} \qquad (8.26)$$

为了实现最大限度的公平, J_u 应该接近 1。在实践中,PS 选择具有高效更新能力的用户,确保 J_u 接近 1。

2.时间预算

另一个因素是每个设备的计算时间。由于 NOMA 是一个同步系统,因此 PS 需要为本地计算设置一个硬时间预算。所有的设备都可能具有异构的能力,因此它们需要估计在每次迭代中为训练所花费的时间。

图 8.14 显示了来自 MNIST 数据集的测试精度结果。在该方案中,在上行信道中采用了 NOMA 算法,并采用自适应量化或稀疏化两种方法对模型参数进行了压缩。每一轮的自适应量化平均压缩比为 0.55, $K = 20$ 时为 0.33。对于自适应稀疏化,平均压缩比分别为 0.53 和 0.31。作为比较,以 TDMA 作为访问方案,实现了没有梯度压缩(每个参数 32 位)的原始 FedAvg 算法。可以很容易地看到,除了 $K = 20$ 用户的自适应量化外,所有方案在第 100 轮都实现了相似的精度(超过 80%)。原因是,当 $K = 20$ 用户与 NOMA 同时参与模型更新时,对于

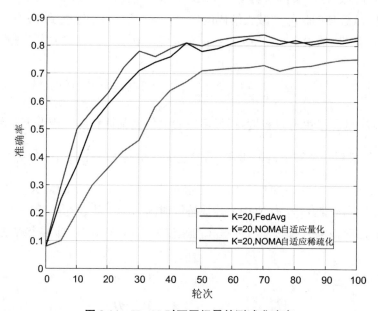

图 8.14　K = 20 时不同场景的测试准确率

最初的几个解码用户,每一轮内的相互干扰导致数据速率显著下降,特别是对于大多数参数设置为 0 的量化,这将导致一个更激进的压缩策略。

图 8.15 显示了通信延迟。通过仿真设置,NOMA 和基于压缩的 FedAvg 方案的每一轮对应 $t_k + T_d$ 秒,原始 FedAvg 方案的每一轮对应 $Kt_k + T_d$ 秒。因此,NOMA 和基于压缩的 FedAvg 方案需要大约 70 秒的时间来达到 85% 的精度。为了达到相同的精度,原始的基于 TDMA 的 FedAvg 需要超过 500 秒。NOMA 辅助的联邦学习可以在更新过程中节省 7.4 倍的通信时间。另外,在基于 NOMA 的协议中进行 500 秒训练后,可以看到自适应量化的精度仅从 85% 提高到 88.6%,自适应稀疏化的精度提高到 90%。

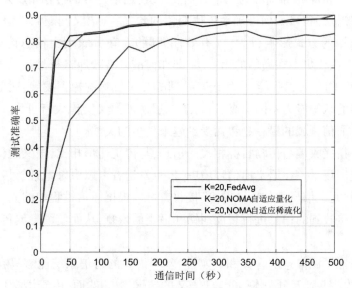

图 8.15　TMDA-FedAvg 与 NOMA 基于压缩的 FedAvg 方案准确度随通信时间的变化

8.5　语义通信

8.5.1　语义信息

香农在 1949 年引入了经典信息论,它首先证明了在嘈杂的信道中可靠的通信是可能的。在他的开创性著作中,香农将通信的基本问题定义为"在某一点精确或近似地再现在另一点选择的消息"[22]。他辩称"通信的语义方面与技术问题无关",原因是消息的含义可以与"某些物理和概念实体"相关联,将含义纳入数学模型可能会影响理论的普遍性。在这一原则的推动下,大多数现有的通信技术都要求具有最大化面向数据的性能指标,例如通信数据速率,但却忽略了与服务/内容/语义相关的信息或只考虑上层的信息(例如应用层)。在无线技术的最新发展中,基于消息内容的服务多样性和服务水平优化解决方案已被工业界和学术界所接受。更具体地说,最新的无线技术迭代第五代已从传统的面向数据的架构转变为基于服务的架构(Service Based Architecture, SBA),它有望支持多种服务和垂直领域,其中一些只能通过通信的内容、要求和语义精心定制的网络资源来实现。此外,人们普遍认为 6G 将使更多以人为中心的服务和应用成为可能,例如触觉互联网、交互式全息图和智能人形机器人,将更多地依赖与人类相关的知识以及基于经验的度量标准。这就提出了一个问题,即"语义无关"原则对于下一代无线技术是否仍然必要。特别是,一种新的范式,称为语义通信,它能够在通信过程中感知和利用消息的含义[23]。与经典的传播理论相比,语义传播从人类语言传播中汲取灵感,专注于传递信息的意义(例如解释),这有可能从根本上将现有的传播架构转变为更普遍的以人为本的智能系统。

Shannon 和 Weaver 将通信分为三个级别。A 级:通信符号的传输精度是怎么样的?(技术问题);B 级:传输的符号如何准确地传达期望的含义?(语义问题);C 级:所接受的意义如何有效地以预期的方式影响行为?(有效性问题)。在香农创立信息论以来的 70 多年里,学者们的研究主要集中在通信的第一层,即如何准确有效地将符号从发射器传输到接收器。然而,近年来,随着人工智能、自然语言处理等支撑技术的惊人发展,通信系统的智能化水平及其对外界的认知能力不断提高,进行第二层次的语义交流大有可为。因此,语义通信作为下一代移动通信领域的潜在趋势而受到越来越多的关注。

语义信息是指接收端与传输目标相关的信息,与传统通信相比,语义通信具有更大的优势和更广泛的应用场景。在语义通信环境中,信息发送者可以更好地理解传输的目的,简化传输的数据,消除冗余信息的传输。并且,接收方可以根据通信过程中的先验知识和接收到的上下文信息对接收到的信息进行智能纠错和适当的恢复,从而使消息的传输更易压缩,也更准确。

语义理论考虑了源信息的含义和真实性,基于语义的通信系统能够只在发送方传输语义信息,而在接收端只需最小化恢复信息语义的错误[24]。然而,由于语义信息缺乏数学模型等一些基本的限制,语义通信的探索自首次被发现以来已经经历了数十年的停滞,即使是最前沿的工作也无法通过精确的数学公式来定义语义信息或语义特征。此外,语义信息因传输目的而异,可能有各种格式,例如信息的年龄或更复杂的语义特征。传统的无损信源编码是通过探索输入信号的相关性或统计特性,用最少的二进制位数来表示一个信号,而语义数据可以利用不同消息之间的语义关系,通过无损方法将信息压缩到适当的大小以进行传输。与传统的面向数据的通信框架相比,语义通信将带来以下独特的优势[25]:

(1)提高通信效率和可靠性:众所周知,传统的基于离散通道的模型在某些情况下效率低下。例如,正如香农所说,"传输具有精确恢复能力的语音或音乐等连续源将需要具有无限容量的通道",解决方案可以是在一定的信息丢失容限内对信号进行离散化,即满足一定的保真度要求。但当涉及连续信号源,特别是面向人的信号源时,香农的理论效率有限。语义通信不是将连续的源信号(例如语音信号)转换为具有一定保真度损失的离散形式,而是传输信号的含义(例如语音的转录本),这有可能实现无损(语义)信息传递,显著减少对通信资源的需求。

(2)提高面向人的服务的体验质量:传统的通信系统主要关注面向数据的指标,包括数据速率和错误概率,这些指标都不能反映人类用户的主观看法。然而,在语义交流中,主要目标是传递预期的意义,这既取决于信息的物理内容,也取决于意图、个性和其他可以反映真实质量的人为因素。

（3）协议/语法独立通信：众所周知，当代通信系统由许多不兼容的通信协议组成，包括TCP/IP、HTTP、FTP 等，这导致网络的复杂性不断增加。现今有许多方法可以解决与不兼容相关的问题，例如设计向后兼容的协议和引入新的接口，以便随着网络系统的不断发展而实现互操作性。建立在所有设备以及人类用户之间共享的共同知识之上的语义通信将为未来无线系统的升级/进化和协议/语法独立的通信框架的实现奠定基础。

8.5.2　语义通信系统

语义通信模型需要识别源信号并将其转换为源信号和目标都可以理解的形式。语义通信系统的主要成分包括：

语义（源）编码器：检测和提取源信号的语义内容（例如含义），并压缩或去除不相关的信息。编码器需要首先根据源和目标的局部知识来识别源图像中的实体，然后根据共同模型推断可能的关系。

语义解码器：解释源发送的信息，并将接收到的信号恢复为目标用户可以理解的形式。解码器还需要评估目标用户的满意度，决定语义信息的接收是否成功。

语义噪声：是在通信过程中引入的噪声，导致对语义信息的误解和错误接收。它可以在编码、数据传输和解码过程中引入。

语义通信系统如图 8.16 所示，考虑到发送者和接收者共享的公共知识，语义发送者可以将带有上下文信息 s 的句子映射成复杂的符号流 x，然后通过物理通信信道进行传输。接收到的符号流 y 在语义接收器处被解码，并通过常识恢复到目标句子。可以联合使用深度神经网络（DNN）设计发送器和接收器，使用 DNN 训练端到端模型，以用不同语言传输具有可变长度的句子的信息。

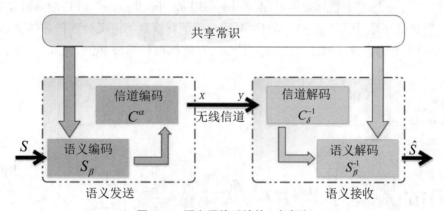

图 8.16　语义通信系统的一般框架

对于语义通信系统，我们把输入语句定义为 $s = (w_1, w_2, \dots, w_L)$，其中 $w_l (l \in \{1, \dots, L\})$ 表示句子中的第 l 个单词。整个通信系统由两个部分组成，即语义部分和信道部分。语义部分包含语义编码器和语义解码器，用于从传输的符号中提取和恢复语义信息。类似地，信道部分包含信道编码器和信道解码器，以保证语义符号在物理通信信道上的鲁棒传输。

编码的符号流可以表示为：

$$x = C_\alpha(S_\beta(s)) \tag{8.27}$$

其中 $x \in \mathbb{C}^{L \times K}$ 是传输的复数信道向量，K 是每个单词的符号数，$S_\beta(\cdot)$ 是具有参数集 β 的语义编码器，$C_\alpha(\cdot)$ 是具有参数集 α 的信道编码器。如果 x 被发送，接收端接收到的信号可以表示为：

$$y = hx + n \tag{8.28}$$

其中 $y \in \mathbb{C}^{L \times K}$ 是对应的复数信道输出向量，$h \in \mathbb{C}$ 是在整个传输过程中保持不变的信道增益，$n \in \mathbb{C}^{L \times K}$ 是独立同分布的圆对称复高斯噪声向量，均值为 0，方差为 δ^2。当只考虑 AWGN 通道时，通道将被设置为 $y = x + n$。

通过信道解码器和语义解码器恢复的传输符号可以表示为：

$$\hat{s} = S_\gamma^{-1}(C_\beta^{-1}(y)) \tag{8.29}$$

其中 $\hat{s}$ 是恢复的语句，$C_\beta^{-1}(\cdot)$ 是具有参数集 β 的通道解码器，$S_\gamma^{-1}(\cdot)$ 是具有参数集 γ 的语义解码器。设计的语义通信系统的最佳目标是在面对不同的通信情况时最大限度地减少语义错误。

具有不同输入的语义通信系统如图 8.17 所示，它仅在接收端接收与传输任务高度相关的语义特征。而传输任务可以是源消息恢复，也可以是更智能的任务。例如，在语音信号处理中，一项智能任务是将语音信号转换为文本信息，例如自动语音识别（Automatic Speech Recognition，ASR），而不关心语音信号的特征，例如说话的速度和语调。ASR 的核心是将每个音素映射到一个字母表中，然后通过语言模型将所有字母表连接成一个可以理解的单词序列。在这种情况下，提取的语义特征只包含文本特征，而其他特征将不被发送者传输。结果，网络流量显著减少，而性能没有下降。

8.5.3　语义感知智能网络体系

本节介绍了一种基于联邦边缘智能（Federated Edge Intelligence，FEI）的新型架构，该架构可以实现知识/模型共享。在这一架构中，用户将消耗资源的语义处理任务转移到边缘服务器，两个或多个边缘服务器还可以协作训练共享模型以处理公共语义知识。为了保护本

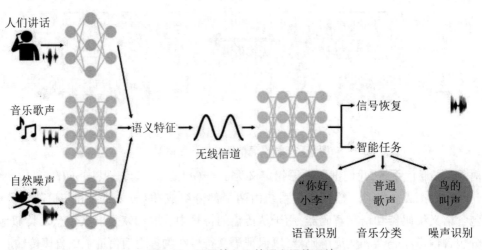

图 8.17　不同输入下的语义通信系统

地语义数据不被泄露,该架构采用基于联邦学习的框架,其中每个边缘服务器都不能暴露其本地语义数据,而只能使用中间模型训练结果与其他服务器进行协调。

该网络架构由以下组件组成:

(1)用户:对应有限资源的通信参与设备。它们既可以是低成本的信息生成器/数据收集器(源用户),例如物联网设备、传感器和可穿戴设备,也可以是接收器(目标用户),试图将包含预期语义信息的恢复信号呈现给关联用户(例如机器或面向人类的用户)。对于每个源用户,它会首先感知特定的通信场景,然后将感知结果和源信号上传到最近的边缘服务器进行知识提取和编码消息生成。目标用户将咨询其相关的边缘服务器以了解接收信号的解释。

(2)知识库:由现实世界知识中的元素组成,包括事实、关系和可能的推理方式,所有通信参与者都可以理解、识别和学习。目标用户不必访问相同的知识库。但是,双方用户都必须知道他们通信中涉及的知识元素。

(3)边缘服务器:基于共享的知识库以及本地用户上传的私有信号进行编码和解码。一般来说,每个边缘服务器都应该已经有一定数量的训练有素的模型用于对象识别和关系推理。在基于 FEI 的架构中,多个边缘服务器可以协调训练和更新相同的机器学习模型,而不会暴露其本地数据样本。

(4)Coordinators:协调边缘服务器之间的模型训练和学习。它们可以部署在其中一台边缘服务器或云数据中心上。不同的边缘服务器可以建立和维护共享的 AI 模型,而不会暴露用户上传的任何本地数据。例如,采用 FedAvg 算法,每个边缘服务器将首先使用其相关用户收集的数据训练一个本地模型。然后,选定的一组边缘服务器会将本地训练的模型参数上传到协调器以进行模型聚合。

8.6　智能可重构信道通信系统

智能化的网络架构主要体现在运营智能、环境智能和服务智能,其中环境智能为未来无线通信拓展了一种全新的高能效资源结构。无线网络需要一个智能的无线电环境以变革信道不可控的观念;智能可重构信道方法(Intelligent Reconfigurable Surface,IRS)通过感知环境、全局计算、智能控制和弹性优化的手段,将无线环境转化为智能可重构空间,以满足异构需求(例如高速率、高能效、低延迟、超可靠性、大连接),通过无源的形式为无线网络智能架构提供了新的自由度。

8.6.1　IRS 通信网络框架

IRS 与大规模 MIMO 技术密切相关,将在 6G 通信网络中发挥关键作用,推动大规模 MIMO 2.0 的演进。相较于大规模 MIMO,IRS 对信道的重构突破了传统的 Shannon 和 Wiener 概率模型,可以在全双工模式下工作,没有显著或任何自我干扰,不提高噪声水平,文献[26-27]对 IRS 的信息传递能力进行了详细的分析。其他相关技术如反向散射通信、毫米波通信和网络致密并不能控制无线环境,并且会额外消耗大量的成本和能量[28-30]。欧洲VISORSURF 研发项目最近构建了一个 IRS 原型[31],使无线环境完全可重构,这一突破检验了 IRS 核心理论的可行性。采用基站(Base Station,BS)和 IRS 协同的智能可重构方法可以增加大规模 MIMO 系统的高能效需求。然而重构信道中感知、交互、计算的复杂度和全局开销制约了无线环境智能化的实现和应用:BS 和 IRS 的协作需要大量的瞬时信道状态信息交互实现全局感知,随着大规模 MIMO 系统进入高维度阶段,交互开销、计算复杂度和非凸全局优化难题将更为突出。随机矩阵理论(Random Matrix Theory,RMT)是近年来应用数学领域极具前景的理论,对无线通信具有重要的影响和现实意义,其渐进思想为无线通信中的大规模场景问题提供了解决的可能性。

实际通信系统中,网络资源和传输策略通常是为了适应信道状态而设计和优化的。传统资源配置中信道被认为是不可调控的,智能可重构信道技术为进一步改善网络性能开拓了新的自由度。融合大规模 MIMO 和 IRS 技术的可重构信道网络框架如图 8.18 所示,从用户角度出发,利用全局 CSI 信息调度直射信号,收集和聚合反射信号,智能重构无线传播环境,协同实现用于定向信号增强和零陷的三维波束成形;并于阻塞通信场景下,根据一定准则搜索和重构出可达信道,以突破香农模型的约束。IRS 从信道空间重构的创新视角出发,建立了一种调度 CSI 的系统模型及节能优化方法。

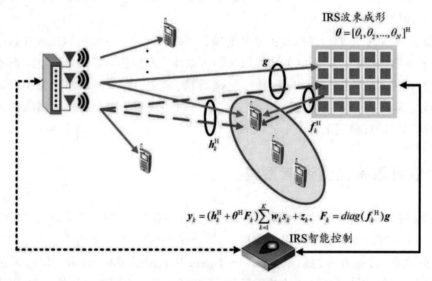

图 8.18　可重构信道网络框架

8.6.2　IRS RMT 渐进优化模型

智能可重构信道优化的前提是通过大规模 MIMO 天线和 IRS 之间交互 CSI 信息来实现全局信道空间的感知、计算和重构。SINR 非凸约束和交互快衰落 CSI 的协同效率是制约全局最优化的主要问题,首先应用半定松弛技术来获得一个次优的近似解,同时求解最优值下界来评估近似解的紧密性。为实现低复杂度的近似解凸优化算法,提出一种智能可重构信道的分布式控制策略,包括:

(1)建立阻塞重构或信道增强系统的能效模型:

$$P^0 : \max_{W,\theta} R_{sum}(W,\theta) = \sum_{k=1}^{K} \eta_k \log_2(1+\gamma_k)$$

$$\text{s.t.} C_1 : \gamma_k = \frac{|(h_k^H + \theta^H F_k) w_k|^2}{\sum_{i=1,i\neq k}^{K} |(h_i^H + \theta^H F_i) w_i|^2 + \sigma_0^2}$$

$$C_2 : \sum_{k=1}^{K} \| w_k \|^2 \leq P_{\max}$$

$$C_3 : \gamma_k \geq \gamma_{\min}, \forall k = 1,2,\cdots,K$$

$$C_4 : |\theta_n| = 1, \forall n = 1,2,\cdots,N$$

(8.30)

其中基站天线数为 M，IRS 元素为 N，终端用户数为 K。

（2）共享 CSI 条件下，利用二阶锥规划（Second Order Cone Programming，SOCP）算法，将全局非凸优化问题框架转换为主动和反射波束成形迭代—交互优化的分布式控制结构。

$$P^1 : \arg\min_{W} f_1(W) = \sum_{k=1}^{K} \left(\mathrm{Re}\{u_k^H(w_k - \hat{w}_k)\} + \frac{L}{2} \| w_k - \hat{w}_k \|^2 \right)$$

$$\text{s.t.} C_1 : \sum_{k=1}^{K} \| w_k \|^2 \leq P_{\max}$$

$$C_2 : w_k = \frac{P_{\max}(L\hat{w}_k - u_k)}{\sum_{k=1}^{K} \| L\hat{w}_k - u_k \|^2}$$

$$C_3 : \hat{w}_k = w_k + \tau(w_k - \tilde{w}_k)$$

(8.31)

$$P^2 : \max_{W,\theta,\alpha,\beta} f_2(W,\theta,\alpha,\beta) = \sum_{k=1}^{K} \eta_k(\log_2(1+\alpha_k) - \alpha_k)$$

$$+ 2\sqrt{\eta_k(1+\alpha_k)} \, \mathrm{Re}\{\beta_k^*(h_k^H + \theta^H F_k) w_k\}$$

$$- |\beta_k|^2 \left(\sum_{i=1}^{K} |(h_k^H + \theta^H F_k) w_i|^2 + \sigma_0^2 \right)$$

$$\text{s.t.} C_1 : \sum_{k=1}^{K} \| w_k \|^2 \leq P_{\max}$$

$$C_2 : |\theta_n| = 1, \forall n = 1,2,\cdots,N$$

$$C_3 : \alpha_k \geq 0, \forall k = 1,2,\cdots,K$$

(8.32)

其中 $\xi_k = \dfrac{\mathrm{Re}\{\beta_k^*(h_k^H + \theta^H F_k) w_k\}}{\sqrt{\eta_k}}$，$\alpha_k = \dfrac{\xi_k^2 + \xi_k\sqrt{\xi_k^2 + 4}}{2}$，$\beta_k = \dfrac{\sqrt{\eta_k(1+\alpha_k)}(h_k^H + \theta^H F_k) w_k}{\sum_{i=1}^{K} |(h_k^H + \theta^H F_k) w_i|^2 + \sigma_0^2}$；

主动波束成形 P^1 和反射波束成形 P^2 优化结果互为条件，完成分布式迭代优化，求得凸优化的近似解。

随着 MIMO 天线和用户数不断向大规模化演进,全局信道空间感知、重构所需的高容量交互链路和目标函数的高算力开销使得信道控制策略很难以分布式的方式实现。与此同时,大维信道矩阵的随机化和渐进特性引入了突破的可能。利用大规模随机矩阵理论(RMT)的渐进特性来描述全局最优化的目标函数和可重构信道方法:

(1)大维场景(发射天线和用户数趋于无穷)、SINR 边界公式 $\zeta_k(\omega, \Theta, \lambda)$ 可以用 RMT 的结果来渐进等价,依靠信道向量的二阶统计量即可拟合波束成形参数,而不依赖信道的快衰落分量,从而大大降低了利用瞬时 CSI 感知、计算和重构的复杂度;

基于 WMMSE 算法的主动波束成形[32]将主动波束成形矩阵分布的渐进特征定义为:

$$
\Gamma = \begin{bmatrix}
|H_1^H \bar{w}_1|^2 & |H_2^H \bar{w}_1|^2 & \cdots & |H_K^H \bar{w}_1|^2 \\
|H_1^H \bar{w}_2|^2 & |H_2^H \bar{w}_2|^2 & \cdots & |H_K^H \bar{w}_2|^2 \\
\vdots & \vdots & \ddots & \vdots \\
|H_1^H \bar{w}_K|^2 & |H_2^H \bar{w}_K|^2 & \cdots & |H_K^H \bar{w}_K|^2
\end{bmatrix} \in \mathbb{R}^{K \times K} \tag{8.33}
$$

大规模 MIMO 条件下 $M, K \to \infty \ 0 < \dfrac{M}{K} < \infty$,利用 RMT 渐进理论进行简化:

$$
\Gamma^\circ = \begin{bmatrix}
D^\circ_{1,1} & I^\circ_{2,1} & \cdots & I^\circ_{K,1} \\
I^\circ_{1,2} & D^\circ_{2,2} & \cdots & I^\circ_{K,2} \\
\vdots & \vdots & \ddots & \vdots \\
I^\circ_{1,K} & I^\circ_{2,K} & \cdots & D^\circ_{K,K}
\end{bmatrix} \in \mathbb{R}^{K \times K} \tag{8.34}
$$

其中 $D^\circ_{k,k} = \dfrac{(m^\circ_k)^2}{\dfrac{1}{M}\psi^\circ_k}$, $I^\circ_{i,k} = \dfrac{\psi^\circ_{i,k}}{(1 + \mu_i m^\circ_{i,k})^2 \psi^\circ_k}$, $i, k = 1, 2, \cdots, K$。

主动波束成形 P^1 和反射波束成形 P^2 优化结果可简化为:

$$
\mathrm{P}^1: \max_{\{p_k\}, \theta} \sum_{k=1}^{K} \eta_k \log_2 \left(1 + \frac{\Gamma^\circ_k p_k}{\sum\limits_{i=1, i \neq k}^{K} \Gamma^\circ_{i,k} p_i + \sigma_0^2} \right)
$$

$$
\mathrm{s.t.} C_1: \sum_{k=1}^{K} p_k \leq P_{\max}
$$

$$
C_2: \gamma^\circ_k = \frac{\Gamma^\circ_k p_k}{\sum\limits_{i=1, i \neq k}^{K} \Gamma^\circ_{i,k} p_i + \sigma_0^2} \geq \gamma_{\min}, \ \forall k = 1, 2, \cdots, K \tag{8.35}
$$

$$
C_3: |\theta_n| = 1, \ \forall n = 1, 2, \cdots, N
$$

$$
\mathrm{P}^2: \max_{\theta} \sum_{k=1}^{K} \eta_k \log \left(1 + \frac{\Lambda^\circ_{k,k} p_k}{\sum\limits_{i=1, i \neq k}^{K} \Lambda^\circ_{i,k} p_i + \sigma_0^2} \right)
$$

$$
\mathrm{s.t.} C1: |\theta_n| = 1, \ \forall n = 1, 2, \cdots, N \tag{8.36}
$$

$$
C2: \Lambda_{i,k} = |H_k'^H \bar{w}_i|^2 = |\theta^H F_k \bar{w}_i|^2
$$

　　将高维随机矩阵理论(RMT)作为一种确定性等效方法,对目标和实现过程的矩阵操作进行优化,将计算复杂度从 $O(I_o(2MKN + M^2K + K^2N^2))$ 降至 $O(I_o(K^2N + I_\theta(K^2N^2)))$,这将显著降低计算复杂度并减少全局代价。且确定性的近似值只依赖信道矩阵的二阶通计量,可以有效解决 IRS 模型信道状态信息估计和共享的瓶颈问题。

　　(2)低复杂度条件下,应用全局优化算法解决高维、非凸、多个局部极值点的优化问题,同时优化近似解的紧密性,实现异构需求约束的输出功率最小化。基于对偶定理的全局优化,有:

$$\min_{\zeta_k \geq \gamma_k} \max L(W, \theta, \lambda)$$

$$\text{s.t. } L(W, \theta, \lambda) = \sum_k w_k^H w_k \tag{8.37}$$

$$- \sum_k \lambda_k \left[\frac{|(h_k^H + \theta^H F_k) w_k|^2}{\gamma_k} - \sum_{i \neq k}^K |(h_i^H + \theta^H F_i) w_i|^2 - \sigma_0^2 \right]$$

　　在本节中,通过实验仿真验证了所提算法的有效性。在仿真中,所有的设备如配备大规模天线阵列的 BS、配备反射元件的 IRS 和用户都被认为是在一个二维平面上。天线间距为半波长,形成均匀的线性阵列。直接信道和 IRS 辅助信道遵循瑞利分布。

　　为了验证该算法的有效性,我们将该算法与 WMMSE 算法[32] 和 BCD 方法[33] 等传统波束形成方法进行了比较。首先检验容量上界的紧密性和渐进性,并采用分布式有源波束形成和无源波束形成的 RMT 优化方法。如图 8.19 所示,所提算法的 RMT 渐进上界与 WMMSE 和 BCD 结果是紧密闭合的。随着基站装备天线 M 的增加,所提的 RMT 算法与传统算法的上界差距减小,这证实了当发射天线数量足够多时,基于 RMT 的确定性逼近方法可以有效地逼近矩阵反演的性能。此外,应用 RMT 结果降低了分布式波束形成模型的整体复杂度。当 $M = 512, N = 100, K = 64$ 时,本文方法的复杂度仅为传统 WMMSE 算法的 1.5%,与 BCD 方法相比,复杂度降低了 21.2%。

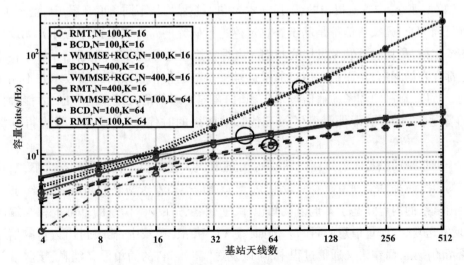

图 8.19　吞吐量随基站天线数变化的容量分布

所提的 RMT 算法的收敛特征如图 8.20 所示。基站天线个数设置为 $M=512$,反射元个数设置为 $N=100$ 和 $K=16$。结果表明,与 BCD 波束形成算法相比,所提 RMT 渐进算法具有较高的近似精度。该方法的性能略逊于传统的 WMMSE 算法,但每次迭代都不需要进行复杂的矩阵反演计算。

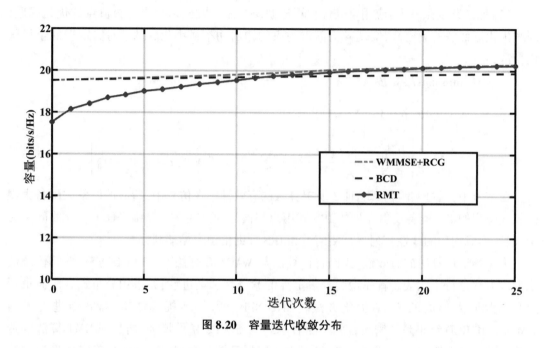

图 8.20　容量迭代收敛分布

8.7　语义通信行业应用分析

本文所提及的语义通信的基本概念是由 Weaver 和 Shannon 在 1948 年发表的经典论文《传播的数学理论》中首次提出的,随后学术界和工业界均从不同角度开展了广泛研究。

到目前为止,无线通信都是基于香农定律进行研究的。香农定律作为计算无线信道容量的传统定律,是信息论领域发展的基础。由香农的理论可以得知,在通信系统中传输的信息普遍都存在语义信息,而语义信息通常会被许多与通信信道或者传输技术并不相关的因素影响。所以,在制定和考虑通信技术问题时,舍弃对通信语义过多的考虑,才能确保信息理论的普适性。因此,即使是到了第五代移动网络的时代,语义通信还没有得到深度的研究。

由于近年来通信技术的不断发展,香农定理和冯·诺依曼架构已遇到很大瓶颈,这使语义通信的研究越来越受到重视。一般来说,语义通信类似发送密码的间谍,用几个简短的字节表达出复杂的内容。基于本地语义知识库,通信各方在少量信息的基础上相互编码与解码,实现发送复杂、海量信息的目的。例如,在 VR 和 AR 游戏中,需要付出大量的信息才可以实现光的渲染,而在语义通信过程中,可以发送"需要光"的简单语义消息,接收端就可以基于语义知识库实现光的渲染。

当今时代语义通信的研究较多集中在 VR、AR、元宇宙这类应用场景中。在 VR、AR、元宇宙这类应用场景繁荣发展的时代背景下,这些新型业务的数据量是传统的视频数据量的10 倍甚至更多,为了实现 VR、AR、元宇宙这类应用场景的丰富的社交属性,就要实现其传送和互动的特性,若是使用传统的通信方式,就会耗费大量的带宽资源。如果能够实现语义通信,则会具有非常现实的商业意义。

此外,语义通信系统在提高视频信息传输速率方面具有突出的效果。中国移动与清华大学和北京邮电大学共同研发了一套用于视频、绘画、通信的低码率语义通信系统。该系统可以提取视频中画面的主要特征,如面部表情和头部姿态,以获取头部和面部关键点的位置和形变信息。此后,这些信息经由信道被编码,再经由无线信道被传送到接收侧。接收端有语义解码模块,这些关键信息与先验的知识(包括关键帧信息和训练后的模型)一起,可用于重建并恢复视频的细节画面。在实际演示中,语义通信只使用了传统通信传输速率的 1/16,仍能保持传输画面较高的清晰度与流畅度。

语义通信除了在视频中的应用外,实现 6G 网络的智能化和简约化也是一个重要的研究方向。中国工程院院士、北京邮电大学教授张平的团队提出了 6G 的"一面三层"智简网络协议架构(IE-SC)。该架构基于语义基(Seb),Seb 是一种新的语义表达框架模型。类似于香农语法信息理论系统的基本单元比特(bit),Seb 可以比 bit 节省更多的信道容量,并能加快信息传输。语义基还可以理解为语义信息表示模型,其提供了一种用于描述具有网络意图的语义信息的全新视角,以更结构化、简化、灵活的方式去组织信息。它包括语义智能平面、语义物理承载层、语义网络协议层、语义应用意图层的"一面三层"。语义智能平面具有语义决策推理、语义环境表示和背景知识管理的能力,并且能控制三层之间的语义信息流。语义物理承载层指通过语义编码和解码、信源信道编码和解码等方法物理地传输上层语义信息。语义网络协议层实现网络中上层应用意图的智能交互。语义应用意图层通过意图挖掘、意图理解、意图分解等实现意图到语义的合理转换。在智能简约的语义通信系统中,除了进一步引入信源信道联合编码,在系统设计中添加了信道属性,并基于语义属性的提取进一步分析了信道的动态变化之外,其主要工作过程与视频过程一致[34]。

8.8 本章小结

本章首先对人工智能与调制理论、信道编码以及非正交多址等物理层方面的理论进行了介绍,其次对下一代移动通信领域的潜在趋势——语义通信进行了分析,阐述了语义通信的优势以及语义通信系统的主要结构,在此基础上对基于联邦边缘智能的语义网络感知体系和智能超表面技术进行了分析。

参考文献

［1］MAO Q, HU F, HAO Q. Deep learning for intelligent wireless networks：a comprehensive survey［J］. IEEE communications surveys & tutorials,2018,20(4):2595-2621.

［2］O'SHEA T, HOYDIS J. An introduction to deep learning for the physical layer［J］. IEEE transactions on cognitive communications and networking, 2017,3(4):563-575.

［3］YE H, LI G Y, JUANG B. Power of deep learning for channel estimation and signal detection in OFDM systems［J］. IEEE wireless communication letters, 2017,7(1):114-117.

［4］WANG T, WEN C K, JIN S, et al. Deep learning-based CSI feedback approach for time-varying massive mimo channels［J］. IEEE communications letters, IEEE, 2018,8(2):416-419.

［5］O'Shea T J, Member S 等人的文章 Deep learning based MIMO communications,arXiv ID 为 1707.07980.

［6］DÖRNER S, CAMMERER S, HOYDIS J, et al. Deep learning based communication over the air［J］. IEEE journal of selected topics in signal processing, 2017,12(1):132-143.

［7］YE H, LI G Y, JUANG B, et al. Channel agnostic end-to-end learning based communication systems with conditional GAN［C］// 2018 IEEE Globecom Workshops. Abu Dhabi：IEEE, 2018.

［8］HE H, WEN C K, SHI J, et al. Deep learning-based channel estimation for beamspace mmwave massive MIMO systems［J］. IEEE wireless communications letters, 2018, 7(5):852-855.

［9］NEUMANN D, WIESE T, UTSCHICK W. Learning the MMSE channel estimator［J］. IEEE transactions on signal processing, 2018,66(11):2905-2917.

［10］LIAO J, ZHAO J, GAO F, et al. A model-driven deep learning method for massive MIMO detection［J］. IEEE communications letters, 2020,24(8):1724-1728.

［11］CAMMERER S, GRUBER T, HOYDIS J, et al. Scaling deep learning-based decoding of polar codes via partitioning［C］//2017 IEEE Global Communications Conference, Singapore：IEEE, 2017.

［12］LIANG F, SHEN C, WU F. An iterative BP-CNN architecture for channel decoding［J］. IEEE journal of selected topics in signal processing, 2018,12(1):144-159.

［13］NACHMANI E, MARCIANO E, LUGOSCH L, et al. Deep learning methods for improved decoding of linear codes［J］. IEEE journal of selected topics in signal processing, 2018,12(1):119-131.

［14］O'SHEA T J, CORGAN J, CLANCY T C. Convolutional radio modulation recognition networks［J］. arXiv e-prints, 2016.

［15］O'SHEA T J, ROY T, CLANCY T C. Over-the-air deep learning based radio signal classification［J］. IEEE journal of selected topics in signal processing, 2018, 12(1): 168-179.

［16］RAJENDRAN S, MEERT W, GIUSTINIANO D, et al. Deep learning models for wireless signal classification with distributed low-cost spectrum sensors［J］. IEEE transactions on cognitive communications and networking, 2018,4(3):433-445.

[17]ZHANG M, ZENG Y, HAN Z, et al. Automatic modulation recognition using deep learning architectures [C]//2018 IEEE 19th International Workshop on Signal Processing Advances in Wireless Communications(SPAWC). Kalamata, Greece: IEEE, 2018: 1-5.

[18]GRUBER T, CAMMERER S, HOYDIS J, et al. On deep learning-based channel decoding [C]//2017 51st Annual Conference on Information Sciences and Systems, Baltimore: IEEE, 2017.

[19]LUGOSCH L, GROSS W J. Neural offset min-sum decoding[C]//IEEE International Symposium on Information Theory. Aachen, Germany: IEEE, 2017:1361-1365.

[20]NACHMANI E, MARCIANO E, LUGOSCH L, et al. Deep learning methods for improved decoding of linear codes[J]. IEEE journal of selected topics in signal processing, 2018,12(1):119-131.

[21]WANG X A, WICKER S B. An artificial neural net Viterbi decoder[J]. IEEE trans communications, 1996, 44(2):165-171.

[22]SHANNON C E. A mathematical theory of communication[J]. Bell systems technical journal, 1948, 27(4):623-656.

[23]WENG Z Z, QIN Z J. Semantic communication systems for speech transmission[J]. IEEE journal on selected areas in communications, 2021,39(8):2434-2444.

[24]ZHOU Q Y, LI R P, ZHAO Z F, et al. Semantic communication with adaptive universal transformer[J]. IEEE wireless communications letters, 2021,11(3):453-457.

[25]SHI G M, XIAO Y, LI Y Y, et al. From semantic communication to semantic-aware networking: model, architecture, and open problems[J]. IEEE communications magazine, 2021, 59(8):44-50.

[26]ZHENG C, HAO W M, XIAO P, et al. Intelligent reflecting surface aided multi-antenna secure transmission[J]. IEEE wireless communications letters, 2020,9(1):108-112.

[27]SHEN H, XU W, GONG S, et al. Secrecy rate maximization for intelligent reflecting surface assisted multi-antenna communications[J]. IEEE communications letters, 2019, 23(9): 1488-1492.

[28]HONG W, JIANG Z H, YU C, et al. The role of millimeter-wave technologies in 5G/6G wireless communications[J]. IEEE journal of microwaves, 1(1):101-122.

[29]CHEN S, ZHAO T, CHENA H H, et al. Network densification and path-loss models vs. UDN performance: a unified approach[J]. IEEE transactions on wireless communications, 2021,20(7):4058-4071.

[30]DAI X Q, LIU B M, XIE C Y, et al. A hardware/software co-verification platform for ASIC design[C]//International Conference on Apperceiving Computing and Intelligence Analysis. Chengdu: IEEE, 2009.

[31]FANG Y, LI X, REN C, et al. Asymptotic equivalent performance of uplink massive mimo systems with spatial-temporal correlation[J]. IEEE transactions on vehicular technology, 2019, 68(5):4615-4624.

［32］XIA X, ZHANG Y, LI J, et al. Sparse beamforming for an ultradensely distributed antenna system with interlaced clustering［J］. IEEE access, 2019,7:15069-15085.

［33］GUO H, LIANG Y C, CHEN J, et al. Weighted sum-rate maximization for reconfigurable intelligent surface aided wireless networks［J］. IEEE transactions on wireless communications, 2020, 19(5):3064-3076.

［34］牛凯, 戴金晟, 张平,等. 面向 6G 的语义通信［J］. 移动通信, 2021,45(4):85-90.

图书在版编目(CIP)数据

智能媒体通信/金立标，李树锋，胡峰编著.--北京:中国传媒大学出版社，2024.6.
ISBN 978-7-5657-3660-5

Ⅰ.TN91

中国国家版本馆 CIP 数据核字第 20245VF716 号

智能媒体通信
ZHINENG MEITI TONGXIN

编　　著	金立标　李树锋　胡　峰	
责任编辑	杨小薇	
封面设计	拓美设计	
责任印制	李志鹏	

出版发行	中国传媒大学出版社			
社　　址	北京市朝阳区定福庄东街 1 号		**邮　编**	100024
电　　话	86-10-65450528　65450532		**传　真**	65779405
网　　址	http://cucp.cuc.edu.cn			
经　　销	全国新华书店			

印　　刷	三河市东方印刷有限公司			
开　　本	787mm×1092mm　　1/16			
印　　张	17			
字　　数	438 千字			
版　　次	2024 年 6 月第 1 版			
印　　次	2024 年 6 月第 1 次印刷			

书　　号	ISBN 978-7-5657-3660-5/TN・3660		**定　价**	68.00 元

本社法律顾问:北京嘉润律师事务所　郭建平